高等学校教材

# 石油工业概论

王朋岩　杨　勉　刘晓冬　赵　荣　编

吕延防　主审

石油工业出版社

## 内容提要

本书内容涵盖了石油工业的上游和下游，以石油为核心，以科学普及为目的，从地学基础知识入手，用通俗的语言和大量的图片介绍地层、岩石、矿物的概念，引入沉积和构造的基础知识，在此基础上叙述了石油的形成、运移与聚集过程以及石油勘探、开发基础理论知识和技术手段，同时论述了石油的利用过程即石油集输与化工。

本书适合石油院校非资源勘查工程、地质工程、石油工程专业学生学习、参考。

**图书在版编目（CIP）数据**

石油工业概论 / 王朋岩，杨勉，刘晓冬编.
北京：石油工业出版社，2016. 2
高等学校教材
ISBN 978-7-5183-0314-4

Ⅰ. 石…
Ⅱ. ①王… ②杨… ③刘…
Ⅲ. 石油工业–高等学校–教材
Ⅳ. TE

中国版本图书馆CIP数据核字（2014）第171003号

---

出版发行：石油工业出版社
（北京市朝阳区安华里二区 1 号楼 100011）
网　　址：http://www.petropub.com
编 辑 部：(010) 64523574　图书营销中心：(010) 64523633
经　　销：全国新华书店
排　　版：北京嘉美和文化传播有限公司
印　　刷：北京中石油彩色印刷有限责任公司

---

2016年2月第1版　2016年2月第1次印刷
787 × 1092 毫米　开本：1/16　印张：18.25
字数：363千字

---

定　　价：36.00元
（如发现印装质量问题，我社图书营销中心负责调换）

# 前言 | Preface

石油形成于遥远的地质历史时期，深埋在数千米的地下岩石之中，是可流动的矿产，寻找、开发、利用石油是一个庞大、复杂、精密的工业体系。很多非石油主干专业的人们有心了解石油工业，只是面对厚厚的专业书籍，一般人都会望而却步。本书尽量回避复杂的公式和推导，从日常生活中可以理解的常识入手，重点关注基础原理，配合简单图解，使非石油主干专业的学生能对石油工业有个初步的了解，对于个人以后的发展、工作中不同专业之间沟通协调，对于国家石油工业建设都有重要的意义。

石油工业上游指勘探开发，下游指炼制加工，从上到下是一个完整的体系。本书包含三个紧密联系的部分：基础地质理论与方法、石油地质理论及勘探开发技术、石油炼制与化工理论技术。总体内容涵盖了石油工业的上游和下游，每个环节的知识点都做到了前后连贯，有始有终。通过本门课程的学习，力争使学生对石油工业有完整的理解，起到索引、指路的作用，为将来工作中遇到的石油相关课题研究打好基础。本书涉及到几十本专业教材的内容，不需要学生有专业基础。本门课程承担更多的应该是“科普”内容，要用朴素、生动的语言，把各专业枯燥的专业内容经过提炼、筛选，呈现到学生面前。

本教材由王朋岩、杨勉、刘晓冬、赵荣编写。各章编写分工如下：绪论由王朋岩编写；第一篇由赵荣、王朋岩编写；第二篇由王朋岩、杨勉编写；第三篇由杨勉编写；第四篇、第五篇由刘晓冬编写。

吕延防教授对教材进行了审查，提出了许多宝贵意见，在此表示感谢！

在教材编写过程中，得到东北石油大学教务处和地球科学学院的支持。在资料选取和收集过程中得到地球科学学院多位“石油工业概论”主讲教师的大力支持，并参考了国内外大量公开出版文献和网络资源，在此一并表示感谢！

由于编者水平有限，教材中一定还有许多不当之处，在此诚请使用本教材的广大师生和阅读本书的读者提出宝贵意见。

编者

2015 年 3 月

# 目录 Contents

## 绪 论



## 第一篇 地球科学基础

## 第二篇　石油和天然气的形成与聚集



## 第三篇　油气勘探开发与集输

# 第四篇　石油炼制与化工



# 第五篇　石油工业环境保护和 HSE 管理

# 绪　论

# 第一章　石油、天然气的概念及其用途

## 第一节　石油、天然气的概念

### 一、石油的概念

中国北宋科学家沈括（1031—1095 年）在所著《梦溪笔谈》首次提出“石油”这一科学术语。文中说“鄜、延境内有石油，旧说高奴县出脂水，即此也”。“石油生于水际沙石，与泉水相杂惘惘而出”。“此物后必大兴于世，盖石油之多，生于地中无穷，不若松木有时而竭”，预示了未来石油对人类的重大影响。在“石油”一词被广泛认可之前，国外称石油为“魔鬼的汗珠”、“发光的水”等，中国称“石脂水”、“猛火油”、“石漆”等。

石油、天然气及其固态衍生物统称为“石油沥青类”，是“可燃有机矿产”的一种。从物理状态分类，可燃有机矿产可分为 3 类：

（1）气态可燃矿产：即天然气；

（2）液态可燃矿产：以石油为代表；

（3）固态可燃矿产：种类较多，包括煤、油页岩、硫黄及地沥青、地蜡、石沥青等石油衍生物。

石油和天然气在成因上直接相关，在勘探开发、加工利用等方面也都密不可分，在一般性的讨论中常合称“油气”，或只提“石油”，天然气的量可以按一定比值折算为石油的量。

石油（又称原油）是以液态形式存在于地下岩石孔隙中，由各种烃类和少量杂质组成的可燃有机矿产。按质量计算，碳（C）元素占 83%~87%，氢（H）元素占 12%~14%，这两种元素合起来约占石油总量的 99%。在剩下的 1%中，比较重要的有硫（S）、氮（N）、氧（O）和一些金属元素。钒（V）和镍（Ni）是分布普遍并具有成因意义的两种微量元素，V、Ni 含量及其比值是确定生油岩中有机质来源的重要数据。

烃由碳和氢两种主要元素组成，按照本身结构的不同形成多种类型碳氢化合物，主要分为烷烃、环烷烃和芳香烃 3 类。由于组成烃的 C、H 原子数目不同，石油中含有大小悬殊的烃分子，最小的烃分子称甲烷（$CH_4$），再大的还有乙烷、丙烷……

癸烷，还有 11 烷、12 烷、13 烷等（图 1–1）。由于烃分子大小不同，其沸点也不同，分子越小，沸点越低。分子小的（$C_1$~$C_4$）是气体，中等的（$C_5$~$C_6$）是液体，分子大的（$C_{16}$ 以上）是固体。所以说石油主要是由大小不同的烃分子组成的混合物。按 C、H 排列方式的不同，化学上将烃总体上分为烷烃、环烷烃和芳香烃 3 类。组成石油的化合物除了烃类以外还有非烃类，非烃类则以 S、N、O 化合物的形态存在于胶质和沥青质中。

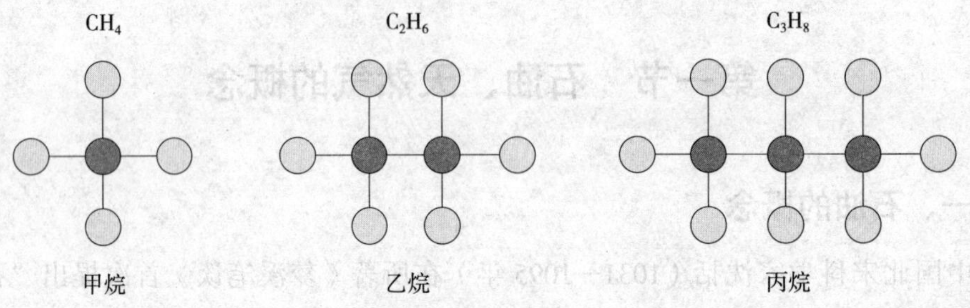


**图 1–1　典型正构烷烃结构式**

石油是一种油脂状胶体，它的颜色以棕褐色、黑褐色、黑绿色多见，少数有淡黄色、白色。石油与水相比，绝大多数比水轻，相对密度一般在 0.75~1.0 之间。石油呈黏稠状，其黏度大的不容易流动，黏度小的与水差不多，最稠的油须加温才能在地面管线中流动。石油的另一个特性是可凝固。水在 0℃以下才会变成固体冰，而石油则不一样，对于含蜡高的石油有的在 30℃也可凝固，不易凝固的油往往是含蜡少，而含沥青质较高的石油要在 0℃以下（如 –30℃）才凝固，这种石油在国防上有特殊的应用价值。

石油之所以黏在衣服上水洗不掉，是因为它不溶于水，如果用有机溶剂一洗即干净。通常带有石油的物质在紫外线照射下会发荧光，利用这个特性，地质人员可检查从井返出的岩屑中是否含有石油。

## 二、天然气的概念

天然气一般是指以烃类气体为主的天然气体，也有一些以二氧化碳或氮为主，个别情况是以硫化氢为主的天然气体。它们分布在岩石圈、水圈及地球内部。天然气可以与石油伴生，也可以独立存在，其分布范围要比石油广泛得多。

天然气绝大多数是由气体化合物组成的混合体，由单一气体组分组成的较少见。天然气中常见的化学组分有烃类气（甲烷—丁烷）、二氧化碳、氮、硫化氢、汞蒸气、氢、氧、一氧化碳和稀有气体（氦、氖、氩、氪、氙）等。

天然气的物理性质和化学性质与水和石油相比是完全不同的，通常为气态，容易流动。它的相对密度一般较空气轻（相对密度为 0.5~0.8），其中只有二氧化碳（1.519）和硫化氢（1.17）的相对密度相对较大。天然气一般情况下是无色的，但绝大多数都有特殊的气味，特别是非烃类气体如二氧化碳、硫化氢组分更有特殊异味，前者带酸味，后者为臭鸡蛋味。甲烷、乙烷等烃类气体可燃，无毒，但可使人窒息。二氧化碳、氮气等不可燃，硫化氢气体为毒性极强气体，空气中极少的含量就可以使人致死。

## 第二节　石油、天然气在社会生活中的用途

石油和天然气作为一种重要的能源和战略资源，在当代社会和国民经济中占有极其重要的地位。油气资源和粮食、水一同列为影响经济社会可持续发展的三大战略资源。石油不仅仅是"工业的血液"，它已经渗透到社会生活的各个方面，在国际战略中具有举足轻重的地位。

石油和天然气工业在世界经济中占有极其重要的地位（知名石油公司及其标志见图 1–2）。据 2012 年《财富》杂志统计，在世界 500 强公司的排行榜前 10 名中有 7 家石油公司，分别是荷兰皇家壳牌（Shell）、埃克森美孚（ExxonMobil）、英国石油（BP）、中国石油化工集团公司（简称中石化）、中国石油天然气集团公司（简称中石油）、雪佛龙（Chevron）、康菲（Conocophilips）。我国的三大石油企业中石油（CNPC）、中石化（Sinopec）和中国海洋石油总公司（简称中海油，CNOOC）基本控制了国内石油的勘探、开发、加工领域，并在逐渐向国外扩展。

图 1–2　知名石油公司及其标志

石油和天然气是工业的血液，宝贵的燃料。从石油中提炼的汽油、柴油是汽车、拖拉机、火车、飞机、轮船的优质动力燃料。石油和天然气具有发热量大、燃烧完

全、运输方便和污染小等优点，使其在世界能源消费结构中所占的比重达到56.6%（2013年，据BP公司“Statistical review of world energy 2014”）。

石油是提炼润滑油料的重要原料。从微小精密的钟表到庞大高速的发动机都需要润滑才能转动。

石油和天然气是重要的化工原料。乙烯、丙烯、丁二烯、苯、甲苯、二甲苯、乙炔、萘等化学工业应用的主要基础原料多来自石油和天然气，既用于制造或提炼各种染料、农药、医药，又用于制造合成纤维、合成橡胶、合成塑料，也用于制造一些重要的无机化工产品如合成氨和硫黄等。合成氨是主要的化肥，现在世界上70%的合成氨来自天然气或石油。石油化工产品已经成为国民经济和社会生活中不可缺少的重要材料。

石油作为重要战略资源，在国际政治中占有重要地位。以前国际争端多是为了领土和主权，从近几十年来国际关系的现实可以看到，石油资源是国家间发生战争和冲突的主要因素，特别是谋求对石油资源的控制成为国际斗争的焦点之一。随着石油资源的日益紧缺，石油对社会经济发展的制约作用将愈加突出，以各种形式出现的全球能源争夺战也将愈演愈烈。

# 第二章　国内外石油工业概述

## 第一节　石油工业的概念和特点

### 一、石油工业的概念

石油工业是以地下深处开采获得的原油为生产对象，并以原油为原料所发展起来的工业体系，其产品是各种油料和化工产品。由油气勘探开始，到开发、储运、化工、销售，形成一个完整产业链。石油工业可以划分为两大部分，石油勘探与开发被称为石油工业的上游，石油炼制与加工被称为石油工业的下游。

石油工业中各个组成部分的主要功能：

（1）石油勘探。为了寻找和查明油气资源，利用各种勘探手段了解地下的地质状况，认识生油、储油、油气运移、聚集、保存等条件，综合评价含油气远景，确定油气聚集的有利地区，找到储油气的圈闭，并探明油气田面积，搞清油气层情况和产出能力。

（2）石油开发。以石油勘探过程中发现并落实的油气田为目标，根据油气田储层条件，选择合理的开发方案，通过钻井工程、采油工程，安全、快捷、高效地采出地下原油和天然气。

（3）石油集输。从油井井口开始，将油井生产出来的原油和天然气产品在油田上进行集中和必要的处理或初加工，使之成为合格的原油后，再送往长距离输油管线的首站外输，或者送往矿场油库经其他运输方式送到炼油厂或转运码头；合格的天然气集中到输气管线首站，再送往石油化工厂、液化气厂或其他用户。

（4）石油炼制。将原油加工为汽油、煤油、柴油、润滑油、石蜡、沥青、石油焦等各种石油产品和化工原料的方法与过程称为石油炼制。

（5）石油化工。对石油炼制获得的原料油进行化学加工称为石油化工。石油化工的第一步是对原料油和气（如丙烷、汽油、柴油等）进行裂解，生成以乙烯、丙烯、丁二烯、苯、甲苯、二甲苯为代表的基本化工原料。第二步是以基本化工原料生产多种有机化工原料（约200种）及合成材料（塑料、合成纤维、合成橡胶）。

## 二、石油工业的特点

石油工业具有高风险、高投入、高科技的特点，同时也是一个高回报的产业。

石油、天然气以流体形态存在于一定深度的地下，找油过程存在很大的风险性。就投资者承担的风险类型来看，大致可以分为三大类，即地质风险、自然风险、经济和政治风险。

（1）地质风险。

在油气勘探中最大的风险往往是地质风险。尽管地质家、勘探家可以通过多种方法来预测一个盆地、含油气系统或圈闭的含油气性，估计其勘探风险，但地下的不确定性因素很多，油气藏的形成与保存条件又十分苛刻，所以地质风险往往难以准确预测。有时看来把握很大的地方，结果却一无所获；而当勘探久攻不破时，却又会突然出现重大发现。美国普鲁德霍湾大油田的发现、俄罗斯西西伯利亚盆地特大油气田的发现，都生动地说明了石油勘探所具有的随机性。就全球勘探历史而言，预探井（野猫井）的成功率大致在15%左右。因此，油气勘探历史给我们留下更多的是失败和教训。

地质家对盆地的认识在很大程度上依靠经验的积累，同时又受到盆地勘探程度的限制。盆地含油气情况千差万别，有些在历史上曾对找油起过很好作用的观点，往往成为现代油气勘探进程中的陷阱。

（2）自然风险。

陆上石油勘探存在着一定的自然灾害风险，如地震、泥石流、洪水等。海上石油勘探除了承担同陆上勘探一样的风险以外，还承担着由于海风、海浪、海流、海啸等海况变化和工程地质条件变化等因素带来的灾难风险，在选择勘探方案进行经济评估时必须把这部分因素考虑进去。2005年，飓风“卡特里娜”在墨西哥湾损毁44个钻井平台，“丽塔”损毁64个钻井平台。这两次飓风还损毁大约150个石油和天然气管道。这些都是石油勘探史上惨痛的经验和教训。

（3）经济和政治风险。

油价、税制、石油政策等因素都制约着油气勘探活动的方向和规模。油气供求关系以及与此紧密相关的油价波动，造成了对世界石油市场频繁的冲击。

油价下跌，勘探投资减少并影响了油气藏的发现，而油价上升则刺激了勘探活动，同时在一定程度上抑制了石油需求的自然增长。一个国家的体制变革可以极大地影响着石油工业的发展。由于原苏联的解体和政体的改革，严重地冲击了俄罗斯的石油工业，其产油量从原来的$6 \times 10^8$t（第一大产油国）降到1994年的大约$3.5 \times 10^8$t，成为第二大产油国；海湾战争也巨大地影响了海湾地区石油工业的发展，同时使一些其他国家获得了可观的收入。

石油工业的高投入不言而喻，无论是钻井、采油、建化工厂都涉及巨额资金，在石油行业内取得辉煌成就的都是资产雄厚的国有公司，或者是大型跨国企业。到20世纪末，国际大石油公司基本完成了以扩大资产规模和强化竞争实力为目标的兼并任务，重组为几个超级大石油公司。石油给投资者也带来了巨额的效益，如埃克森美孚公司2011年石油纯利润高达410亿美元，是有史以来最赚钱的公司。该公司在全球五大洲都有油田生产，其油气产量是产油大国科威特产量的2倍。

石油工业是一个技术密集型行业，科学技术的每一重大进展都对石油工业的发展起到巨大的推动作用。先进的技术能够提高勘探成功率，降低开发、开采成本。借助于石油企业雄厚的资金实力，石油行业内的科技水平总是走在学科前沿。

## 第二节　中国石油工业简况

中国是世界上最早发现和利用石油、天然气的国家之一，早在两千多年以前的汉代，就有了发现石油并将其用于军事和医药的文献记载，此后在天然气开发利用、油气钻井技术、天然气管道输送等领域都达到当时世界领先水平，为人类进步作出了重要贡献。但在长期以农耕经济为主的封建社会中，并没有真正意义上的石油工业。中国近代石油工业萌芽于19世纪中叶，经历了70多年的艰难历程，到新中国成立前夕，它的基础仍然极其薄弱。

1949年10月1日，中华人民共和国的成立，中国石油工业从无到有，从小到大，从弱到强，建国之初几乎是空白的石油工业迅速崛起，持续发展，逐步形成了一个具有中国特色的完整的石油工业体系。

我国台湾省苗栗是近代第一口油井的诞生地，陕西省延长县是大陆第一口油井的诞生地，玉门是中国石油工业第一个现代石油生产基地，代表近代石油工业的起步阶段。

1878年，台湾省组建了中国近代石油史上第一个钻井队，在苗栗县钻了第一口油井，深约120m，日产油约750t。1895—1945年，日本侵占台湾省的50年间，为了掠夺石油资源，先后进行三次大规模的地质勘查，发现一批油气田，1927年产量最高达到$1.9\times10^4$t。抗日战争胜利后，一部分从事勘探开发和炼制事业的技术人员从玉门调往台北接管油田，成为台湾省石油工业的奠基人。

中国大陆第一口油井诞生在陕北延长县。1905年成立“延长石油厂”，1907年打成中国陆上第一口油井——“延一井”，结束了中国陆上不产油的历史。

早在1938年，以孙健初为代表的老一辈石油专家来到空山不见鸟、风吹石头跑的石油河畔，开始了老君庙油矿的艰苦创业。1939年3月，老君庙油田获得工业油流，拉开了玉门油田70年开发建设的序幕，同时开启了我国现代炼油工业的先河。新中国成立前十年，玉门油田共生产原油$52\times10^4$t，占同期全国石油总产量的95%，是当时规模最大、职工人数最多、工艺技术领先的石油矿场，可炼制汽油、煤油、柴油、润滑油等 12 种成品油，为夺取抗日战争胜利作出了特殊贡献。

在 1949 年以前的 72 年间，石油工业的发展极其缓慢，仅发现陕北延长、甘肃玉门、新疆独山子、台湾省苗栗等 4 个小油田，以及四川圣灯山、石油沟与台湾省锦水、竹东等 7 个小气田，累计探明石油地质储量不到 $0.3\times10^8$t，探明天然气地质储量不到 $4\times10^8$m$^3$。1949 年石油产量仅为 $12\times10^4$t（其中一半为页岩油）。全国性的油气资源勘探尚未展开，石油工业的基础十分薄弱。

新中国成立以后，首先在大西北展开石油资源的普查与勘探。1955 年在新疆准噶尔盆地发现了储量上亿吨的克拉玛依油田，取得了中国石油资源勘探的第一次重大突破。经过艰苦的 3 年恢复和第一个“五年”计划期间的建设，50 年代末，全国已初步形成玉门、新疆、青海、四川 4 个石油天然气基地。建国之后，中国石油勘探重点在西部地区，其勘探成果远不能满足国家对石油的需要，石油工业布局与国民经济发展的要求也不相适应。

为改变这一状况，中央决定把石油勘探布局向东部转移，在全国范围内开展石油勘探。1959 年 9 月 26 日，松基 3 井喷油，开始了大庆石油会战，到 1963 年，建成了年产 $600\times10^4$t 生产能力的大油田，实现了中国石油工业的历史性转折。随之，1963 年开辟渤海湾盆地石油勘探新区，也是采用石油大会战的办法，仅用两年多的时间，相继发现并开发了山东胜利、天津大港两个油田，迅速形成了新的石油工业基地。

“文革”期间，国民经济濒于崩溃，能源供应日益紧张，工业生产瘫痪，人民正常生活告急。石油工业在极端困难的情况下排除干扰，陆续开展了四川、江汉、陕甘宁、辽河、冀中等新区石油大会战，原油生产以平均每年 18.6% 的速度增长。1978 年，全国原油产量突破 $1\times10^8$t，跻身于世界产油大国行列，缓解了国家能源供应紧张的状况。

随着原油产量的持续增长，炼油工业得到了快速发展，先后兴建、扩建了茂名、大庆、北京燕山、乌鲁木齐等大中型炼油厂。1978 年，全国原油年加工能力已达 $9291\times10^4$t，实际加工原油 $7069\times10^4$t，生产四大类油品 $3352\times10^4$t，品种达 656 种，在国民经济和社会发展中发挥着日益重要的作用。

党的十一届三中全会后，全党工作重心转移到了社会主义现代化建设上来，中国石油工业在改革开放中进入了一个新的历史性发展时期。

1978 年初，中国海洋石油勘探开发开展对外合作。1982 年 1 月，国务院颁布了《中华人民共和国对外合作开采海洋石油资源条例》，2 月 8 日，国务院批准成立中国海洋石油总公司，负责实施中国海域石油对外合作，并赋予一系列特殊的政策，成为国内的“海上特区”；从 1981 年起，国务院决定对石油部实行 $1\times10^8$t 原油产量包干，陆上石油工业成为第一个实行全行业大包干部门，在经济和技术上取得显著效益与成果，创中国工业行业改革之先河。1983 年 2 月，党中央、国务院批准成立中国石油化工总公司，对炼油、石油化工、化纤企业实行统一领导，统筹规划，统一管理，这对整合和充分利用全国石油资源具有深远的重要意义。

1988 年，国家成立能源部，撤销石油部，成立中国石油天然气总公司，这是石油工业从国家政府部门向经济实体转变的一次重大变革；1991 年，提出并开始实施稳定东部、发展西部和国际化经营战略，实现了国内外油气业务的快速发展；1998 年，国家对石油工业和石化工业实行战略性重组，形成上下游、内外贸、产供销一体化的经营实体。随后，中国石油天然气集团公司、中国石油化工集团公司和中国海洋石油总公司组建的股份公司相继在纽约、伦敦、香港成功上市，进入了国际资本市场，中国石油工业实现了持续、有效、较快、协调发展，成为国有大型企业的主力军，为稳定国内石油市场供应、保障国家石油安全和能源安全发挥了重要的作用。

## 第三节　世界石油工业简况

油气资源是世界工业的“血液”，是世界经济的“稳定器”和“晴雨表”。油气资源与以油气为主体的能源问题日趋成为国际政治舞台的主角，成为各国政要交流博弈的焦点。从第一次世界石油危机发生后建立了石油期货交易以来，该期货交易便牢牢地牵系着油价的走势，成为投资者追逐的热点，并于 2008 年演绎了惊心动魄的油价过山车行情。时至今日，世界相继发生了包括水源、海岛、极地和太空等各种资源的争夺，而围绕油气资源的全球性竞争和争夺却无处不在、无时不有。

从 1849 年以来，石油生产的发展大体上走过 4 个阶段。1859—1920 年，石油的主要产品是煤油，世界石油总产量增加到 $1\times10^8$t。1920—1950 年，汽油成为主要的石油产品，石油消费增长很快，石油产量也快速增长，突破 $5\times10^8$t。1950—1980 年，是世界石油工业“腾飞”的时代。在中东、苏联等地相继发现许多大型乃至特大型的油田。第二次世界大战后，世界经济的大发展使石油产量直线上升，由 $5\times10^8$t/a 增加到 $30\times10^8$t/a。1980 年后，世界石油生产经历了 3 次起伏，总的趋势是低速增长。

全球拥有石油储量的国家有 93 个，但可采储量在 $100\times10^8$t 以上的只有 6 个国家——沙特阿拉伯、加拿大、伊朗、伊拉克、阿联酋和委内瑞拉。世界石油产量的分布同样极不均衡，年产 $1\times10^8$t 以上的国家有 12 个，它们的总产量为 23 亿多吨，占世界的 58.8%。20 世纪 60 年代以前石油产量占世界 60% 的美国每况愈下，已经降到 $3.12\times10^8$t。其他年产 $1\times10^8$t 以上国家是：伊朗（$2.1\times10^8$t）、中国（$1.84\times10^8$t）、墨西哥、委内瑞拉、加拿大、阿联酋、科威特、挪威以及尼日利亚。

总的看来，世界石油工业高速度发展已经成为过去。石油产量几年翻一番已经不再可能。但是人们不必悲观，石油虽然是不可再生的能源，单个的油田会越采越少，以至枯竭，但是离世界石油的枯竭还很远。早在20世纪20年代就有人说石油快要枯竭了，而事实上，全球的石油剩余可采储量一直在增加，到2006年底，剩余可采储量已经达到$1800 \times 10^8$t，即便以后一点储量都不增加还可以采50年。全球估计有可能在2030—2050年达到石油产量的最高峰，而后逐步减少。也就是说，至少在20~40年内，全球石油生产仍然会发展，年增长率有可能为1%~3%。

世界天然气工业的发展基本上没有出现大起大落。1925年，门罗大气田的开发，可以视为美国乃至世界近代天然气工业的起点。20世纪前半叶的天然气生产和利用，几乎只在美国。1970年美国的剩余可采储量已经高达$8.2 \times 10^{12}m^3$，年产量高达$5951 \times 10^8m^3$的高峰，当年，全球天然气产量为$10093 \times 10^8m^3$，美国一家占59%。20世纪50~70年代，苏联的天然气工业崛起，西西伯利亚相继发现乌连戈伊、麦德维日、扎波利扬等特大气田，储量由1965年的$8.56 \times 10^{12}m^3$迅速增加到1985年的$42 \times 10^{12}m^3$，年产量1990年高达$8150 \times 10^8m^3$。1970—2000年间，世界每年增加量都在（100~200）$\times 10^8m^3$，2006年世界总共剩余可采储量为$175 \times 10^{12}m^3$，年产量为$2.86 \times 10^{12}m^3$，总体上看，天然气产量的增加比较平稳，没有经历飞跃的增长期，也没有出现如同石油产量那样的显著下降期。

与石油一样，天然气分布也极不均衡，2006年，俄罗斯、伊朗、卡塔尔三国的储量加起来是$100 \times 10^{12}m^3$，占全世界的57.6%。2006年全球天然气总产量$2.87 \times 10^{12}m^3$，其中，年产天然气在$1000 \times 10^8m^3$以上的是俄罗斯、美国、加拿大，三国占全球总产量的48%。和石油相比，天然气发展的潜力和势头都要大。2006年底，全球天然气的储采比达61.7，也就是说，即便今后再没有一点新储量发现，现有的储量也可以开采62年。因此，天然气增加产量的余地很大。

# CHAPTER 1

# 第一篇
# 地球科学基础

# 第三章　地球和地壳

## 第一节　地球的圈层结构

地球，是人类生活的家园。它是一个圈层结构十分复杂的天体。在地球科学中，地球表面圈层结构包括大气圈、水圈、生物圈及岩石圈（图 3-1）。石油和天然气就存在于我们脚下的岩石之中。

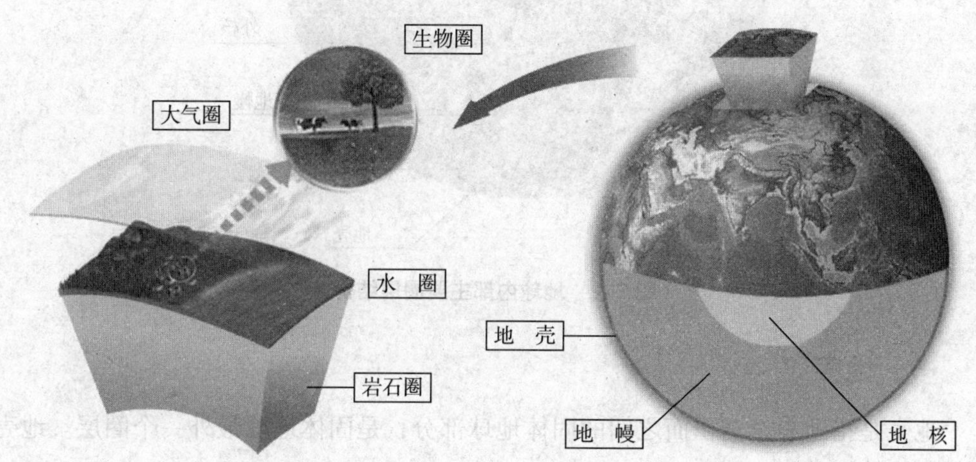


图 3-1　地球的圈层构造

中国人常会用“不知天高地厚”来比喻那种不知事情艰难、见识短浅的人。也有话说：“上天容易入地难”。天和地永远是人类不断探索和研究的对象。

由于现今技术手段的限制，世界上最深的人工钻井仅 10km 多一点（目前世界上最深的科学钻探井为苏联的科拉 SG3 超深钻井，深 12262m），人类竭尽全力收集到的实际地质资料只反映固体地球表层不超过 30km 的深度范围。这与地球半径比较起来，只能说了解到地球的皮毛。到目前为止，地球科学仍然只能借助地震波这一唯一手段探索地球深部奥秘。

地震波是指地震发生时，震源区积聚的能量以弹性波的形式释放出来，向四面八方辐射传播，可以分为纵波、横波和表面波。地震波在传播途中遇到不同的界面会发生折射和反射，同时改变波速。地球内部物质或成分发生变化的位置，地震波速会有明显变化，对应的深度就是上下两种物质的分界面，地球物理学上称其为不连续面。地球内部存在两个重要的一级不连续面，即莫霍面和古登堡面，以及一些次级不连续面。

莫霍面和古登堡面将地球内部划分为地壳、地幔和地核 3 个主要圈层（图 3–2），再根据其他次级界面可进一步划分出一些次级圈层。各圈层之间的界面凸凹不平，类似地表的山脉和盆地。

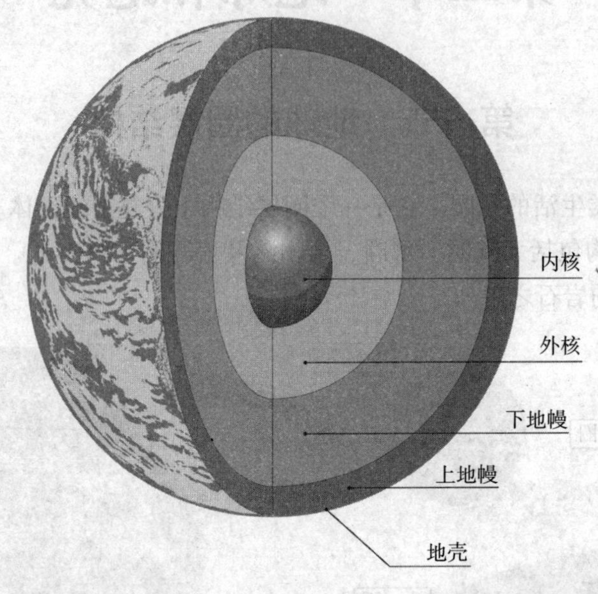


图 3–2　地球内部主要圈层结构

## 一、地壳

地壳是指地表至莫霍面之间的固体地球部分，是固体地球最外一个圈层。地壳由各类岩石组成。

地壳的大陆部分和大洋部分在结构及演变历史上均有明显差异，据此可将地壳分为大洋地壳和大陆地壳两种类型（图 3–3）。大洋地壳较薄，最薄者不足 5km；大陆地壳较厚，最厚超过 70km。

大陆地壳（简称陆壳）分布在大陆和被海水淹没的大陆边缘地区。陆壳厚度较大，平均 33~36km，但厚度很不均匀。总体上陆壳厚度与地表地形起伏呈镜像关系。高山区和高原区地壳较厚；丘陵和平原区较薄，并向大陆架、大陆坡减薄为 10~20km。陆壳由沉积岩层、硅铝层和硅镁层组成。沉积岩层分布在地壳最表层，由各种沉积岩或沉积物组成。硅铝层位于地壳上部（或上地壳），主要由酸性岩浆岩和变质岩组成，主要成分为氧、硅、铝等轻元素，岩石成分相当于花岗岩成分，故又称为花岗质层。硅镁层位于地壳下部（或下地壳），主要由氧、硅、铁、镁等元素组成，岩石成分相当于玄武岩成分，故又称为玄武质层。

大洋地壳（简称洋壳）分布在大洋盆地和洋中脊等洋底地区。洋壳厚度较小，平均厚度为 6~8km，厚度较稳定，变化较小。洋壳由沉积层和硅镁层组成，缺失在陆壳普遍发育的硅铝层。

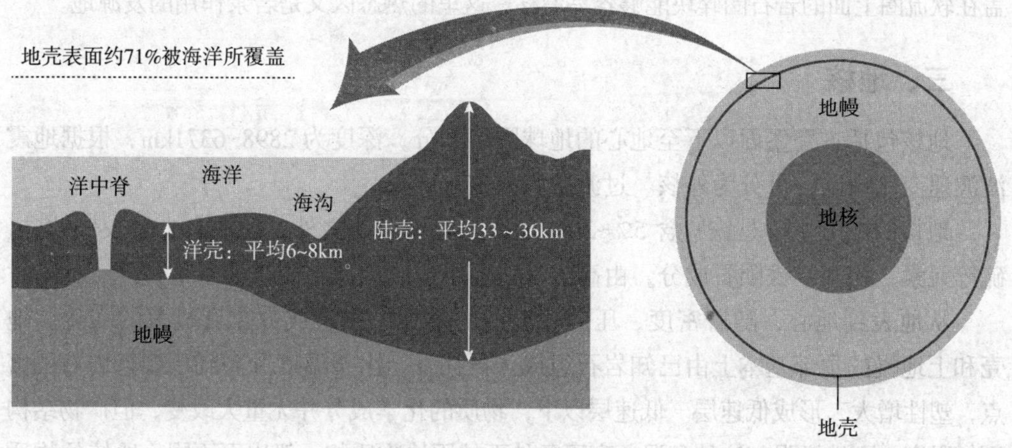


图 3–3 地壳结构示意图

陆壳和洋壳存在较大的差异，高山区、高原区地壳厚度大，地壳密度较小；大洋区地壳厚度小，地壳密度较大。这表明地壳下面的莫霍面起伏不平，使地壳的厚度各处不同，在横向上地壳的密度也不是均一的。因此，不同地形区在地下某一深度上，都存在着一个统一的重力等压面（或重力均衡补偿面）。在该均衡补偿面之上的地壳物质总质量大致相等，以达到重力平衡。这种地壳物质为适应重力作用，力求在深部的物质上达到平衡状态的现象，称为地壳的重力均衡或地壳均衡作用。地壳的不均衡现象是普遍存在的，而且均衡是暂时的、相对的，地质作用时刻在打破这种均衡状态，因而地壳均衡作用在地史时期不断处于破坏和调整中，是引起地壳升降运动的一种重要因素。

## 二、地幔

地幔为莫霍面与古登堡面之间的地球部分，厚度达 2865km，占地球体积的 83%，平均密度为 4.5g/cm$^3$。地幔物质横向变化比较均匀，根据地震波速变化特征，大致以 984km 为界，将地幔进一步分为上地幔和下地幔两个次级圈层。

根据地震波速度的变化以及成分、物态等特征，国际上地幔研究计划（1965—1970 年）将地表至 250km 深度划分为两个带：岩石圈与软流圈。

1. 岩石圈

地下 0~70km（平均数）为岩石圈。岩石圈实际上包括地壳和上地幔的上部，这是一个不算很厚的板块，由固态物质组成，刚性、有强度。岩石圈也不是一个整块，而是由许多大小和形状不同的碎块拼接而成，称为板块。

2. 软流圈

地下 70~250km 深度区间通常称软流圈。此带横波波速从 48km/s 突然减至 42km/s，因而又称低速带。一般认为，软流圈内岩石接近熔点，但并未完全熔化，只有部分熔融物质，数量可达 10%，物质可以缓慢流动和对流，岩石强度也大大减小，故称软流圈。覆盖在软流圈上面的岩石圈碎块能够容易漂移，这里的热态区又是岩浆作用的发源地。

### 三、地核

地核包括古登堡面以下至地心的地球圈层部分，深度为 2898~6371km，根据地震波波速变化情况，可分为外核、过渡层和内核三部分。

地核的成分主要是铁，含 5%~20% 的镍，除铁、镍之外，还混有少量较轻的硅、硫等元素，相当于铁陨石成分，由高磁性物质组成，因此地磁来源于地核。

从地表到地心，随着密度、压力、温度的增加，物质成分也有显著的变化。地壳和上地幔的顶部基本上由已知岩石组成。再往下，由于温度升高到已接近岩石的熔点，塑性增大，形成低速层。低速层以下，物质的化学成分并无重大改变，但矿物结构更加紧密，刚性增强。这种高温、高压条件下的固体物质与一般岩石不同。地核的物质成分和地幔差别很大，以铁、镍金属为主。地球外核处于特殊的液体状态。

整个地球的三大圈层有点像蛋壳、蛋白和蛋黄，只是这只“大鸡蛋”煮得还不太熟，蛋黄有一部分还是液体状态。

## 第二节　构造运动与地质构造

### 一、构造运动

地球从诞生以来一直处在不停地运动变化之中。只是这种运动有时猛烈迅速，表现得比较明显，如火山爆发、山崩、地震等；有时轻微缓慢，短时间内不易察觉，比如泰山，100 万年来它已经以每年约 0.5mm 的速度“偷偷”长高了 500 多米，但人们却称其“稳如泰山”，并把它当做“稳”的象征。

构造运动是主要由地球内部能量引起的组成地球物质的机械运动。构造运动使地壳或岩石圈的物质发生变形和变位，其结果一方面引起了地表形态的剧烈变化，如山脉形成、海陆变迁、大陆分裂与大洋扩张等；另一方面在岩石圈中形成了各种各样的岩石变形，如地层的倾斜与弯曲、岩石块体的破裂与相对错动等。此外，构造运动还是引起岩浆作用与变质作用的重要原因，并且对地表的各种表层地质作用具有明显的控制作用，因此，构造运动在地质作用中处于最重要的地位。

构造运动按其运动方向可分为垂直运动和水平运动两类。

垂直运动是指地壳或岩石圈物质垂直于地表即沿地球半径方向的运动，常表现为大面积的上升、下降或升降交替运动。它可造成地表地势高差的改变，引起海陆变迁等。因此，这类运动过去常称为造陆运动。

水平运动是指地壳或岩石圈物质平行于地表即沿地球切线方向的运动，常表现为地壳或岩石圈块体的相互分离拉开、相向靠拢挤压或呈剪切平移错动。它可造成岩层的褶皱与断裂，在岩石圈的一些软弱地带则可形成巨大的褶皱山系。因此，传统的地质学常把产生强烈的岩石变形（褶皱与断裂等）并与山系形成紧密相关的水平运动称为造山运动。

水平运动与垂直运动是构造运动的两个主导方向。实际上，对于某一个地区，常表现为既有水平运动又有垂直运动的复杂情况。

1. 构造运动在地形、地物上的表现

构造运动的速率大多数是极其缓慢的，人们在短时期内常常不容易觉察到。但是随着科学技术的发展，人们可以凭借测量仪器来观测这种极缓慢的运动。我国以青藏高原上升最快，一般为 5~10mm/a；云南西南部次之，为 5~7mm/a。美国西部圣安得烈斯断层西侧主要向西北方向移动，平均速度约 4cm/a；而断层东侧只作相对较小的往复式移动。初步测量结果表明，全球各大陆间或洲际间的相对水平运动速率一般为每年数毫米到数厘米。

喜马拉雅山珠峰附近能找到贝壳类的化石，说明地壳有明显上升运动；台湾海峡底部发现有古河流河床的痕迹，说明地壳有下降运动；意大利那不勒斯海岸边保存的三根大理石柱上保留的地质遗迹，显示在古城建成后，这个地区曾经历过下降、上升、再下降的过程。

2. 构造运动在地貌上的表现

地貌是地质作用所形成的特定地表形态，构造运动对一些地貌的形成具有明显的控制作用；反过来，这些与构造运动有关的地貌成为研究构造运动的有力证据。由于古老的地貌往往早已被剥蚀殆尽，所以现今地貌一般反映的是新构造运动所造成的结果。反映地壳垂直运动的常见地貌有河流阶地、深切河谷、夷平面、海成阶地、多排溶洞等（图 3–4）。

（a）天然溶洞

（b）深切河谷

**图 3–4 典型构造地貌**

3. 构造运动在地层中的表现

不同地质历史时期形成的岩石记录或地层都蕴藏着丰富的构造运动信息，通过这些信息进行深入剖析，就能了解当时构造运动的一些性质和特点。

1）地层的岩相变化及厚度

地层是一定地质历史时期形成的层状岩石。其中，沉积岩地层往往是在一定的地表沉积环境（如浅海、滨海、湖泊、河流等）中形成的，不同的沉积环境形成了不同的岩石特征及生物化石组合。这种能反映沉积岩或沉积物形成环境的岩石及所含生物化石的各种特征称为岩相。因此，一定的岩相就代表了一定的沉积环境，岩相变化就意味着沉积环境的变化。

沉积环境可简单地分为两类：海洋环境与大陆环境。海洋环境中又有深海、半深海、浅海、滨海等环境；大陆环境中又有湖泊、沼泽、河流、冰川等环境。一个地区沉积环境或岩相的剧烈变化与构造运动存在着千丝万缕的联系。例如，一个地区从早期的浅海沉积，逐渐转变为滨海沉积，此后又转变为陆上河流沉积，这说明了该地区的地壳是逐渐上升、海水逐渐退出的。

2）地层的接触关系

地层接触关系是指新老地层（或岩石）在空间上的相互叠置状态。地层接触关系受构造运动的控制，同时也记录了构造运动的历史。通常，最基本的地层接触关系有整合、平行不整合和角度不整合 3 种（图 3–5），不同的接触关系反映了不同的构造运动特点。

（a）整合接触

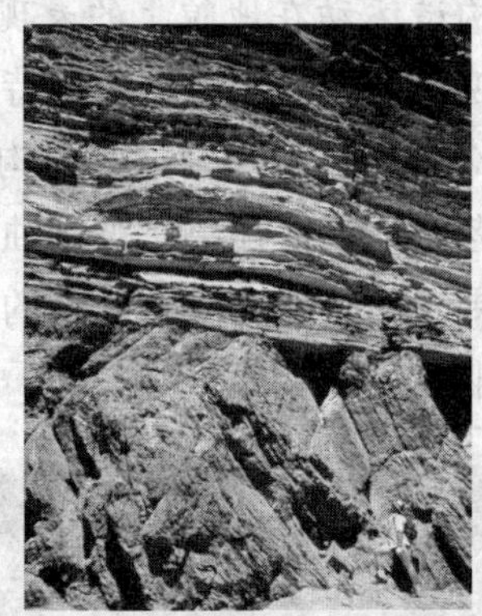

（b）角度不整合接触

图 3–5　地层接触关系

整合：是指上下两套地层的产状完全一致，时代连续的一种接触关系。它是在地壳稳定下降或升降运动不显著的情况下，沉积作用连续进行，沉积物依次堆叠而形成的。

平行不整合：又称假整合。其特点是上、下两套地层的产状基本保持平行，但两套地层的时代不连续，其间有反映长期沉积间断和风化剥蚀的剥蚀面存在。平行不整合的形成过程是：

（1）在地壳稳定下降或升降运动不显著的情况下，在一定的沉积环境中沉积了一套或多套沉积岩层。

（2）地壳发生显著上升，原来的沉积环境变为陆上剥蚀环境，经长期的风化剥蚀后，地面上形成了凹凸不平的剥蚀面，剥蚀面上分布有古风化壳及铝土矿、褐铁矿等风化残积矿产。

（3）地壳重新下降到水面以下接受沉积，形成新的上覆沉积岩层（其底部由于开始沉积的地形差异较大而常形成底砾岩）。由于地壳基本上是整体上升和下降的，故上、下两套地层的产状基本保持平行。因此，平行不整合的出现反映了地壳的一次显著的升降运动。

角度不整合：这种接触关系的特征是上、下两套地层的产状不一致，以一定的角度相交；两套地层的时代不连续，两者之间有代表长期风化剥蚀与沉积间断的剥蚀面存在。角度不整合的形成过程（图 3–6）为：

（1）在地壳稳定下降或升降运动不显著的情况下，在沉积盆地中形成一定厚度的原始水平沉积岩层。

（2）地壳发生水平挤压运动，使岩层产生褶皱、断裂等变形，岩层伴随着水平方向上缩短的同时，在垂直方向上则不断上升，并到达陆上的一定高度或成为山地，在此过程中还可能伴有岩浆作用与变质作用发生。

（3）在陆上环境下，变形的地层遭受长期的风化剥蚀，形成凹凸不平的剥蚀面，同时在剥蚀面上形成古风化壳、残积矿产等。

（4）地壳重新下降到水下沉积环境，在剥蚀面上又形成了新的原始水平沉积岩层（其底部常有底砾岩），新形成的地层与不整合面大致平行，但与不整合面以下的地层以一定的角度相交。所以，角度不整合反映了一次显著的水平挤压运动及伴随的升降运动。

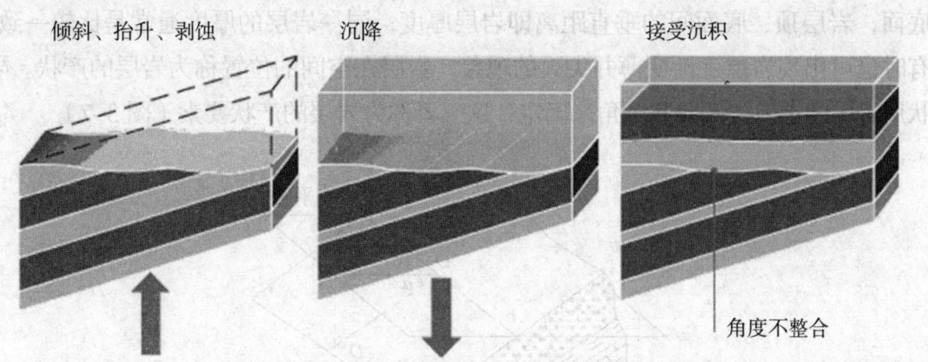


图 3–6　角度不整合形成过程

平行不整合与角度不整合均属不整合接触关系。此外，岩浆岩与变质岩经陆上长期风化剥蚀后，再下降接受沉积形成的接触关系也属于不整合接触，称为沉积不整合。不整合是构造运动的反映，利用不整合确定构造运动时代的方法是构造运动发生在不整合面之下最年青的地层时代之后与不整合面之上最老的地层时代之前。

## 二、地质构造

岩石变形是构造运动的重要表现和结果。沉积岩形成时除局部地区具有原始倾斜以外，基本上是水平产出的，而且在一定范围内是连续的；岩浆岩则具有原生的整体性。但是经过构造运动，岩层可由水平变为倾斜或弯曲，连续的岩层被断开或错动，完整的岩体被破碎等。根据岩石变形的特征，可以分析构造运动的性质、强度及时代等。岩石变形的产物称为地质构造。最常见的地质构造为褶皱和断裂。

岩石之所以能发生变形，是因为它受到了构造运动所施加的力的作用。这种力一般来自于相邻岩块的挤压、拉张与剪切作用。在近地表的环境下，坚硬的岩石通常表现为脆性。当岩石处于地下一定深度的较高围压与温度环境下，或者岩石含流体丰富、固结较差，并且施加的构造作用力比较缓慢时，岩石表现出较强的韧性，易发生连续的弯曲或褶皱变形。

### 1. *岩层产状*

构造运动使岩石变形，形成各种地质构造。而这些地质构造的形态往往是由岩层或岩石在空间上的位置变化表现出来的。因此，要研究地质构造，首先必须确定岩层或岩石的空间位置。

地壳表面分布最广的岩石是沉积岩，由于沉积岩具有原生层理构造，所以它对记录岩石变形的特征最为有利。沉积岩的基本单位是岩层，同一岩层一般由成分基本一致的物质组成，岩层与岩层之间由层理面或层面分开。一个岩层上、下两个层面，称为顶面和底面，岩层顶、底面间的垂直距离即岩层厚度，同一岩层的厚度通常是比较一致的，但有时也可出现岩层逐渐变薄并尖灭的现象。岩层在空间的位置称为岩层的产状。岩层产状用岩层的走向、倾向和倾角来确定，这三者称为岩层的产状要素（图 3–7）。

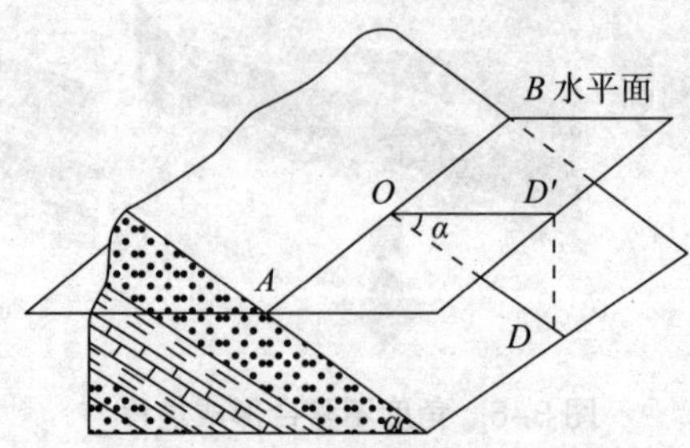


图 3–7　岩层产状要素

走向：岩层层面与假想水平面交线的延伸方向称为走向，其交线称为走向线（图 3–7 直线 *AB*）。走向表示岩层在空间的水平延伸方向，用走向线的地理方位角（0° ~360°）来表示。由于走向线有两个延伸方向，故同一岩层的走向有两个值，两者数值相差 180°。

倾向：岩层面上垂直于走向线向下所引的直线称为倾斜线（图 3–7 直线 *OD*），倾斜线在水平面上的投影所指的方向称为倾向（图 3–7 直线 *OD*′）。倾向表示岩层在空间的倾斜方向，一般用地理方位角（0° ~360°）表示，其数值与走向相差 90°。岩层的倾向值只有一个。

倾角：倾斜线与其在水平面上的投影线之间的夹角称倾角（或真倾角，图 3–7 中 $\alpha$）。它是岩层面与水平面之间所夹的最大锐角，倾角值为 0° ~90°。在不垂直岩层走向线的任何方向上量得的倾角称为视倾角或假倾角，视倾角总是小于真倾角。

自然界的岩层按其产状可分为 3 种类型：水平岩层（倾角为 0°左右）、倾斜岩层（倾角介于 0° ~90°之间）和直立岩层（倾角接近 90°）。其中以倾斜岩层最常见、分布最广；水平岩层只有少数地区才能见到；直立岩层也是局部现象。

2. 褶皱构造

褶皱是岩层受力变形产生的连续弯曲，岩层的连续完整性没有遭到破坏，它是岩层塑性变形的表现。褶皱的形态多种多样，规模有大有小。小的在手标本中可见，大的宽达几十公里、延伸长达几百公里（图 3–8）。褶皱中的单个弯曲称为褶曲。

图 3–8　野外观察褶皱

组成褶皱中心部分的岩层称为核。它的范围是相对的，一般只把位于褶皱内部的某一地层定为核。如果是剥蚀后出露于地面的褶皱的核，通常是指最中心的地层。

褶皱核部两侧的岩层称为翼。相邻的两个褶曲之间的翼是共有的。

褶皱的基本类型有两种，即背斜与向斜（图 3–9）。

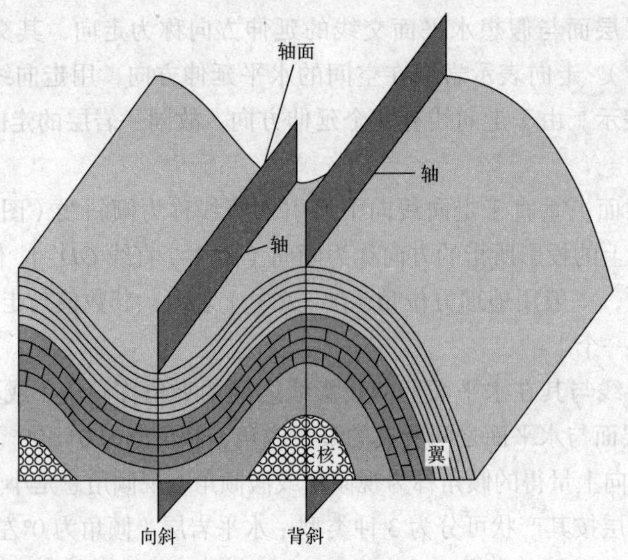

图 3–9 背斜与向斜

背斜在形态上是向上拱的弯曲，其两翼岩层一般相背倾斜（即以核部为中心分别向两侧倾斜），经剥蚀后出露于地表的地层具有核部为老地层、两翼岩层依次变新的对称重复特征。向斜在形态上是向下凹的弯曲，其两翼岩层一般相向倾斜（即两翼均向核部倾斜），经剥蚀后出露于地表的地层具有核部为新地层、两翼地层依次变老的对称重复特征。背斜形成的上拱及向斜形成的下凹形态，经风化剥蚀后，并不一定与现在地形的高低一致。背斜可以形成山岭，但也可以是低地；向斜可以是低地，但也可以构成山岭。因此，地形上的高低并不是判别背斜与向斜的标志。

3. 断裂构造

岩石受力作用超过岩石的强度极限时，岩石就要破裂，形成断裂构造。断裂构造包括节理和断层两类。岩石破裂并且两侧的岩块沿破裂面有明显滑动者称为断层，无明显滑动者称为节理。断裂构造在地壳中分布极为普遍，它既可发育于沉积岩中，也可广泛发育于岩浆岩与变质岩中。断裂构造的规模有大有小，巨型的长可达上千公里（图 3–10）。

断层的基本组成部分称为断层要素，包括断层面和断盘。

（1）断层面：被错开的两部分岩石沿之滑动的破裂面称为断层面。断层面的产状用走向、倾向和倾角表示，其测量与记录方法同岩层产状。断层面可以是水平的、倾斜的或直立的，以倾斜的最多，其形状可以是平面，也可以为曲面或台阶状。有时断层两侧的运动并不是沿一个面发生，而是沿着由许多破裂面组成的破裂带发生，这个带称为断层破碎带或断裂带。断层面与地面的交线称为断层线。它反映断层的延伸方向和断层的延伸规模。

图 3–10　野外观察到断层

（2）断盘：断层面两侧相对移动的岩块称为断盘。当断层面倾斜时，断盘有上、下之分，位于断层面以上的断块称为上盘，位于断层面以下的断块称为下盘。断层面为直立时，往往以方向来说明，如称为断层的东盘或西盘。如按两盘相对运动来分，相对上升的断块称为上升盘，相对下降的断块称为下降盘。

按断层两盘相对运动特点，断层可分为 3 种基本形态类型（图 3–11）：

正断层：上盘相对下降、下盘相对上升的断层称为正断层。正断层的断层面常常较陡，倾角一般在 45° 以上，断层线也比较平直，它通常是在拉张和重力作用下形成的，见图 3–11（a）。

逆断层：上盘相对上升、下盘相对下降的断层称为逆断层。逆断层的倾角有陡有缓，如果断层面倾角小于 45°，常称为逆掩断层或冲断层。逆断层一般是在较强的水平挤压力的作用下形成的，见图 3–11（b）。

平移断层：两盘沿断层面走向相对水平错动的断层称为平移断层或走向滑动断层，见图 3–11（c）。

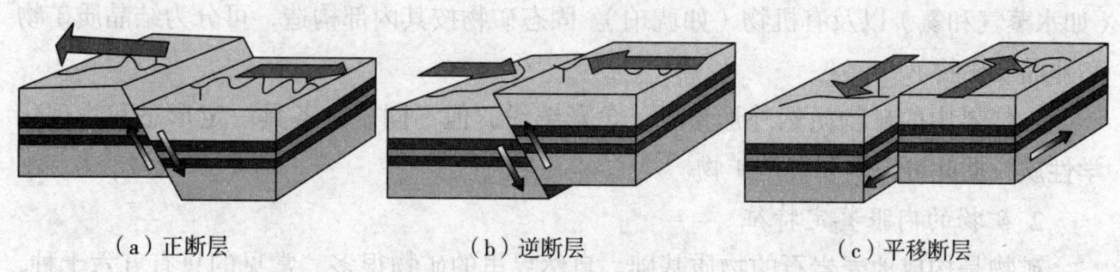

（a）正断层　（b）逆断层　（c）平移断层

图 3–11　断层基本形态类型

地堑和地垒是由两条或两组走向大致平行但倾向相反的断层所形成的断层组合（图 3–12）。如果两条或两组断层之间的岩块相对下降、两边岩块相对上升，则称为地堑；反之中间上升、两侧下降者则称为地垒。地堑和地垒多由正断层组合而成，但逆断层也可组成。现今的一些狭长形断陷盆地往往是地堑构造。

大规模的正断层及其组合常常造成地壳在水平方向上的长度伸展与在垂直方向上的厚度减薄，它一般是由相邻的地壳块体发生相背离的水平运动所造成的结果。大规模的逆断层及其组合常造成地壳在水平方向上的缩短与在垂直方向上的增厚，一般是由相邻的地壳块体发生相向的水平挤压运动所造成的结果。

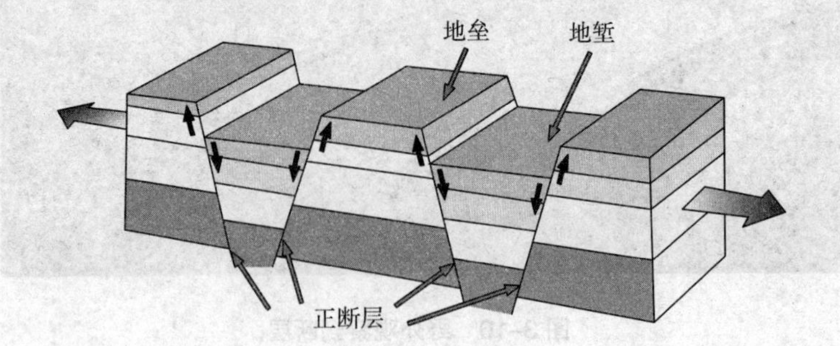


图 3–12　地堑和地垒

## 第三节　矿物与岩石

地壳由岩石组成，岩石由矿物组成，矿物由各种天然元素组成。

### 一、矿物

1. 矿物的一般概念

矿物是地质作用形成的天然单质或化合物，它具有一定的化学成分和物理性质。由一种元素组成的矿物称为单质矿物，如金（Au）、金刚石（C）、铜（Cu）等；大多数矿物是由两种或两种以上的元素组成的化合物，如岩盐（NaCl）、方解石（$CaCO_3$）、石英（$SiO_2$）等。矿物绝大多数是无机固态，有少数为液态（如水、自然汞）和气态（如水蒸气和氦）以及有机物（如琥珀）。固态矿物按其内部构造，可分为结晶质矿物和非晶质矿物。

自然界中的矿物虽然外形奇异、色彩缤纷，但不同矿物各具一定形态和物理化学性质，据此可识别和鉴定矿物。

2. 矿物的肉眼鉴定特征

矿物是构成地壳岩石的物质基础。自然界里的矿物很多，常见的只有五六十种，至于组成岩石的主要矿物只不过二三十种。这些种类少、数量多、在岩石中常见的矿物，称为造岩矿物。它们共占地壳质量的99%，其中以硅酸盐矿物最多。造岩矿物在一定的地质条件下形成各种岩石和矿石。各种造岩矿物都具有一定的形态和物理性质，可以作为鉴别矿物的依据。

1）矿物的形态

矿物的形态指矿物的单体及集合体的形状。具有一定成分和内部结构的矿物具有一定的晶体形态特征，因此在矿物鉴定上具有重要意义。另外，矿物的形态也受生长环境的影响，因此，它又具有成因上的意义。矿物的形态是鉴定矿物与判断成因的重要依据。

矿物的形态有单体形态和集合体形态两种。

（1）单体形态。

固态矿物按其内部结构可分为结晶质矿物和非晶质矿物。结晶质矿物内部质点在三维空间有序排列，可反映出固定的外形，把这种具有自然多面体外形的固体称为晶体。非晶质矿物的内部质点不作规则排列，因而没有固定外形，把内部质点在三维空间不呈规则排列的固体称为非晶体。

完好晶体的自然表面称为晶面。晶体的形态称为晶形。各种矿物都有其独特的晶形（图 3-13），它是鉴别矿物的重要依据之一。尽管矿物的晶形多种多样，但归纳起来，矿物单体晶形可分为 3 种类型：

**图 3-13 典型矿物晶体**

一向延长型，呈柱状或针状，如石英、辉锑矿、角闪石等；

二向延长型，呈片状或板状，如石膏、云母等；

三向等长型，呈粒状，如黄铁矿等。

矿物的晶体大小与生长环境有关，在适宜条件下某些晶体可生长成巨大的个体，例如，曾发现巨大的白云母晶体，其晶面可达 7m$^2$，但有些矿物的晶体极小，如高岭石的晶体仅为（10~$n\times 10$）μm，需在电子显微镜下才能观察到。同一种岩石中不同矿物的结晶顺序也有先后，先结晶的矿物晶形较完好，后结晶的则受先结晶的矿物限制，常形成扇形不甚规则的“他形”晶。

（2）集合体形态。

自然界的地质条件较为复杂，呈完好晶形以单体产出的矿物较少，绝大多数矿物都是以多个单体聚合在一起产出，同种矿物的许多个单体聚合在一起形成的整体称为矿物集合体。

最典型且最常见的集合体是石英的晶簇状集合体，所谓晶簇，是指若干个晶体在共同的基座上丛生在一起，且其中发育最好的晶体与基底近于垂直的单晶体群。

2）矿物的光学性质

（1）颜色。

矿物的颜色是矿物对入射可见光中不同波长光线选择性吸收后透射和反射的各种波长的混合色。矿物的颜色自古引人注目，许多矿物就是以其颜色而得名，如黄铜矿为铜黄色，黄铁矿为浅铜黄色，孔雀石为翠绿色，褐铁矿为褐色，等等。不透明的金属矿物颜色比较固定，而某些透明矿物常因含有杂质而出现别的颜色，如纯净的石英为无色透明，因含杂质可呈现红色、紫色、黄色、烟色等。

由于矿物颜色受多种因素影响，而有自色、他色和假色之分。

自色：即矿物本身固有的颜色，对同一种矿物来说，一般是比较固定的，因此是鉴定矿物的重要标志之一。

矿物自色的产生主要与矿物的化学组成和晶体结构有关。当矿物的化学组成中含有某些色素离子时，矿物显自色（表 3–1）。

**表 3–1　常见色素离子的颜色**

| 离子 | $Ti^{4+}$ | $Fe^{2+}$ | $Fe^{3+}$ | $Fe^{2+}$、$Fe^{3+}$ | $Cu^{2+}$ | $Mn^{4+}$ | $Mn^{2+}$ |
|---|---|---|---|---|---|---|---|
| 颜色 | 褐（红） | 绿 | 褐、红 | 黑 | 蓝或绿 | 玫瑰色 | 黑 |
| 矿物 | 榍石 | 海绿石 | 褐铁矿<br>赤铁矿 | 磁铁矿 | 孔雀石 | 菱锰矿 | 软锰矿 |

他色：是指矿物因含外来带色杂质而引起的颜色。如纯净水晶（$SiO_2$）是无色透明的，若其中混入微量不同的杂质，即可具有紫色、粉红色、褐色、黑色等。无色、浅色矿物常具他色，他色随杂质不同而改变，因此一般不能作为矿物鉴定的主要特征。

假色：矿物的颜色是由某些化学的和物理的原因而引起的。如片状集合体矿物（如云母）常因光线干涉而产生颜色，称为晕色；容易氧化的矿物在其表面往往形成具一定颜色的氧化薄膜，氧化薄膜的颜色称为锖色，如斑铜矿的新鲜表面本是暗铜红色的，但由于其表面的氧化薄膜的影响，造成了蓝、紫混杂的斑驳色彩，就像水面上的油膜呈现的颜色一样。假色只对个别矿物（如斑铜矿等）具有鉴定意义。

颜色是矿物中最直观、最易于识别的一种性质，对于鉴定矿物和找矿都具有重要意义。

（2）条痕。

矿物粉末的颜色称为条痕。通常是利用条痕板（无釉白瓷板）观察矿物在其上划出痕迹的颜色。条痕的作用是消除假色，减弱他色，固定自色。有些矿物如赤铁矿，其颜色可能有赤红色、黑灰色等，但其条痕则为樱红色，是一致的；有些矿物如自然金、黄铁矿，其颜色大体相同，但其条痕则相差很远，前者为金黄色，后者则为黑或黑绿色。因此，条痕在鉴定矿物上具有重要意义。

（3）光泽。

矿物表面反射光线的能力称为光泽。矿物新鲜表面反射出来的光线越多，光泽越强。矿物的光泽按其强弱可以分为以下几种：

金属光泽：矿物表面反光最强，如同磨光的金属表面所呈现的光泽。大多数金属矿物具有金属光泽，如黄铁矿、方铅矿、自然金等。

半金属光泽：较金属光泽稍弱，如同未经磨光的金属表面所呈现的光泽，暗淡，如赤铁矿、磁铁矿等具有这种光泽。

非金属光泽：是一种不具金属感的光泽，反光能力都比金属和半金属光泽弱。又可分为：金刚光泽，光泽闪亮耀眼，以金刚石为典型代表而得名，如金刚石、闪锌矿等的光泽；玻璃光泽，像普通玻璃一样的光泽。大约占矿物总数 70% 的矿物，如水晶、萤石、方解石等都具有玻璃光泽。

此外，由于矿物表面的平滑程度或集合体形态的不同，造成光线散射、内反射，常常呈现出一些特殊的变异光泽，主要有：

油脂光泽：颜色浅、具玻璃光泽或金刚光泽的矿物，在其不平坦的断面所呈现的如同油脂面上见到的那种光泽。如石英，晶面为玻璃光泽，断口为油脂光泽。

珍珠光泽：浅色透明矿物如白云母等的解理片上所呈现的如珍珠表面的那种柔和多彩的光泽。

丝绢光泽：具纤维状集合体的矿物（如石棉及纤维状石膏等）所呈现的蚕丝或丝织品那样的光泽。

土状光泽：具粉末状的矿物集合体（如高岭石等）所呈现的如土块那样的光泽。

矿物的光泽也是鉴定矿物的重要特征。

（4）透明度。

矿物允许可见光透过的程度，称为矿物的透明度。一般是隔着矿物碎片边缘观察光源一侧的物体。根据所见物体的清晰程度，可将矿物的透明度大致分为 3 级：

透明矿物：矿物能全部透过光线，并能透视物体，如水晶、冰洲石等。

半透明矿物：矿物只能部分透光，能模糊地透视物体，如辰砂、闪锌矿等。

不透明矿物：矿物不透光，矿物碎片边缘不能透视物体，如黄铁矿、磁铁矿、石墨等。

一般所说矿物的透明度与矿物的大小厚薄有关。大多数矿物标本或样品表面看是不透明的，但碎成小块或切成薄片却是透明的，因此不能认为是不透明。

透明度又常受颜色、包裹体、气泡、裂隙、解理以及单体和集合体形态的影响。例如，无色透明矿物，其中含有众多细小气泡就会变成乳白色；又如方解石颗粒是透明的，但其集合体就变成不完全透明。

3）矿物的力学性质

矿物的力学性质是指矿物受外力作用（敲打、刻划等）后所表现出的性质，包括硬度、解理与断口、延展性、弹性和脆性等，其中，以解理和硬度对矿物的鉴定最有意义。

（1）硬度。

硬度指矿物抵抗外力刻划、压入、研磨的能力。在矿物的肉眼鉴定中，通常用由10种矿物的硬度构成的摩氏硬度计作为衡量硬度等级的标准（表3–2）。其他矿物的硬度是与摩氏硬度计中的标准矿物互相刻划，比较相对软硬来确定的。这样测定矿物的硬度称为相对硬度。

**表3–2　摩氏硬度计**

| 矿物 | 滑石 | 石膏 | 方解石 | 萤石 | 磷灰石 | 正长石 | 石英 | 黄玉 | 刚玉 | 金刚石 |
|---|---|---|---|---|---|---|---|---|---|---|
| 相对硬度 | 1 | 2 | 3 | 4 | 5 | 6 | 7 | 8 | 9 | 10 |

例如，将欲测定的矿物与硬度计中某矿物（假定是方解石）相刻划，若彼此无损伤，则硬度相等，即可定为3；若此矿物能刻划方解石，但不能刻划萤石，相反却为萤石所刻划，则其硬度当在3~4之间，因此可定为3.5。依此类推。

摩氏硬度计只代表矿物硬度的相对顺序，而不是绝对硬度的等级。

在野外工作中，常用一些更简便的物体来代替硬度计，如指甲（约2.5）、小钢刀（5.5）、石英（7）等。据此，可以把矿物硬度粗略分成软（硬度小于指甲）、中（硬度大于指甲，小于小钢刀）、硬（硬度大于小钢刀）3等。

测定硬度时必须选择新鲜矿物的光滑面试验，才能获得可靠的结果。较软的矿物上留下被刻划的痕迹，较硬的矿物上则黏有较软矿物的粉末。对于粒状、纤维状矿物，不宜直接刻划，而应将矿物捣碎，在已知硬度的矿物面上摩擦，视其是否有擦痕来比较硬度的大小。

（2）解理与断口。

矿物晶体在外力的作用下按一定方向破裂并产生光滑平面的性质称为解理。裂成的光滑平面称为解理面。相同方向的一系列解理构成一组解理。如云母只有一组解理，可以揭成一页一页的薄片；有的矿物具有二组解理（如长石、角闪石）、三组解理（方解石、白云石、石盐）、四组解理（萤石）以及多组解理。矿物解理的组数多少由内部质点的排列方式（即晶体结构）所决定。如方解石具有三组解理，外形总是菱面体，敲碎后碎块再小仍为菱面体（图 3–14）。若矿物受外力作用，沿任意方向破裂后所出现的各种不规则的断面称为断口。根据断口的形状，可以分为贝壳状断口、锯齿状断口、参差状断口、平坦状断口等。其中，最常见的是在石英、火山玻璃上出现的具同心圆纹的贝壳状断口（图 3–15）。一些自然金属矿物常出现尖锐的锯齿状断口。

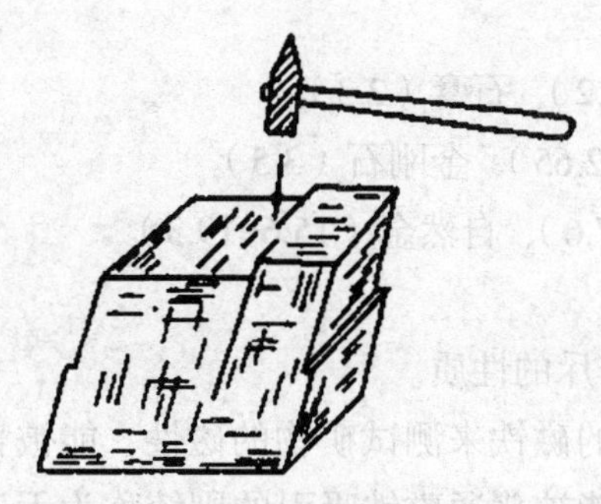

图 3–14　方解石的解理

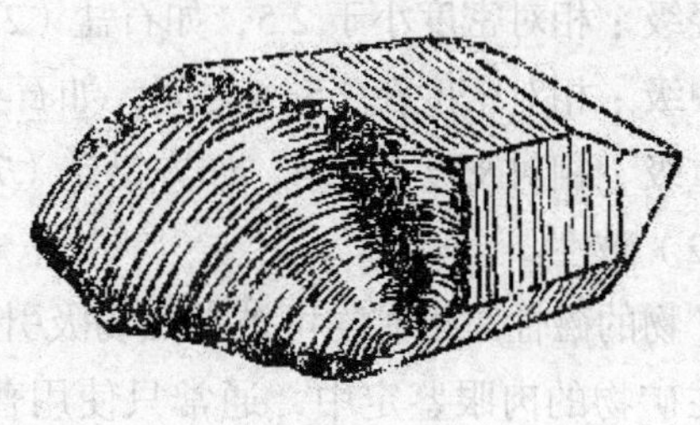

图 3–15　石英的贝壳状断口

根据解理产生的难易、解理片的厚薄、解理面的大小及平整光滑程度，可把解理分为 5 级：

极完全解理：极易获得解理，解理片极薄，解理面大而平整光滑，如云母、石膏等。

完全解理：易获得解理，矿物晶体常裂成平滑小块或薄板，解理面相当光滑，如方解石、石盐等。

中等解理：较易获得解理，解理面往往不能一劈到底，不很光滑，且不连续，解理与断口共存，常呈现小阶梯状，如普通辉石等。

不完全解理：较难得到解理，解理面小且不光滑平坦，以断口为主，如磷灰石等。

极不完全解理（无解理）：很难得到解理，肉眼看不见解理面，如石英、磁铁矿等。

由此可见，矿物解理与断口出现的难易程度是互为消长的。也就是说，在容易出现解理的方向则不易出现断口。一个晶体上如被解理面包围越多，则断口出现的机会越少。

对具有解理的矿物来说，同种矿物的解理方向和解理程度总是相同的，性质很固定。因此，解理是鉴定矿物的重要特征之一。

4）矿物的其他物理性质

（1）矿物的相对密度。

矿物的相对密度是指纯净的矿物在空气中的质量与 4℃时同体积水的质量之比值，因水在 4℃时的密度为 1g/cm$^3$，所以矿物相对密度的数值与其密度的数值相等。

各种不同矿物的相对密度相差很大，主要取决于矿物的化学成分和内部构造。矿物的化学成分中若含有相对原子质量大的元素或者矿物的内部构造中原子或离子堆积比较紧密，则相对密度较大；反之，则较小。大多数矿物的相对密度介于2.5~4之间；一些重金属矿物常在5~8之间；极少数矿物（如铂族矿物）可达23。

矿物的相对密度不仅对鉴定矿物有实际意义，而且对矿物的分离和选矿工作也起着重要的作用。在矿物的肉眼鉴定工作中，常凭经验用手掂量估计矿物的相对密度，将矿物的相对密度分为3级：

轻级：相对密度小于2.5，如石盐（2.1~2.2）、石膏（2.3）。

中级：相对密度在2.5~4之间，如石英（2.65）、金刚石（3.5）。

重级：相对密度大于4，如方铅矿（7.4~7.6）、自然金（15.6~19.3）。

（2）磁性。

矿物的磁性是指矿物可被外磁场吸引或排斥的性质。

在矿物的肉眼鉴定中，通常只使用普通的磁铁来测试矿物的磁性，能被普通磁铁吸引的，称为磁性矿物，如磁铁矿等；不能被普通磁铁吸引的则统称为无磁性矿物。磁性是含铁、钴、镍的少数矿物所特有的性质。

矿物的磁性对于鉴定矿物、分离矿物、选矿及磁法找矿都具有重要意义。

（3）电性。

有些矿物受热生电，称为热电性，如电气石；有些矿物受摩擦生电，如琥珀；有的矿物在压力和张力的交互作用下产生电荷效应，称为压电效应，如压电石英。压电石英已被广泛地应用于现代科学技术方面。

（4）发光性。

有些矿物在外来能量的激发下能发出可见光的性质，若在外界作用消失后停止发光，称为荧光。如萤石加热后产生蓝色荧光；白钨矿在紫外线照射下产生天蓝色荧光；金刚石在X射线照射下亦发生天蓝色荧光。有些矿物在外界作用消失后还能继续发光一段时间，称为磷光，如磷灰石。利用发光性可以探查某些特殊矿物（如白钨矿）。

此外，石盐有咸味，泻利盐有苦味，石墨和滑石等手摸有滑腻感，自然硫有硫臭味，高岭石吸水黏舌头等，这些都是容易觉察到的性质，也是鉴定矿物的特征之一。

总之，矿物的物理性质很多，但对不同的矿物而言，各有其特点。因此，在鉴定矿物时，应充分利用各种感官，抓住矿物的主要特征，注意从矿物的个性入手，并结合其他特征进行综合鉴别。

3. 常见矿物及其鉴定特征

石英：石英是花岗岩类岩石的主要矿物。在绝大多数情况下呈它形粒状的晶体。颜色从无色到烟灰色。晶面呈玻璃光泽，但常见到的是断口面上的油脂光泽。与钾长石、酸性斜长石、黑云母共生。抗风化能力强，在岩石风化面上常呈现出明显的凸起。与长石的区别在于无解理，看不到双晶，油脂光泽和无风化产物。

钾长石：钾长石通常是肉红色的，但也有呈紫红色、白色、灰白色，甚至灰黑色。钾长石在风化过程中颜色会发生改变，肉红色可变成灰白色，灰白色也可变为肉红色。长石解理面呈玻璃光泽，硬度小于石英。钾长石常具卡斯巴双晶，而斜长石常具聚片双晶。这是区别钾长石和斜长石最重要的标志。钾长石硬度小于石英，不耐风化，常生成白色的土状高岭石。

黑云母：黑云母主要出现在酸性的岩石中，新鲜的黑云母呈黑色或黑褐色，风化后褪色，常呈金黄色，解理极完全，常呈片状，在手标本中常可见到与晶体大小一致的平整反光面，并可见珍珠光泽，硬度小于小钢刀。

自然金：多为分散的粒状或不规则的树枝状集合体。金黄色，随其成分中含银量的增加则渐变为淡黄色。条痕与颜色相同。有强烈的金属光泽。硬度为 2.5 ~3。具强延展性，可以锤成金箔。纯金的相对密度为 19.3，导电性良好，化学性能良好，除溶于王水外，不溶于任何酸类。熔点为 1062℃。用于货币，制造精密仪器及装饰品。主要产于石英脉中，自然金常富集成沙金矿床。

金刚石：晶形呈八面体、菱形十二面体，较少呈立方体，而大多数呈圆粒或碎粒状产出。无色透明或带有蓝、黄、褐和黑色。标准金刚光泽。具强色散性。硬度为 10，性脆。相对密度为 3.50~3.52. 在紫外光照射下能发生黄、绿、紫荧光。用于精密及特种切削工具，制造金属钢丝的拉模、钻头及贵重的宝石。金刚石常产于超基性岩的金伯利岩（即角砾云母橄榄岩）中。当含金刚石的岩石遭风化后，可形成金刚石砂矿。

高岭石：常呈土状、粉末状、鳞片状。纯净者颜色白，如含杂质则染成浅黄、浅灰、浅红、浅绿、浅褐等色。蜡状光泽。硬度极低，为 1~3。相对密度为 2.6。吸水性强，舌舔有黏性。为陶瓷、造纸、橡胶等重要化工原料。高岭石的来源有黏土沉积形成，也有长石、霞石等风化而成。

磷灰石：单晶体为六方柱状或厚板状，集合体为块状、粒状、结核状。其颜色因成因而异，纯净者无色或白色，但少见，一般呈黄绿色，也有灰、绿、褐、蓝、紫等色。油脂光泽。磷灰石主要用于制造磷肥以及化学工业上的各种磷盐和磷酸。海相沉积成因者形成胶磷矿，具有巨大的经济价值。有时与火成岩有关者，也可能有经济价值。

磁铁矿：常呈粒状或致密块状，晶体形状为小八面体与菱形十二面体。颜色呈铁黑色，半金属光泽。硬度为 5.5 ~6.5，性脆，具强磁性。重要的铁矿石。形成于内生作用和变质作用过程。

赤铁矿：常呈片状、致密块状、鲕状、肾状、土状等。颜色呈红—铁黑色，条痕为樱桃红色。半金属光泽，硬度为 5.5 ~6.5，无磁性。重要的铁矿石。赤铁矿是自然界分布很广的铁矿物之一，可形成于热液作用、变质作用以及沉积作用的环境中。

黄铁矿：晶形常呈立方体、五角十二面体。集合体常呈致密块状、散染粒状。浅黄铜色。条痕绿黑色。金属光泽。硬度为 6 ~6.5，性脆。相对密度为 5。断口参差状。黄铁矿是制取硫酸的主要原料，也可提炼硫黄。黄铁矿是地壳中分布最广的硫化物，形成于各种地质条件下，其中多见于火山岩系中。

方铅矿：晶形常呈立方体，通常成粒状、致密块状的集合体。颜色为铅灰色。条痕灰黑色。金属光泽。硬度为 2 ~3。相对密度较大，为 7.4 ~7.6。具弱导电性。提炼铅的最重要矿物原料，并常含银、锌作为副产品。自然界分布较广，热液过程者最为重要，经常与闪锌矿在一起形成硫化矿床。

## 二、岩浆岩

1. 岩浆岩成因

岩浆岩是由岩浆直接冷凝形成的。岩浆的英文名字是“Magma”，这个单词的原意是形容一种类似于“稀糊状混合物”的物体。岩浆的概念在 1872 年最早提出，直到逐步深入完善并得到公认，实际上经历了一个漫长的反复实践、验证和认识过程。目前比较公认的看法认为岩浆是由地壳和上地幔中形成的，以硅酸盐为主要成分的炽热、黏稠、富含挥发分的熔融体。

岩浆主要由硅酸岩和一些挥发分组成。$SiO_2$ 是硅酸盐的主要成分，它与 $Al_2O_3$、$Fe_2O_3$、FeO、MgO、CaO、$Na_2O$、$K_2O$ 等其他氧化物结合，组成各种不同的硅酸盐矿物。其中，$SiO_2$ 的含量是划分岩浆岩大类的主要因素。$SiO_2$ 含量高，酸性程度也随之升高。

人们亲眼看到很多溢出到地表的熔岩流，它们应该很接近岩浆的成分，但是当岩浆喷出地表时，像水蒸气、$CO_2$、$SO_2$、CO、$N_2$ 等挥发分会大量逸散，特别是水蒸气在挥发分中占的比重很大，占总量的 60%~90%。而岩浆喷出时，首先喷出的是挥发分。因此，确切地说，岩浆岩是由失去了大量挥发分的岩浆固结形成的。

炽热的岩浆温度可以利用喷出的熔岩直接测定，熔岩的温度因为岩浆成分不同而有些差别。基性的玄武岩浆温度最高，可达 1000~1300℃；酸性的流纹岩浆温度最低，为 700~900℃。不过，在地表常压下测定的温度，因为挥发分的散失，并不能完全代表地下深处岩浆的真实温度，通常在地表测得的温度要相对高些。岩浆的温度还可以用熔融岩石和结晶模拟实验的方法、岩浆中包裹体测温的方法以及地质温度计和地质压力计计算方法来间接获得。

岩浆岩主要有侵入和喷出两种产出情况。侵入在地壳一定深度上的岩浆经缓慢冷却而形成的岩石，称为侵入岩。侵入岩固结成岩需要的时间很长。地质学家们曾做过估算，一个 2000m 厚的花岗岩体完全结晶大约需要 64000a。岩浆喷出或者溢流到地表，冷凝形成的岩石称为喷出岩。喷出岩由于岩浆温度急剧降低，固结成岩时间相对较短。1m 厚的玄武岩全部结晶，需要 12d，10m 厚需要 3a，700m 厚需要

9000a。可见，侵入岩固结所需要的时间比喷出岩要长得多。

在岩浆从上地幔或地壳深处沿着一定的通道上升到地壳形成侵入岩或喷出到地表形成喷出岩的过程中，由于温度、压力等物理化学条件的改变，岩浆的性质、化学成分、矿物成分也随之不断变化，因此，在自然界中形成的岩浆岩是多种多样、千变万化的，如基性岩、中性岩、酸性岩，还有碱性岩、碳酸盐岩等岩类，也充分说明了岩浆成分的复杂多样性。

2. 常见岩浆岩

岩浆岩，特别是花岗岩造就了很多名山大川，东北大小兴安岭、东南沿海一带都有成群的花岗岩分布。安徽黄山多姿的奇观就是花岗岩体经过漫长的地质构造运动形成的。在陕西华山也可以看到花岗岩体被断裂切割成十分陡峭的地形，形成好像被斧头劈开一样笔直的百丈陡崖。玄武岩常形成广阔的台地，高原玄武岩是岩浆溢流形成的地貌景观。安山岩浆的黏度比玄武岩浆要大得多，不容易形成溢流，常喷发形成边坡比较陡的大型火山，如世界著名的日本富士山、意大利维苏威火山就属于这种类型。

花岗岩：是分布最广的深成侵入岩。花岗岩主要矿物成分是石英、长石和黑云母，颜色较浅，以灰白色和肉红色最为常见，具有等粒状结构和块状构造。按次要矿物成分的不同，可分为黑云母花岗岩、角闪石花岗岩等。很多金属矿产，如钨、锡、铅、锌、汞、金等，稀土元素及放射性元素与花岗岩类有密切关系。花岗岩既美观，抗压强度又高，是优质建筑材料。

橄榄岩：侵入岩的一种。主要矿物成分为橄榄石及辉石，深绿色或绿黑色，相对密度大，粒状结构，是铂及铬矿的唯一母岩，镍、金刚石、石棉、菱铁矿、滑石等也同这类岩石有关。

玄武岩：一种分布最广的喷出岩。矿物成分以斜长石、辉石为主，黑色或灰黑色，玄武岩具有气孔构造和杏仁状构造，斑状结构。根据次要矿物成分，可分为橄榄玄武岩、角闪玄武岩等。铜、钴、冰洲石等有用矿产常产于玄武岩气孔中，玄武岩本身可用作优良耐磨耐酸的铸石原料。

安山岩：喷出岩之一，分布很广，仅次于玄武岩。安山岩主要矿物成分是斜长石、角闪石和少量的辉石等。新鲜时呈灰黑、灰绿或棕色，斑状结构。与安山岩有关的矿产主要是铜，其次是金、铅、锌等。

流纹岩：是一种与花岗岩化学成分相当的喷出岩。一般色浅，多为浅红、灰白或灰红色，斑状结构，流纹构造。流纹岩性质坚硬致密，可作建筑材料。

## 三、变质岩

1. 变质岩成因

变质岩是地壳中已形成的岩石（岩浆岩、沉积岩或变质岩）在基本保持固态条件下，在高温、高压及化学活动性流体的作用下，使原岩的成分、结构、构造发生改变所形成的岩石。根据原岩种类的不同，可将变质岩分为两种类型：由岩浆岩变质形成的岩石称为正变质岩，由沉积岩变质形成的岩石称为副变质岩。

变质岩的主要特征是这类岩石大多数具有结晶结构、定向构造（如片理、片麻理等）以及由变质作用形成的特征变质矿物如硬柱石等。

变质岩是组成地壳的主要成分，一般变质岩是在地下深处的高温（要大于150℃）高压下产生的，后来由于地壳运动而出露地表。

大面积变质的岩石为区域性的，但也有局部性的，局部性的如果是因为岩浆涌出造成周围岩石的变质，称为接触变质岩；如果是因为地壳构造错动造成的岩石变质，称为动力变质岩。

原岩受变质作用的程度不同，变质情况也不同，一般分为低级变质、中级变质和高级变质。变质级别越高，变质程度越深。如沉积岩黏土质岩石在低级变质作用下，形成板岩；在中级变质时形成云母片岩；在高级变质作用下形成片麻岩。

岩石在变质过程中形成新的矿物，所以变质过程也是一种重要的成矿过程。中国鞍山的铁矿就是一种前寒武纪火成岩形成的一种变质岩，这种铁矿占全世界铁矿储量的70%。此外，如锰钴铀共生矿、金铀共生矿、云母矿、石墨矿、石棉矿都是变质作用造成的。

变质岩在地球的发展演化过程中占有重要的地位。前寒武纪的岩石几乎全为变质岩，变质岩的分布占大陆面积的1/5以上。

2. 常见的变质岩

板岩：具板状构造的变质岩。板岩由黏土岩类、黏土质粉砂岩和中酸性凝灰岩变质而来，属于区域变质作用中的轻度变质岩石。

千枚岩：具有千枚状构造的变质岩，原岩类型与板岩相似，在其片理面上闪耀着强烈的丝绢光泽，并往往有变质斑晶出现。

片岩：片理构造十分发育，原岩已全部重新结晶，由片状、柱状、粒状矿物组成，具鳞片、纤维、斑状变晶结构。常见的矿物有云母、绿泥石、滑石、角闪石、阳起石等。粒状矿物以石英为主，长石次之。片岩是区域变质岩系中最多的一类变质岩。片岩的种类颇多，其命名则根据所含的变质矿物和片状矿物的显著分量而定，如云母片岩、滑石片岩、角闪石片岩等。

片麻岩：具片麻状或条带状构造的变质岩。原岩不一定全是岩浆岩类，有黏土岩、粉砂岩、砂岩和酸性、中性的岩浆岩。具粗粒的鳞片状变晶结构。矿物成分主要由长石、石英和黑云母、角闪石组成；次要的矿物成分则视原岩的化学成分而定，如红柱石、蓝晶石、阳起石、堇青石等。根据矿物成分，片麻岩的进一步命名如花岗片麻岩、黑云母片麻岩。片麻岩是区域变质作用中颇为常见的变质岩。

角闪岩：主要由斜长石和角闪石组成的变质岩。原岩是基性火成岩和富铁白云质泥岩。具粒状变晶结构，块状微显片理构造。

麻粒岩：是一种颗粒较粗、变质程度较深的岩石，基本上由浅色的石英、斜长石、铁铝榴石、辉石等矿物组成，无云母、角闪石。具粒状变晶结构，块状或条带状构造。

麻粒岩石英岩：几乎整个岩石均由石英组成，浅色、粒状。一般作块状构造，粒状变晶结构。它是由较纯的砂岩或硅质岩类经区域变质作用重新结晶而形成。有人将沉积岩中由较纯净的石英颗粒组成的岩石也称石英岩，与变质岩类的石英岩混淆不清。虽然就化学成分或矿物成分来看两者很难分开，但变质岩类的结构要致密些，称为石英岩；而沉积成因者颗粒清晰，致密程度稍差，故为了区别起见，称为石英砂岩。

大理岩：碳酸盐岩石经重结晶作用变质而成，具粒状变晶结构。块状或条带状构造。由于它的原岩石灰岩含有少量的铁、镁、铝、硅等杂质，因而在不同条件下形成不同特征的变质矿物，出现蛇纹石、绿帘石、符山石、橄榄石等，于是在洁白的质地上衬托出幽雅柔和的色彩，构成天然的图案花纹。因而大理石就成为高级的建筑石材，或成为高级家具的装饰性镶嵌材料。而洁白的细粒状的大理石，俗称汉白玉，也是工艺雕刻或富丽堂皇的建筑材料。大理岩见于区域变质的岩系中，也有不少见于侵入体与石灰岩的接触变质带中。

角岩：这是一类由泥质岩（以黏土矿物为主的页岩之类）在侵入体附近由接触变质作用而产生的变质岩。颜色呈深暗或灰色，硬度比原岩显著增大，故多有将角岩制成砚或其他工艺品，如在苏州灵岩山、寒山寺等旅游区出售的砚石，即利用产于灵岩山花岗岩体附近的角岩所制。

混合岩：由混合岩化作用形成的变质岩，其基本组成物质是由基体和脉体两部分组成。所谓基体，是指混合岩形成过程中残留的变质岩，如片麻岩、片岩等，具变晶结构，块状构造，颜色较深；所谓脉体，是指混合岩形成过程中新生的脉状矿物（或脉岩），贯穿其中，通常由花岗质、细晶岩或石英脉等构成，颜色比较浅淡。混合岩具明显的条带状构造，并普遍可见交代现象，以此与区域变质作用形成的变质岩区别开来，但它是在区域变质的基础上发展起来的。混合岩由于混合岩化的程度不同，形成不同构造特点的混合岩，如网状混合岩、条带状混合岩、眼球状混合岩等。

## 四、沉积岩

沉积岩是组成岩石圈的三大类岩石（岩浆岩、变质岩、沉积岩）之一。它是在地壳表层条件下，主要由母岩的风化产物、火山物质、有机物质以及宇宙物质等沉积岩的原始物质成分，大都经搬运作用、沉积作用以及沉积后作用而形成的一类岩石。

沉积岩在地壳表层分布甚广，陆地大约四分之三被沉积物（岩）所覆盖着，而海底几乎全部被沉积物（岩）所覆盖。但从体积而言，沉积岩约占岩石圈体积的5%，而岩浆岩及变质岩约占95%。由此可知，沉积岩主要分布在岩石圈的上部和表层部分。

在沉积岩中蕴藏着大量矿产。根据第19届国际地质学会统计资料，世界资源总储量的75%~85%是沉积和沉积变质成因的。石油、天然气、煤、油页岩等可燃有机矿产以及盐类矿产，几乎全部是沉积成因的。铁矿的90%、铅锌矿的40%~50%、铜矿的25%~30%、锰矿和铝矿的绝大部分以及其他许多金属和非金属矿产，也都是沉积或沉积变质成因的。

1. 沉积岩的物质成分及分类

1）沉积岩的物质成分

组成沉积岩的全部物质来源有母岩风化产物、有机物质、火山物质及宇宙物质。

先成岩石的风化产物供给了沉积物质，故称先成岩为母岩。母岩可以是岩浆岩与变质岩，也可以是先成的沉积岩。供给沉积物的地区称为供给区或陆源区。母岩风化所供给的沉积物质有固体的碎屑，也有溶解物质，包括胶体与真溶液物质。

有机物是凭借日光、大气和水分而生活的植物或动物。有不少沉积岩及沉积矿产本身就是有机物组成的，如煤、石油、油页岩等，有些岩石含大量的植物遗体。随着地质历史的发展，有机物质在沉积岩中占据越来越重要的地位。

火山物质也是沉积物质的重要来源，它能形成集中的火山碎屑沉积物（岩），也可分散地与正常沉积物质组成过渡类型，即所谓的火山—沉积岩石，在地质历史中占有重要地位。它可组成厚达数百米至数千米的火山碎屑岩系。火山碎屑岩也常伴有用矿产的产出。

此外，沉积物中尚有少量的宇宙物质，如陨石。宇宙物质数量很少，但在远洋及深海沉积物中，由于其他沉积物较少，宇宙物质的相对含量有时可能增加。

2）沉积岩的分类

沉积岩的分类方案很多。这里首先根据沉积岩的形成作用（冯增昭，1982，1992）划分以下大类和基本类型：

（1）主要由母岩风化产物组成的沉积岩。它可以根据母岩风化产物的类型（碎屑物质及溶解物质）及其搬运沉积作用（机械的和化学的）的不同再划分为两类：碎屑岩和化学岩及生物化学岩。碎屑岩还可以根据其主要的结构特征（即粒度）再进一步划分砾岩、砂岩、粉砂岩与黏土岩。化学岩及生物化学岩还可以根据其主要成分特征再进一步划分为碳酸盐岩、硫酸盐岩、卤化物岩、硅岩及其他化学岩。

（2）主要由火山碎屑物质和深部卤水组成的沉积岩。主要由火山碎屑物质组成的沉积岩即火山碎屑岩，还可以根据其岩性特征再细分。

（3）主要由生物遗体组成的沉积岩。主要由生物遗体组成的沉积岩即生物岩或有机岩，还可以根据其是否可燃再划分为可燃生物岩（如煤和油页岩）与非可燃生物岩。

（4）主要由宇宙物质来源组成的沉积岩。主要由宇宙来源的陨石组成的沉积岩称为陨石岩。

2. 碎屑岩的物质成分及构造与结构

碎屑岩或称陆源碎屑岩，是由母岩机械破碎产生的碎屑物质经搬运、沉积及压实胶结等作用而形成的岩石。

1）碎屑岩的物质成分

碎屑岩的物质成分主要由碎屑物质、化学物质和杂基 3 部分组成。

（1）碎屑物质。

碎屑岩中的碎屑物质占整个岩石组成的 50% 以上，是碎屑岩的特征组成。碎屑物质主要是来自沉积盆地之外的陆地上搬运来的碎屑，故又称为陆源碎屑或外碎屑，它是母岩机械破碎的产物。碎屑物质可分矿物碎屑和岩石碎屑两类。

①矿物碎屑。

矿物碎屑又称陆源矿物，继承矿物或它生矿物。在碎屑岩中常见的碎屑矿物有 20 余种，而一种碎屑岩中主要的碎屑矿物常不超过 3~5 种。碎屑矿物按相对密度可分为轻矿物（相对密度不大于 2.86）和重矿物（相对密度大于 2.86），前者主要包括石英、长石和云母，后者少见。

石英：石英抵抗风化的能力很强，既抗磨又不易分解，因此是碎屑岩中分布最广的一种碎屑矿物。在砂岩、粉砂岩中含量尤其高，平均含量达 66.8%；在粗碎屑岩中含量较少，且以填充物的形式出现。因石英最稳定，故若碎屑岩中石英含量多，则说明砂岩中的成分成熟度高，即碎屑是经过长距离的搬运、分异而沉淀的。

长石：长石在碎屑岩中的含量仅次于石英，平均含量有 11.5%。长石主要来自花岗岩与花岗片麻岩。在碎屑岩中常见的是钾长石、酸性斜长石，而中—基性斜长石少见。由于长石是不稳定矿物，故它们若在砂岩中大量出现，则多半是干燥气候和快速条件下堆积。因干燥气候使长石不易受化学风化，仅是物理风化，有利于产生大量的长石碎屑；长石碎屑也只有在短距离搬运、迅速埋藏的情况下才能保存下来而不被分解。故对长石含量、长石类型及其特征的研究，有助于追溯母岩，推断古气候、古构造等情况。

云母：多是稳定的白云母，常集中在细砂岩、粉砂岩的层面上。黑云母不稳定，少见，只出现在离陆源区近而成分复杂的砂岩中。

②岩石碎屑。

岩石碎屑简称岩屑。岩屑是母岩直接破碎的产物，故岩屑可直接用来推断母岩。岩屑反映了气候干旱、母岩风化不彻底、搬运近、沉积快的特点，故碎屑岩中若岩屑含量高，则说明岩石的成分成熟度低。岩屑多分布在大于 0.1mm 粒级的砂岩和砾岩中。各种岩石都可呈岩屑出现，但以细晶或微晶质岩石的碎屑为主。

（2）化学物质。

化学物质是从溶液中呈化学沉淀的物质，这类物质在陆源碎屑岩中多以胶结物的形式存在，对碎屑起胶结成岩的作用。但也有少部分只是孤立的矿物晶体，对碎屑不起胶结作用，称为自生矿物。还有部分可以交代碎屑或其他物质的形式出现。三者都是在沉积盆地内在沉积期后的不同阶段新形成的矿物，故统称为化学沉淀物质。

在碎屑岩中常见的化学沉淀矿物类型有：

① 硅质矿物，蛋白石、石英、玉髓。

② 硫酸盐矿物，石膏、硬石膏、重晶石、天青石等。

③ 碳酸盐矿物，方解石、白云石、菱铁矿、锰铁矿等。

④ 磷酸盐矿物，磷灰石、胶磷矿。

⑤ 硅酸盐矿物，海绿石、鲕绿泥石、沸石、自生长石、云母及自生重矿物等。

⑥ 其他，铁的氧化物及氢氧化物、卤化物（萤石、盐岩等）以及硫化物（黄铁矿）。

自生矿物的共同特点是成分一般较简单，结晶颗粒小，清洁透明，晶形完好。研究自生矿物意义重大，可以了解沉积、成岩及后生阶段的环境，对于了解岩石的形成和变化很有帮助。

（3）杂基。

杂基又称基质或碎屑基质，它们是填充于碎屑颗粒之间的细粒的机械混入物。它们对碎屑也起胶结作用，但它们不是化学成因的矿物，故称杂基。化学胶结和杂基可总称为填隙物质或广义的胶结物。

杂基包括：

① 黏土物质，指尺寸小于 0.005mm 的黏土矿物。

② 细粉砂，指尺寸为 0.03~0.005mm 的碎屑物质，如长石、石英、云母等陆源碎屑。

③ 尺寸大于 0.03mm 对砂粒有胶结作用的碳酸盐岩矿物。

2）碎屑岩的构造

碎屑岩的构造是指碎屑岩不同特征组分的空间排列所显示的岩石宏观特征。按其形成的时间，又可分为原生沉积构造和次生沉积构造。原生沉积构造是指陆源碎屑沉积物沉积时到沉积物固结成岩之前，由物理、化学、生物等作用在沉积物内部或者沉积物与流体界面处所形成的构造，如波痕、层理构造（图 3–16）、滑塌构造、负载构造等。次生沉积构造是指沉积物固结之后由压实作用、成岩作用等所产生的沉积构造（如成岩结核等）。

（a）现代沉积波痕

（b）层理构造

图 3–16 波痕和层理构造

3）碎屑岩的结构

碎屑岩的结构是指组成碎屑岩的各部分自身特征及其间相互关系。由母岩机械破碎作用的产物所形成的碎屑岩具有“碎屑结构”，其结构组分包括颗粒、填隙物（杂基和胶结物）及孔隙。

（1）碎屑颗粒结构特征。

碎屑颗粒结构包括粒度大小、圆度、球度、形状和颗粒表面特征 5 个方面，其中粒度大小和圆度是碎屑岩结构特征研究的重要内容。

① 碎屑颗粒粒度。

碎屑颗粒粒度是指碎屑颗粒的绝对大小，一般用颗粒的直径来计量。粒度资料是分析沉积岩成因及特征的重要依据，是碎屑岩分类和命名的基础，其他的分类命名（如成分的、成因的）常是在这一基础上进行的。结合我国各油田生产实际，采用十进制将碎屑岩划分为砾岩、砂岩、粉砂岩与黏土岩，每类再进一步细分（表 3–3）。

表 3–3 碎屑岩分类

| 结构 | 碎 屑 | 岩 石 | 直径，mm |
|---|---|---|---|
| 砾状 | 巨 砾<br>粗 砾<br>中 砾<br>细 砾 | 巨砾岩<br>粗砾岩<br>中砾岩<br>细砾岩 | ＞1000<br>1000~100<br>100~10<br>10~1 |
| 砂状 | 粗 砂<br>中 砂<br>细 砂 | 粗砂岩<br>中砂岩<br>细砂岩 | 1~0.5<br>0.5~0.25<br>0.25~0.1 |
| 粉砂状 | 粗粉砂<br>细粉砂 | 粗粉砂岩<br>细粉砂岩 | 0.1~0.05<br>0.05~0.01 |
| 泥状 | 黏土（泥） | 黏土岩 | ＜0.01 |

碎屑岩粒度特征明显受沉积介质动力条件与搬运距离的控制。随着搬运距离的增加，颗粒的平均粒度变小，分选性好。沉积介质的性质，如风的搬运比水的搬运分选性要好；水流能量强，沉积的碎屑岩粒度粗，缺少细粒组分；水流能量弱，则沉积物粒度细或粗细混杂。

② 碎屑颗粒圆度和球度。

圆度是指碎屑颗粒的棱角被磨圆的程度。它与颗粒的形状关系较小，只与棱的尖锐程度关系密切。一般将圆度分为 4 级：棱角状、次棱角状、次圆状以及圆状。球度是指碎屑颗粒形状接近于圆球体的程度（图 3–17）。

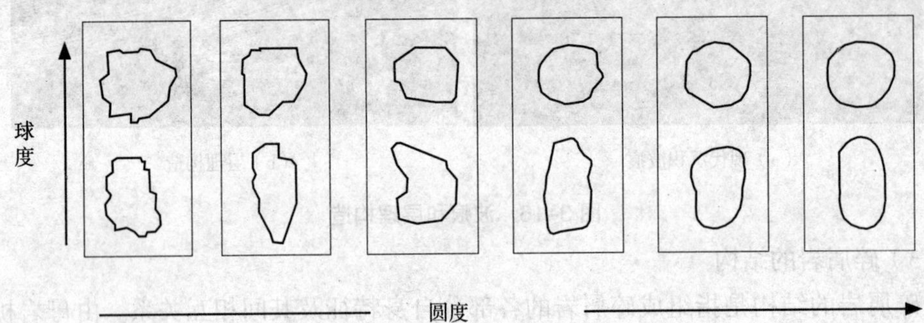


图 3–17　碎屑岩颗粒的圆度和球度

颗粒的圆度主要与搬运距离、搬运方式有关，还受矿物结晶习性影响，如推移搬运的颗粒比悬移搬运的颗粒易磨圆，软的颗粒比硬的颗粒易磨圆。

③碎屑的分选程度。

碎屑颗粒的大小均一程度简称分选度，一般根据碎屑岩中主要粒级的含量划分为 3 级（图 3–18）：

a. 分选好：碎屑岩中主要粒级含量大于 75%，颗粒大小较均匀；

b. 分选中等：主要粒级含量为 50%~75%；

c. 分选差：主要粒级含量小于 50%，各种粒级的碎屑混合在一起，大小不均一。

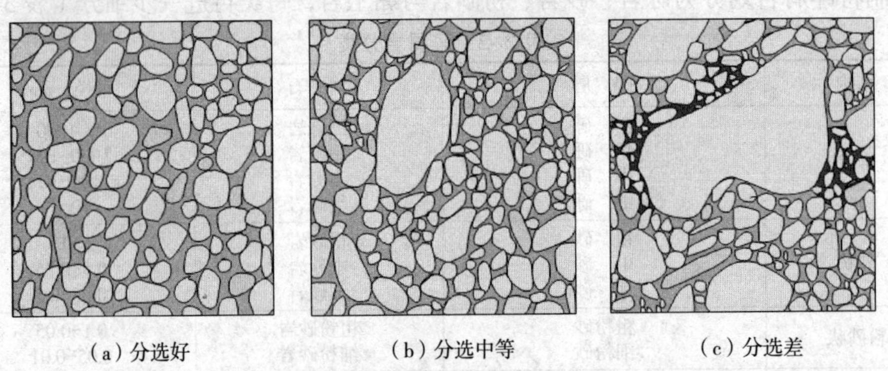

（a）分选好　（b）分选中等　（c）分选差

图 3–18　碎屑岩中碎屑的分选程度

碎屑岩中碎屑的分选度同圆度、球度一样，直接与离母岩的远近、搬运时间的长短以及介质的性质有关。一般来说，经过远距离和长期搬运才沉积下来的碎屑物，其颗粒的分选度和圆度、球度都好，如海洋和大湖泊的沉积；而搬运距离较近、时间较短就沉积下来的碎屑物，其颗粒的分选度和圆度、球度都较差，如洪积、冲积和较小湖泊中的沉积。对不同的介质来说，碎屑的分选度不同，以风的最好，海、湖次之，冰川最差。

研究碎屑颗粒的成分、分选度和圆度、球度等特点，可以追溯当时沉积物的来源方向，推断母岩的岩石性质，对找矿有指导意义；同时对研究储层，评价碎屑岩的储油物性好坏也有实际意义。

（2）填隙物结构特征和胶结类型。

碎屑岩的填隙物包括杂基（基质）和胶结物。杂基是碎屑岩中与粗碎屑同时以机械方式沉积下来起填隙作用的细粒组分，粒度一般小于 0.03mm，不同于化学沉淀组分。杂基的含量和性质可以反映搬运介质的流动特性及碎屑组分的分选性，因而也是碎屑岩结构成熟度的重要标志。胶结物是化学成因物质，它的结构与化学岩的结构类似。

在碎屑岩中，碎屑颗粒和填隙物间的关系称为胶结类型或支撑类型。它取决于颗粒和填隙物的相对含量以及颗粒之间的接触关系。首先，按颗粒和杂基的相对含量分为杂基支撑和颗粒支撑两大类，再按颗粒和胶结物的相对含量与相互关系分为基底胶结、孔隙胶结、接触胶结及镶嵌胶结 4 类。基底胶结属于基质支撑，孔隙胶结和接触胶结属颗粒支撑，镶嵌胶结则是颗粒与颗粒呈缝合接触（图 3–19）。

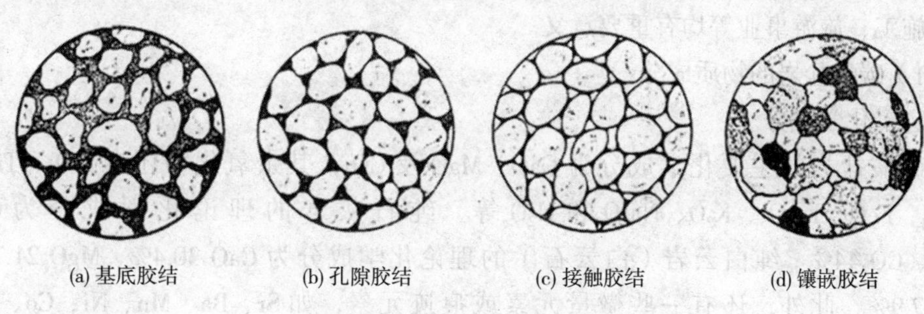

(a) 基底胶结　(b) 孔隙胶结　(c) 接触胶结　(d) 镶嵌胶结

图 3–19　碎屑岩的胶结类型

在基底胶结中，颗粒漂浮在杂基中，彼此不相接触，基质对颗粒起黏结作用。具有这种胶结类型的碎屑岩一般是由快速堆积的密度流沉积而成的。孔隙胶结中颗粒互相接触，构成孔隙，胶结物充填于孔隙中，反映稳定强水流的沉积特征。接触胶结中胶结物只分布在颗粒接触处附近，而在孔隙中央没有胶结物。这种胶结类型可能与毛细管作用并发生的沉淀作用有关，也可以是由孔隙胶结的岩石、胶结物溶蚀而成。镶嵌胶结实际上是颗粒缝合接触，反映遭受了强烈的压实、压溶作用。

（3）孔隙结构。

孔隙是碎屑岩的重要结构组分之一，其间可以充填大量的气体或液体（如天然气、石油等）。

孔隙可分为原生孔隙和次生孔隙两类。原生孔隙主要是粒间孔隙，即碎屑颗粒原始格架间的孔隙。它往往或多或少被后期成岩过程所形成的胶结物充填，真正的原生孔隙在沉积岩中很难全部保留。次生孔隙是沉积物沉积以后，特别是在固结成岩之后岩石组分（颗粒、填隙物）发生溶蚀作用的结果。被溶蚀的组分不仅有碳酸盐、硫酸盐和氯化物等易溶矿物，一些难溶组分如石英、长石、部分岩屑等的溶蚀现象在碎屑岩中也十分常见。因此，人们越来越认识到次生孔隙对油气储集的重要性。

3. 碳酸盐岩的物质成分、结构与构造以及分类、命名

碳酸盐岩主要由沉积的碳酸盐矿物（方解石、白云石等）组成，主要的岩石类型为石灰岩和白云岩。

碳酸盐岩在地壳中的分布仅次于泥质岩和砂岩，约占沉积岩总面积的 20%。据统计，碳酸盐岩在我国的分布约占沉积岩总面积的 55%，且时代越老越多。

碳酸盐岩是很有价值的矿产，广泛用于冶金、建筑、化工、农业、医药等方面。与碳酸盐岩共生的矿产有铁、锰、铝、磷、硫及膏盐等。产于碳酸盐岩中的层控矿床有汞、锑、铜、铅、锌、砷、铀等金属矿及重晶石、天青石、萤石、水晶、冰洲石、黄铁矿等。贮藏于碳酸盐岩中的石油、天然气也很丰富，据统计，世界上与碳酸盐岩有关的油气田储量占总储量的 50%，产量占总产量的 60%。孔隙和裂隙发育的碳酸盐岩也是地下水的重要含水层；广泛分布于大陆表面的碳酸盐岩对工程建设、国防施工、旅游事业等均有重要意义。

1）碳酸盐岩的物质成分

（1）化学成分。

碳酸盐岩的主要化学成分为 CaO、MgO 及 $CO_2$，其余氧化物还有 $SiO_2$、$TiO_2$、$Al_2O_3$、FeO、$Fe_2O_3$、$K_2O$、$Na_2O$ 和 $H_2O$ 等。纯石灰岩的理论化学成分为 CaO 56%、$CO_2$44%；纯白云岩（白云石）的理论化学成分为 CaO 30.4%、MgO 21.7%、$CO_2$47.9%。此外，还有一些微量元素或痕迹元素，如 Sr、Ba、Mn、Ni、Co、Pn、Zn、Cu、Cr、V、Ca、Ti 等，可利用这些元素的种类、含量、元素对的比值来划分与对比地层，判断沉积环境并研究岩石成因。

（2）矿物成分。

碳酸盐岩的矿物成分包括 3 类：碳酸盐矿物、自生的非碳酸盐矿物及陆源矿物。

①碳酸盐矿物，主要是方解石和白云石，还可有文石、高铁方解石、铁白云石及菱镁矿、菱铁矿、菱锰矿等。

②自生的非碳酸盐矿物，有石膏、硬石膏、重晶石、天青石、萤石、盐岩及钾镁盐矿物，还可有少量的蛋白石、自生石英、黄铁矿、白铁矿、海绿石、磷酸盐矿物及有机质等。这些矿物的出现与一定的沉积环境或成岩后生变化作用有关。

③陆源矿物，常见的有黏土矿物、碎屑矿物（如碎屑石英与长石）及微量的重矿物（多为稳定的重矿物）。当陆源矿物含量超过 50% 时，碳酸盐岩即过渡为泥质岩和碎屑岩。

2）碳酸盐岩的结构

（1）结构类型。

碳酸盐岩的结构在一定程度上反映了岩石的成因，它不仅是岩石的重要鉴定标志，也是碳酸盐岩分类命名的重要依据。岩石的结构类型直接与含水性、储油气性能有关，因而与含水层和油气储层的评价、开发直接相关。

现在了解到不同成因的碳酸盐岩具有不同的结构类型：

①由波浪和流水搬运沉积而成的灰岩、白云岩具有类似于碎屑岩的粒屑结构。

②由原地生长的生物骨架组成的生物灰岩、礁灰岩具有生物骨架结构。

③由化学、生物化学作用沉积的灰岩、白云岩具有泥晶、微晶结构。

④白云岩化灰岩、白云岩具有残余结构及晶粒结构。

⑤重结晶的灰岩、白云岩具有晶粒结构及残余结构。

（2）粒屑结构。

粒屑结构包括粒屑、泥晶基质和亮晶胶结物 3 部分。

① 粒屑：碳酸盐岩中的粒屑包括内碎屑、生物碎屑、鲕粒、核形石、球粒、团块等，它们是在沉积盆地内由化学、生物化学、生物作用以及波浪、潮汐、岸流的机械作用而形成的，并在盆地内就地沉积或经短距离搬运而沉积的颗粒。其中只有内碎屑和生物碎屑才是由原有沉积物（软泥或生物）再被打碎、搬运而成的碎屑，其余的则具有原生的形态，不是被再搬运、再沉积的碎屑，只能称颗粒。但它们可统称为粒屑，都是在盆地内生成的，也都称广义的内碎屑，或碎屑沉积物。

a. 内碎屑。狭义的内碎屑是早已沉积于海底的，弱固结的碳酸盐沉积物，经岸流、波浪或潮汐等作用剥蚀出来并再沉积的碎屑。按大小可把内碎屑分为：

砾屑：颗粒直径 >2mm；

砂屑：颗粒直径为 2~0.062mm；

粉屑：颗粒直径为 0.062~0.031mm；

微屑：颗粒直径为 0.031~0.004mm；

泥屑：颗粒直径 <0.004mm。

碳酸盐岩的结构和岩石命名就是根据颗粒类型、大小和数量，再加上成分和微晶基质、亮晶胶结物的量比关系来确定的。例如，灰岩的颗粒组分为 50% 以上的砾屑，这种岩石的结构就称砾屑结构，岩石就命名为砾屑灰岩。

b. 生物灰岩。完整的称为生物或骨粒；个体不完整者，多是经过搬运、磨蚀的称为生物碎屑，或称为骨屑或生物屑。

c. 鲕粒。鲕粒是具有核心与同心层包壳的球状颗粒，很像鱼子。核心可以是内碎屑、生物、陆源石英或其他碎屑。同心层常由泥晶方解石组成（现代鲕粒多为文石组成），有的鲕粒具放射状结构。鲕粒大小一般小于 2mm，大于 2mm 者称豆粒。根据鲕粒的内部构造，把鲕粒分为真鲕、薄皮鲕、复鲕、变形鲕、变晶鲕、负鲕、残余鲕等。

多数人认为鲕粒是无机化学—机械沉积的产物，常需热带浅海扰动环境（图3–20）。

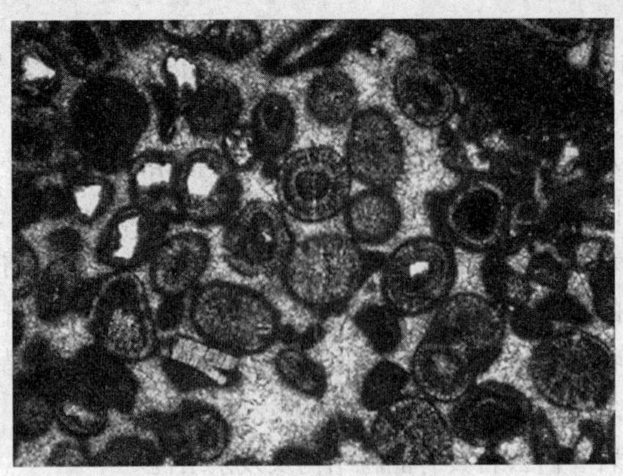

图3–20 鲕粒结构

d. 核形石。核形石（又称藻灰结核）也是具同心层状的圆球或椭球状颗粒，它主要是蓝藻生命活动的痕迹，机械作用是次要的。它与鲕粒特征相似，其区别在于核形石的同心层不规则、色暗（富含有机质），可有多个核心，大小不一，常与其他蓝藻（如凝块石、层纹石、叠层石等）共生，形成能量较鲕粒低。

e. 球粒。是由泥晶碳酸盐矿物组成的颗粒，一般呈卵圆形，内部结构均匀，大小在0.03~0.2mm之间，常成群出现。球粒由微细骨屑、藻类、粪球粒或泥晶碳酸盐矿物发生凝聚作用而成，有时可经流水搬运、滚动，有时就地堆积。总之，球粒形成的能量不高，具有均有的形状和大小，有时分选好，富含有机物，色暗，一般多为藻成因的藻球粒和生物粪便堆积而成的粪球粒。

f. 团块。团块是具不规则外形的复合颗粒，其内可包括小生物、小球粒等颗粒，常由蓝藻黏结这些颗粒，外形呈不规则状。典型的现代团块见于巴哈马滩，故又称巴哈马石或葡萄石（它是由球粒黏结而成、外形似葡萄的团块）。

以上核形石、球粒、团块及凝块石、藻屑、藻鲕等，均是与藻有成因关系的颗粒，故有人统称为藻粒。它们在浅水碳酸盐岩中经常出现，并对造岩、生储油气、成矿等有重要作用。

② 泥晶基质。

泥晶基质又称微晶基质、微晶杂基或灰泥，与碎屑岩的杂基相当，但它不是陆源的，而是盆内形成的灰泥（细小碎屑），而且成分是单一的碳酸盐矿物，呈泥晶（泥屑）或微晶（微屑）结构。

灰泥的成因有机械磨蚀的、生物磨蚀的、无机化学沉淀的文石针或文石泥、藻类分泌的。深海底部的碳酸盐软泥主要由颗石藻、抱球虫或翼足虫等组成。

③ 亮晶胶结物。

亮晶是填充于石灰岩原始粒间孔隙中的化学沉淀物质，对碳酸盐颗粒起胶结作用，相当于碎屑岩中的化学胶结物。亮晶是由干净的、较粗大的方解石或其他化学沉淀矿物的晶体组成的，晶体常小于 0.01mm。它代表沉积时的水动力强，将原始粒间的灰泥冲洗干净，留下的孔隙被富含 $CaCO_3$ 的水溶液在成岩阶段沉淀而成的明亮晶体填充。所以“亮晶”一词是有成因意义的：一个岩石中颗粒数量一定，则当亮晶多时代表岩石形成时的水动力强，微晶基质多时代表水动力弱。

亮晶胶结物与泥晶基质的区别在于：亮晶存在于粒屑多的岩石中，亮晶晶体大、好、明亮，可有世代结晶现象，与粒屑界线清楚。手标本中看亮晶，可见方解石晶面反光，位于粒屑间呈胶结物出现。

④ 胶结类型。

广义的胶结物（或称填充物）应包括亮晶胶结物和泥晶基质，它们都对碳酸盐矿物起胶结作用。与碎屑岩的概念一样，胶结结构应包括 3 方面内容，即胶结物成分、填隙物结构和胶结类型。

a. 胶结物成分，在碳酸盐岩中常为方解石或白云石，少数见有石膏或硅质胶结物。

b. 填隙物结构，首先分出亮晶胶结物或微晶基质，再按胶结物结构分出栉壳状、粒状、再生边、连生胶结物等。它们的特征与碎屑岩的胶结物结构一样。

c. 胶结类型，即填隙物与颗粒之间的关系，也与碎屑岩相似，主要包括基底式、孔隙式、接触式胶结类型以及它们之间的过渡类型。

（3）晶粒结构

这种结构和成因的灰岩经强烈重结晶作用或白云岩化作用，常呈晶粒结构或残余结构。按晶粒的绝对大小可分为巨晶（>2mm）、极粗晶（2~1mm）、粗晶（1~0.5mm）、中晶（0.5~0.25mm）、细晶（0.25~0.1mm）、极细晶（0.1~0.0625mm）、粉晶（0.0625~0.031mm）、微晶（0.031~0.004mm）以及泥晶或隐晶（<0.004mm，即<4μm）等。

（4）生物骨架结构。

由原地生长的造礁生物形成的礁灰岩具有生物骨架结构。由原地固着生长的群体生物造成骨架（又称格架），之间被附礁生物和其他颗粒、基质及亮晶胶结物填充和胶结，构成坚固的能抗风浪的生态礁，称为骨架岩。若为原地茎状或树枝状生物（如珊瑚、海绵、海百合等）对灰泥起障碍和遮挡作用，从而使灰泥堆积下来（灰泥可多于茎类生物），构成生物丘或灰泥丘，一般抗浪能力差，称为障碍岩。若为原地匍匐生长的板状或片状生物（如板状层孔虫、苔藓虫、藻类等）黏结与包裹了大量灰泥基质，构成生物层，称为黏结岩。

（5）残余结构。

白云石化灰岩及重结晶灰岩常具原灰岩的各种残余结构，如残余生物结构、残余鲕粒结构、残余砂屑结构等。

3）碳酸盐岩的构造

碳酸盐岩的构造很复杂，它与沉积环境和沉积期后改造作用有关。在碎屑岩和泥质岩中能见到的构造在碳酸盐岩中几乎都能见到，而且碳酸盐岩本身还有一些特有的构造。

（1）叠层构造。

叠层构造即叠层石。它是由蓝绿藻细胞丝状体或球状体分泌的黏液将碳酸盐细屑物质黏结而成的。它的生长由于受季节变化而形成富藻纹层（色暗）和富屑纹层（色亮）两种基本纹层。叠层构造常见于潮坪地区或潮下浅水区的沉积物中。

（2）鸟眼构造。

在泥晶、微晶（或球粒）白云岩或石灰岩中，见有1~3mm大小、大致平行纹理排列、似鸟眼状的孔隙被亮晶方解石或硬石膏等填充或半填充的构造，称为鸟眼构造。

鸟眼构造多产于潮上带，少数在潮间带，而潮下带罕见。若鸟眼、窗孔未被填充或后受溶蚀而成窗格状孔隙，可成为油、气、水的储集空间。

（3）示底构造。

在碳酸盐岩的粒间或粒内孔隙中见有两种不同的填充物：下部为泥晶、微晶碳酸盐矿物，色较暗；上部为亮晶碳酸盐矿物，色较浅，多呈白色。二者界面平整，界面与层面平行，这种构造称为示底构造。

4）碳酸盐岩的分类和命名

（1）碳酸盐岩的成分分类。

碳酸盐岩中最常见的是两种成分的混合：如方解石与白云石、方解石与泥质或白云石与泥质；少见有3种成分的混合：如方解石和白云石与泥质，方解石和陆源的泥质与粉砂，白云石与膏、盐的混合等。

（2）石灰岩的分类。

按成因和结构可将石灰岩分为5类：

①有波浪和流水搬运与沉积的灰岩，包括粒屑大于50%的粒屑灰岩类，粒屑小于50%的微晶灰岩类。

②固着生长的生物灰岩，包括生物礁灰岩、生物层灰岩以及生物丘灰岩。

③化学及生物化学灰岩。

④重结晶的晶粒灰岩。

⑤白云石化及重结晶的具有残余结构的灰岩。

石灰岩的命名原则：

以矿物成分命名为基础，再加上结构，两者结合起来即为灰岩的基本名称。

如亮晶鲕粒灰岩、微晶球粒灰岩，在颗粒之前一定要加填隙物的类型。在粒屑灰岩中若有两种粒屑，则少者放前、多者放后，如亮晶砂岩鲕粒灰岩。

一个完整的岩石命名应包括岩石的颜色、构造、孔隙粒屑及主要的成岩后生变化，按前后次序排列的命名方法是：颜色—孔隙粒屑—成岩后生变化—构造—结构—成分。如灰色粒内孔白云化亮晶鲕粒含云灰岩、灰色粒间孔去白云化具虫孔的亮晶砾屑云灰岩。这个名字看起来很长、很复杂，但可反映岩石的基本特征和成因。

在各时代地层中的碳酸盐岩，具粒屑结构的岩石并不多，故只用结构、成因命名是不够的，还要用层厚、特殊构造（如条带、条纹、纹层构造，叠层或层纹构造等）、结晶大小及残余结构命名。

（3）白云岩的分类。

白云岩首先按成岩分为原生白云岩与交代白云岩。原生白云岩包括同生白云岩、内碎屑白云岩（砾屑、砂屑、粉屑、泥屑白云岩）与生物白云岩（层纹石、叠层石、核形石、凝块石白云岩等）。交代白云岩再按石灰岩的白云化程度、原生结构的破坏程度并参照白云石化白云石含量作进一步划分，如白云石化内碎屑灰岩、残余内碎屑灰云岩、细晶白云岩、孔洞状白云岩等。

5）石灰岩的主要类型

（1）内碎屑灰岩。内碎屑粒间填隙物可为亮晶（颗粒多、能量高时）或为微晶（颗粒少、能量低，或为结核退变的产物），也可有亮晶和微晶同时存在（颗粒不太多、水动力不太强或其他原因）。内碎屑灰岩根据内碎屑的大小分为砾屑灰岩、砂屑灰岩、粉屑灰岩等。

我国华北地区下古生界普遍存在的竹叶状灰岩（图 3-21），是一种典型的砾屑灰岩：其砾屑呈扁圆状或长椭圆形，不规则状，切面成长条形似竹叶而得名。竹叶体圆度高、大小不一，自几毫米到几厘米。成分多为微晶灰岩、粉屑灰岩以及含生物碎屑（以三叶虫为主）微晶灰岩等。砾屑表皮普遍有一氧化铁质圈，呈黄色或紫色，砾屑共占 60%~70%。粒间填隙物为微晶、粉晶或细晶等晶粒状方解石，占 30%~40%。这种岩石显然原始沉积物为泥晶方解石，被潮汐或波浪打碎再经磨圆，在氧化条件下再沉积而成，多产于潮间带或潮下带，但更可能是潮上带沉积的泥晶方解石（灰泥）沉积物发生干裂，形成的干裂片再经潮水的冲刷磨蚀并受淡水胶结而成。

图 3-21　竹叶状砾屑灰岩

（2）生物碎屑灰岩。可根据生物的门类和完整程度进一步划分，如介屑灰岩（主要由腕足或瓣鳃、腹足组成）、虫屑灰岩（有孔虫）、筳灰岩、棘屑灰岩（海百合、海胆）、藻屑灰岩等。若生物门类较多，没有哪一种占绝对优势者则称为生物碎屑灰岩；若生物种类单调、数量又多时，则可把生物个体的大小进一步划分成砾状生物碎屑灰岩、砂状生物碎屑灰岩等。

（3）鲕粒灰岩。鲕粒含量大于岩石组分总量的50%者称为鲕粒灰岩。按填隙物不同分为亮晶鲕粒灰岩及微晶鲕粒灰岩；按颗粒大小分为豆粒灰岩及鲕粒灰岩；按鲕粒类型不同有真鲕（同心状或放射状鲕粒）灰岩、薄皮鲕灰岩、复鲕灰岩等。

鲕粒灰岩多形成于温暖浅水，搅动不十分强烈但具较强烈蒸发的环境。常产于碳酸盐台地边缘浅滩（鲕滩）地区，也可产于潮汐沙坝或潮汐三角洲地区。粒间多为亮晶胶结物，粒间孔发育。若有早期成岩阶段的暴露并受淡水溶蚀改造，则可使粒间孔及粒内孔更发育，而成为油、气、水的良好储集空间，如川南三叠系气田。

（4）藻灰岩。主要指绿藻，红藻等骨骼藻类，它们可呈原地生长的藻灰岩和藻白云岩，也可呈藻屑产出形成藻屑灰岩或藻屑白云岩。蓝藻中的叠层石、层纹石也可经改造、破碎而成藻屑，但少见。

（5）微晶灰岩、泥晶灰岩。主要由尺寸小于0.03mm的微晶方解石与尺寸小于0.004mm的泥晶方解石组成的岩石，分布称为微晶灰岩和泥晶（或称隐晶）灰岩，有时统称为灰泥石灰岩。这类岩石是在水动力很弱或静水环境下的产物，其形成条件与黏土岩相似。

6）白云岩的主要类型

（1）泥晶白云岩，由尺寸小于0.005mm的泥晶白云岩组成。结构均匀，有时具显微层理，生物残体很少，往往有介形虫。多为原生白云石岩。

（2）微—细晶白云岩，晶粒大小变化较大，白云石晶形较好，它由微晶或泥晶白云岩或其他类型白云岩经重结晶而成，其外貌呈砂糖状，故野外常称砂糖状白云岩。

（3）藻白云岩，有藻礁白云岩及藻白云岩或藻屑白云岩。其特点同藻灰岩，但藻白云岩更常见。青海小柴旦盐湖滩岩中有菌藻类成因的莓球状原白云石集合体。

（4）生物白云岩及生物碎屑白云岩，具有残余的生物结构或残余生物碎屑结构。这些生物残体几乎全为细晶或粉晶白云石所替代，偶尔能看出生物的种类。这些岩石是由生物灰岩被交代而成的。

（5）内碎屑白云岩，有砾屑白云岩（砾状或角砾状的砾屑白云岩）、砂屑白云岩及粉屑白云岩，胶结物可以是白云石，或方解石，也或石膏。这种白云岩常呈厚度不大的夹层产于一般白云岩中，它是浅海上部或潮间带的产物。

（6）鲕粒白云岩，是鲕粒石灰岩经白云岩化而形成的，其白云质鲕粒又被白云石胶结，有时被石膏质胶结。鲕粒灰岩经白云岩化后提高了孔隙率，对储水、储油有利。

4. 沉积岩与其他类岩石的相互转化

岩浆岩、沉积岩和变质岩三大类岩石构成了地壳或岩石圈。这 3 类岩石的产出状态（产状）是不同的，沉积岩多呈层状，岩浆岩多呈块体状、脉状，变质岩则介于两者之间，既有呈层状或似层状的，也有呈块体状的。在地壳的演变过程中，各类岩石、矿物也处在演变之中，各类岩石在一定条件下是可以相互转化的（图 3–22）。

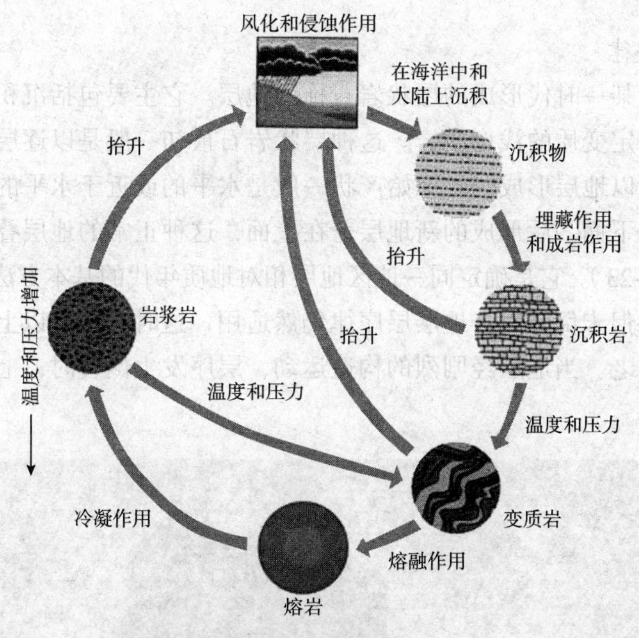


图 3–22　三大类岩石的转化

# 第四节　地层与地质时代

研究地球及地壳的发展演化历史是地质学的重要任务之一。在长达 46 亿年的漫长地质历史中，地球上经历了一系列的地质事件，如生物的大规模兴盛与灭绝、强烈的构造运动、岩浆活动、海陆变迁等。地球的发展演变历史正是由这些地质事件所构成的。因此，要研究地球或地壳的历史，其中最重要、最基础的工作是必须确定这些地质事件的发生年代。

地质年代就是指地球上各种地质事件发生的时代。它包含两方面含义：其一是指各地质事件发生的先后顺序，称为相对地质年代；其二是指各地质事件发生的距今年龄，由于主要是运用同位素技术，故称为同位素地质年龄。这两方面结合，才构成对地质事件及地球、地壳演变时代的完整认识。地质年代表正是在此基础上建立起来的。

## 一、相对地质年代的确定

岩石是地质历史演化的产物，也是地质历史的记录者，无论是生物演变历史、构造运动历史、古地理变迁历史等都会在岩石中打下自己的烙印。因此，研究地质年代必须研究岩石中所包含的年代信息。确定岩石的相对地质年代的方法通常是依靠下述3条准则。

1. *地层层序律*

地质历史上某一时代形成的层状岩石称为地层。它主要包括沉积岩、火山岩以及由它们经受一定变质的浅变质岩。这种层状岩石最初一般是以逐层堆积或沉积的方式形成的，所以地层形成时的原始产状一般是水平的或近于水平的，并且总是先形成的老地层在下面，后形成的新地层盖在上面，这种正常的地层叠置关系称为地层层序律（图3–23）。它是确定同一地区地层相对地质年代的基本方法。当地层因构造运动发生倾斜但未倒转时，地层层序律仍然适用，这时倾斜面以上的地层新，倾斜面以下的地层老。当地层经剧烈的构造运动，层序发生倒转时，上下关系则正好颠倒（图3–24）。

图3–23　原始地层沉积层序

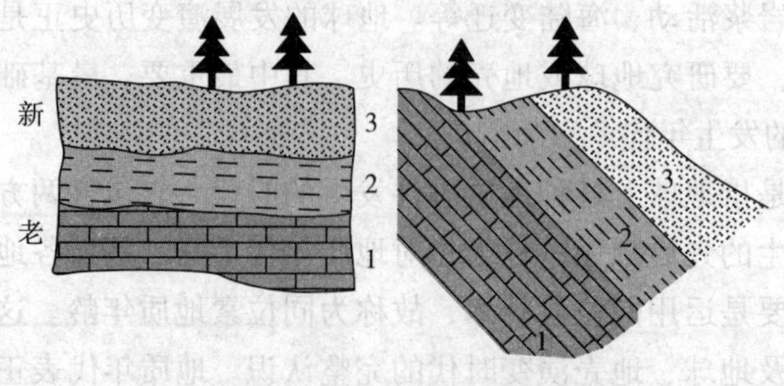


图3–24　沉积地层产状及层序

2. 化石层序律

地层层序律只能确定同一地区相互叠置在一起的地层的新老关系，要对比不同地区的地层之间的新老关系时就显得无能为力了，这时，地质学上常常利用保存在地层中的生物化石来确定。

地质历史上的生物称为古生物，化石是保存在地层中的古代生物遗体和遗迹（图 3–25），它们一般被钙质、硅质等充填或交代（石化）。18~19 世纪，古生物学家与地质学家通过对不同地质历史时期的古生物化石的详细研究，终于得出了对生物演化的规律性认识——生物演化律，即生物演化的总趋势是从简单到复杂，从低级到高级；以往出现过的生物类型，在以后的演化过程中绝不会重复出现。前一句反映了生物演化的阶段性，后一句反映了生物演化的不可逆性。这一规律用来确定地层的相对地质年代时就表现为：不同时代的地层中具有不同的古生物化石组合，相同时代的地层中具有相同或相似的古生物化石组合；古生物化石组合的形态、结构越简单，则地层的时代越老，反之则越新。这就是化石层序律或称生物群层序律。利用化石层序律不仅可以确定地层的先后顺序，还可以确定地层形成的大致时代。图 3–26 是利用化石层序律对比多个地区的地层新老关系的例子，通过对比，可以建立统一的综合地层层序图。

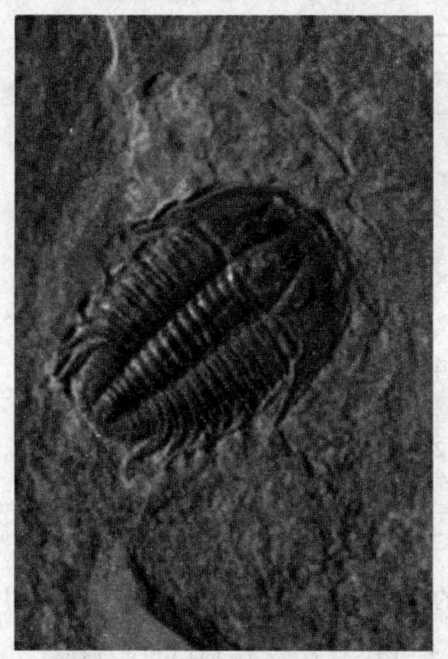
（a）三叶虫化石（寒武纪）

（b）鸟化石（距今 38Ma，约 25cm 长）

图 3–25　化石

3. 地质体之间的切割律

上述两条准则主要适用于确定沉积岩或层状岩石的相对新老关系，但对于呈块状产出的岩浆岩或变质岩则难以运用，因为它们不成层，也不含化石。但是这些块状岩石常常与层状岩石之间以及它们相互之间存在着相互穿插、切割的关系，这时它们之间的新老关系依地质体之间的切割律来判定，即较新的地质体总是切割或穿插较老的地质体，或者说切割者新、被切割者老。图 3-27 显示了几个地质体之间的切割及其新老关系。

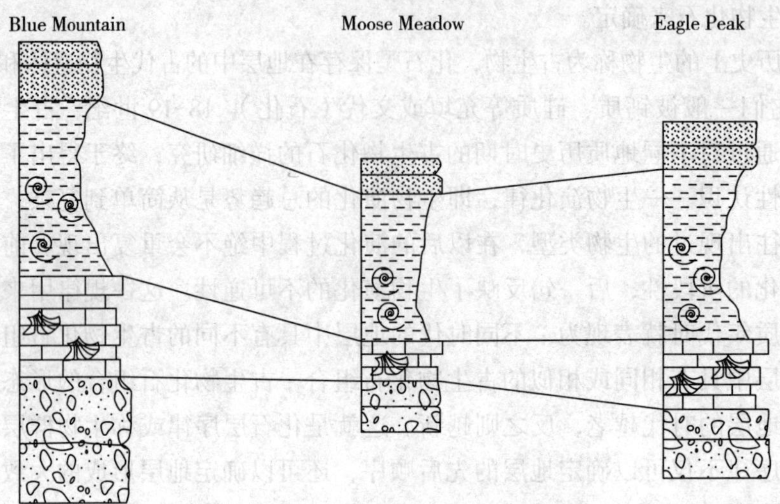


图 3-26 地层对比

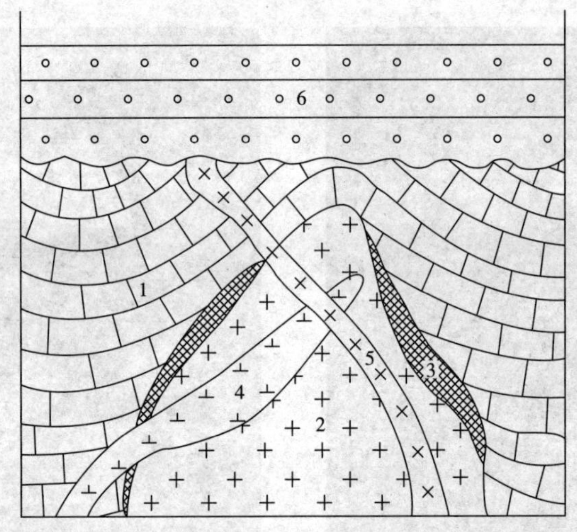


图 3-27 地质体切割律判断地质体之间的相对年龄示意图（据夏邦栋，1984）

1—石灰岩；2—花岗岩；3—夕卡岩；4—闪长岩；5—辉绿岩；6—砾岩

## 二、同位素地质年龄的测定

相对地质年代只表示了地质事件或地层的先后顺序，即使是利用古生物化石组合的方法，也只能了解它们的大致时代。要更确切、更全面地了解地球的发展史，除了知道各种地质事件的先后顺序及大致时代外，必须定量地知道地质事件究竟发生在距今多少年，延续的时间有多长，地质事件的剧烈程度或作用速率怎样，以及地球形成的确切年龄，地球或地壳发展演化的细节等。因此，以年为单位来测定绝对地质年龄长期以来深受地质学界的重视。

早在 19 世纪，人们就已开始探索绝对年龄的计算方法。例如，有人曾根据沉积岩的厚度和沉积作用的大致速率来估算地球的年龄；还有人设想海水是由淡变成咸的，然后根据现代海洋中的总含盐量与流水每年从陆地带入海洋的盐量来估算地球的年龄等。这些方法显然都是很原始的和不准确的，其结果当然也毫无意义。19 世纪末，放射性同位素的发现为测定岩石的绝对年龄提供了科学方法，这种方法主要是利用放射性同位素的蜕变规律，因此被称为同位素地质年龄测定法。

放射性元素在自然界中自动地放射出 α（粒子）、β（电子）或 γ（电磁辐射量子）射线，而蜕变成另一种新元素，并且各种放射性元素都有自己恒定的蜕变速度。同位素的衰变速度通常是用半衰期（$T_{1/2}$）表示的。所谓半衰期，是指母体元素的原子数蜕变一半所需要的时间。例如，镭的半衰期为 1622a，如果开始有 10g 镭，经过 1622a 后就只剩下 5g；再经过 1622a 仅只有 2.5g……依此类推。因此，自然界的矿物和岩石一经形成，其中所含有的放射性同位素就开始以恒定的速度蜕变，这就像天然的时钟一样，记录着它们自身形成的年龄。当知道了某一放射性元素的蜕变速度（$T_{1/2}$）后，那么含有这一元素的矿物晶体自形成以来所经历的时间（$t$）就可根据这种矿物晶体中所剩下的放射性元素（母体同位素）的总量（$N$）和蜕变产物（子体同位素）的总量（$D$）的比例计算出来，其公式如下：

$$t=\frac{1}{\lambda}\ln(1+\frac{D}{N}) \tag{3-1}$$

$$\lambda=0.639/T_{1/2}$$

式中，$\lambda$ 为蜕变常数，与蜕变速度（$T_{1/2}$）有关，通常是在实验室中测定；$N$、$D$ 值可用质谱仪测出。

自然界放射性同位素种类很多，能够用来测定地质年代的必须具备以下条件：

（1）具有较长的半衰期，那些在几年或几十年内就蜕变殆尽的同位素是不能使用的。

（2）该同位素在岩石中有足够的含量，可以分离出来并加以测定。

（3）子体同位素易于富集并保存下来。

同位素测年技术为解决地球和地壳的形成年龄带来了希望。首先，人们着手于对地球表面最古老的岩石进行了年龄测定，获得了地球形成年龄的下限值为 $40\times10^8$a 左右，如南美洲圭亚那的古老角闪岩的年龄为（$41.30\pm1.7$）$\times10^8$a，格陵兰的古老片麻岩的年龄为（36~40）$\times10^8$a，非洲阿扎尼亚的片麻岩的年龄为（$38.7\pm1.1$）$\times10^8$a，等等，这些都说明地球的真正年龄应在 $40\times10^8$a 以上。其次，人们通过对地球上所发现的各种陨石的年龄测定，惊奇地发现各种陨石（无论是石陨石还是铁陨石，无论它们是何时落到地球上的）都具有相同的年龄，大致在 $46\times10^8$a 左右，从太阳系内天体形成的统一性考虑，可以认为地球的年龄应与陨石相同。最后，对取自月球表面的岩石的岩石的年龄测定，又进一步为地球的年龄提供了佐证，月球上岩石的年龄一般为（31~46）$\times 10^8$a。综上所述，现在一般认为地球的形成年龄约为 46 $\times 10^8$a。

## 三、地质年代单位及年代的划分

地质年代单位的划分是以生物界及无机界的演化阶段为依据的，这种阶段的延续时间常常在百万年、千万年甚至数亿年以上，并且常常是大的阶段中又套着小的阶段，小的阶段中又包含着更小的阶段。根据这种阶段的级次关系，地质年代表中划分出了相应的不同级别的地质年代单位，其中最主要的有宙、代、纪、世 4 级年代单位。

“宙”是最大一级的地质年代单位，它往往反映了全球性的无机界与生物界的重大演化阶段，整个地质历史从老到新被分为冥古宙、太古宙、元古宙和显生宙 4 个宙，每个宙的演化时间均在 5 $\times 10^8$a 以上。

“代”是仅次于“宙”的地质年代单位，它往往反映了全球性的无机界与生物界的明显演化阶段。每个代的演化时间均在 5000 $\times 10^4$a 以上。

“纪”是次于“代”的地质年代单位，它往往反映了全球性的生物界的明显变化及区域性的无机界演化阶段。每个纪的演化时间均在 200 $\times 10^4$a 以上。

“世”是次于“纪”的地质年代单位，它往往反映了生物界中“科”、“属”的一定变化。每个纪一般分为早、中、晚 3 个世或早、晚 2 个世。但在古近纪、新近纪及第四纪中，世的名称比较特殊。

与上述各级地质年代单位相对应的年代地层单位为宇、界、系、统，它们是在各级地质年代单位的时间内所形成的地层。两者的级别对应关系为：

| 地质年代单位 | 地层单位 |
| --- | --- |
| 宙（eon）…………………… | 宇（eonothem） |
| 代（era）…………………… | 界（erathem） |
| 纪（period）………………… | 系（system） |
| 世（epoch）………………… | 统（series） |

如显生宙时期形成的地层称为显生宇；古生代时期形成的地层称为古生界；寒武纪时期形成的地层称为寒武系，等等，依此类推。

此外，在有些地区，常因化石依据不足或研究种度不够等原因，只能按地层层序、岩性特征及构造运动特点来划分地层单位，称为区域性地层单位或岩石地层单位。岩石地层单位一般包括群、组、段 3 级。“群”是最大的岩石地层单位，其范围可相当于统一系不等，有时甚至可大于系，群与群之间常有明显的地层不整合面分开；“组”一般是指岩性较均一或几种岩性有规律组合在一起形成的岩石地层单位，其范围通常小于或等于统；“段”是最小的岩石地层单位，通常反映一个组中具有相同岩性特征的某个特殊层位。

## 四、地质年代表

19 世纪以来，地质学家和古生物学家通过对全球各个地区新老不同的地层进行对比研究，特别是对其中所含的古生物化石的对比研究，逐渐认识到地球和地壳在整个发展进程中，生物界的演化及无机界的演化均表现出明显的自然阶段性。于是，他们以地球演化的这种自然阶段性为依据，配合同位素地质年龄的测定，对漫长的地质历史进行了系统性的编年与划分，编制出一个在全球范围内能普遍参照对比的年代表，即地质年代表（图 3–28）。地质年代表的建立是地质学研究的重要成果，它为推进地质学的发展起到了重要作用，成为现代地质学必不可少的重要基础。

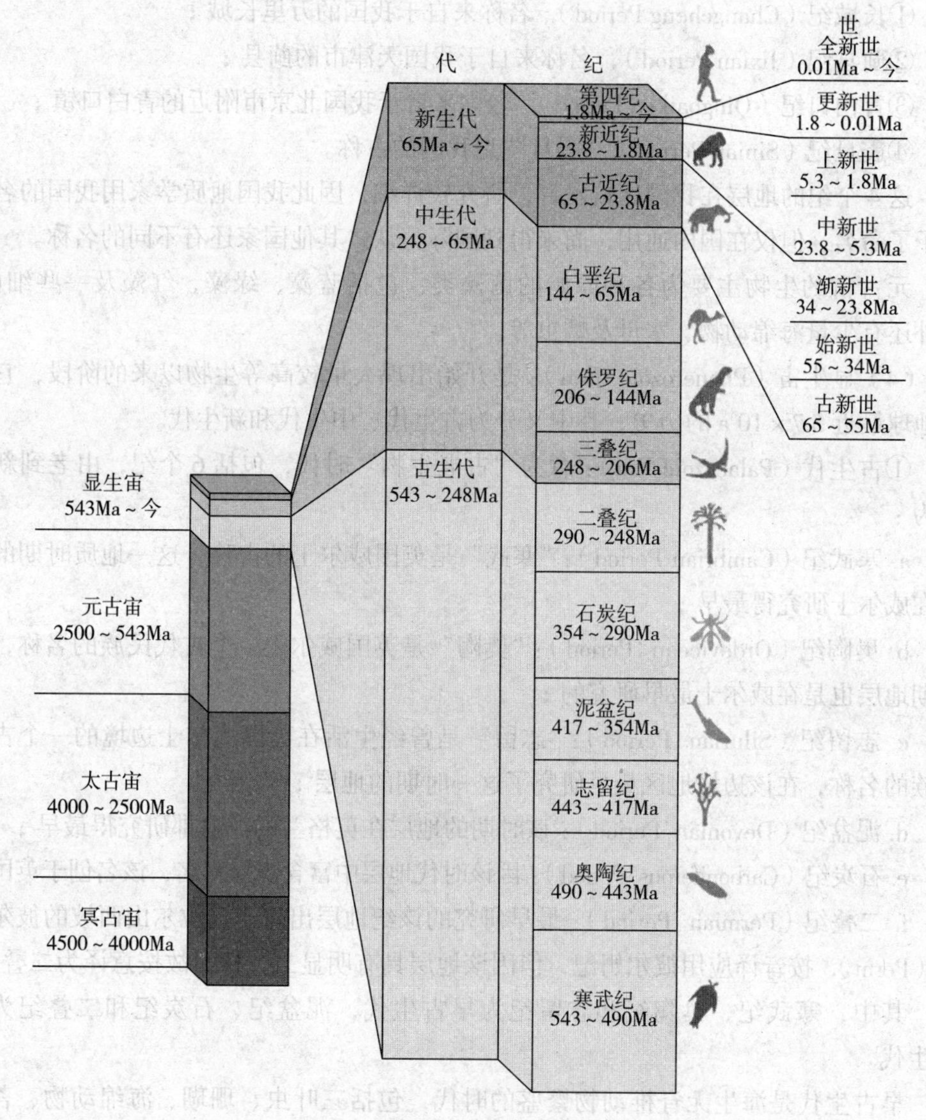


图 3–28　地质年代表

按地质年代由老到新依次简要介绍如下：

（1）冥古宙（Hadean Eon）：具有“开天辟地”之意，是地球发展的初期阶段，目前在地球表面尚未见到或确证这一时期形成的大量岩石，这可能是该时期的地表岩石绝大部分已被后期改造的缘故。

（2）太古宙（Archaeozoic Eon）：是已有大量岩石记录的最古老地质年代，这一时期的岩石一般是变质程度很高的变质岩，这一时期的生物仅有极原始的菌藻类。

（3）元古宙（Proterozoic Eon）：为较古老的地质年代，这一时期的岩石记录已十分普遍，元古宙包括古元古代、中元古代和新元古代 3 个代。

其中，中元古代和新元古代在我国被分为 4 个纪，由老到新依次为：

①长城纪（Changcheng Period），名称来自于我国的万里长城；

②蓟县纪（Jixian Period），名称来自于我国天津市的蓟县；

③青白口纪（Qingbaikou Period），名称来自于我国北京市附近的青白口镇；

④震旦纪（Sinian Period），“震旦”是我国的古称。

这 4 个纪的地层在我国比较发育，研究较详细，因此我国地质学家用我国的名称给予了命名，但仅在国内通用，尚未得到国际公认，其他国家还有不同的名称。

元古宙的生物主要为各种原始的菌藻类，包括蓝藻、绿藻、红藻及一些细菌，此外还有少量海绵动物、水母及蠕虫等。

（4）显生宙（Phanerozoic Eon）：是开始出现大量较高等生物以来的阶段，它包括地球最近 $5.7\times10^8$a 的历史，其中又分为古生代、中生代和新生代。

①古生代（Palaeozoic Era）：意为“古老生物”时代，包括 6 个纪，由老到新依次为：

a. 寒武纪（Cambrian Period）：“寒武”是英国威尔士的古称，这一地质时期的地层在威尔士研究得最早；

b. 奥陶纪（Ordovicean Period）：“奥陶”是英国威尔士一个古代民族的名称，该时期地层也是在威尔士最早研究的；

c. 志留纪（Silurian Period）：“志留”是曾经生活在英国威尔士边境的一个古代部族的名称，在该边境地区最早研究了这一时期的地层；

d. 泥盆纪（Devonian Period）：该时期的地层在英格兰的泥盆郡研究得最早；

e. 石炭纪（Carboniferous Period）：因该时代地层中富含煤层得名，该名创于英国；

f. 二叠纪（Permian Period）：最早研究的该纪地层出露于乌拉尔山西坡的彼尔姆城（Perm），按音译应用彼尔姆纪，但因该地层具有明显二分性，故按意译为二叠纪。

其中，寒武纪、奥陶纪和志留纪为早古生代，泥盆纪、石炭纪和二叠纪为晚古生代。

早古生代是海生无脊椎动物繁盛的时代，包括三叶虫、珊瑚、海绵动物、苔藓虫、腕足类、笔石类、水母、海百合等。早古生代后期开始出现鱼类，到早古生代末期，原始的植物开始登陆，但主要是一些在海边生存的半陆生低等植物。

在晚古生代，虽然海生无脊椎动物仍较繁盛，但脊椎动物的发展表现更为突出。早古生代晚期出现的鱼类，在泥盆纪得到充分发展，并在泥盆纪晚期逐渐演化成原始两栖类，开始了动物登陆的历史。石炭纪是两栖类的繁盛时代，石炭纪中、晚期开始出现原始的爬行类。在二叠纪爬行动物得到进一步发展。晚古生代陆生植物群的蓬勃发展，成为其生物界的又一显著特征。这一时期主要为蕨类孢子植物，泥盆纪时期开始出现小型森林，到了石炭纪、二叠纪，各种高大的乔木类植物如节蕨、石松类、种子蕨、真蕨、科达类等开始形成高大森林，为成煤提供了良好的物质基础。

②中生代（Mesozoic Era）：意为“中期生物”时代，分为 3 个纪，由老到新依次为：

a. 三叠纪（Triassic Period）：该纪地层在德国南部研究最早，地层具明显三分性，“Tri-”即“三”的意思；

b. 侏罗纪（Jurassic Period）：在法国与瑞士交界的侏罗山最早研究了该纪的地层；

c. 白垩纪（Cretaceous Period）：英吉利海峡北岸，这一时代的地层中产出白色细粒的碳酸钙，拉丁文称之为 Creta，意为白垩，因此而得名。

中生代是爬行动物空前繁盛的时代。其中有以草食为主、身体庞大（可长达 30m、重达 60t）的雷龙、梁龙等；也有以肉食为主、身形灵活的霸王龙等。不仅陆地上有恐龙，海洋中有鱼龙、蛇颈龙等，天空中也有翼龙类等。中生代时期，鸟类、哺乳类动物开始逐渐形成。在无脊椎动物中，菊石、箭石类软体动物得到充分发展。中生代的植物以裸子植物占统治地位。

③新生代（CenozoicEra）：意为“近代生物”的时代，其中包括古近纪、新近纪（Tertiary）和第四纪（Quarternary）。

第三纪和第四纪的名称起源于 18 世纪欧洲地质学家对地层系统的划分。当时，他们把地层由老到新分为第一系、第二系、第三系和第四系。第一系一般为结晶或变质程度较高的岩石，大致相当于古生界以前的古老岩系；第二系是富含生物化石的层状岩系，大致相当于中生界；而古生界当时被称为第一系与第二系之间的过渡系；第三系一般指半胶结或较疏松的岩石；第四系指河谷或山麓等地的松散堆积物。后来，第一系、过渡系和第二系、第三系已被其他名称所代替，只有第四系被现代地质学所继承下来。

中生代末期是地球上生物演化的巨大变革时期之一，原来极其繁盛的爬行动物恐龙类在中生代末期突然全部绝灭，海洋中盛极一时的菊石、箭石类（属软体动物）也几乎同时全部绝灭。而中生代逐渐形成的哺乳动物及鸟类，由于其适应性较强而逐渐取代了恐龙的位置。新生代是哺乳动物大发展的时代，其中绝大部分生活在陆地，但有的则生活于海中（如鲸鱼、海豚等）和空中（如翼手类）。新生代晚期开始出现人类，这是地球上生物演化史的一次最重大飞跃。新生代的植物以被子植物占统治地位。

# 第四章　地质作用与沉积盆地

## 第一节　地质作用与地质现象

中国的华北平原在4亿多年前曾是一片汪洋大海，随后整体隆起了近$2\times10^8$a，没有保存下任何沉积物。以后，海水时有光顾，形成了大片的沼泽，发育了极为繁茂的森林，在随后的地质变迁中，形成了大量的煤层。青藏高原在大约$6000\times10^4$a还是一片大海，由于印度次大陆的挤压、碰撞，使得它以极快的速度“拔地而起”，成为高耸入云的“世界屋脊”。在一些高山上，可以见到成层的蚌、螺壳，那是以前古河道甚至古湖泊的遗迹。干旱的黄土高原、戈壁滩也许就是以前的古湖泊。由于地壳的抬升，气候变暖，古湖泊退化，湖泊中丰富的动物、植物和微生物形成了煤、石油、天然气等矿产资源。这些改变都是源于地质作用。

地质作用是指形成和改变地球物质组成、外部形态特征与内部构造的各种自然作用。依据主要驱动力源，地质作用通常分为内力地质作用和外力地质作用。所谓内力地质作用，就是指由地球通过各种方式释放其内部的能量（如重力能或放射性元素蜕变产生的热能等）所引起的并主要发生在地球内部的作用，包括岩浆作用、火山作用、地壳运动、变质作用、成矿作用和地震等；由地球外部的驱动力引起的地质作用则为外力地质作用，主要由太阳能以及日月引力能通过大气、水等多种因素引起，包括风化作用、剥蚀作用、搬运作用、沉积作用、成岩作用等。

在地质作用下，一些地质过程产生的地质现象十分复杂。从性质上看，有物理的、化学的、生物的；从规模上看，大到全球的宏观现象，小到原子和离子的微观过程。地质作用发生和延续的时间一般都很长，例如海底扩张、海陆变迁、山脉隆起、湖泊沉积、风蚀地貌等过程，多以百万年为单位。喜马拉雅山从海底隆起至今已经历约$2.5\times10^8$a，大西洋的形成至今已$2\times10^8$a。但有些地质作用则是突发性的，并往往造成地质灾害，如火山、地震、海啸、山崩、雪崩、山洪和泥石流等。

外力地质作用对地质地貌的改造通常非常缓慢，但日久天长、年复一年，其结果却是十分显著的。总趋势是“削高填平”，把高山峻岭破坏掉，把它们的碎片搬到低洼的地方，使得地表变平坦。我国东部的松辽平原和华北平原就是经剥蚀、搬运、沉积作用而形成的。可以这样理解，内力作用与外力作用是一对矛盾的统一体，一方面在破坏旧的，一方面在建设新的，而新、旧两者又是互为依存、彼此转化的。

自然地质作用的结果是形成今日世界的名山大川（高山峡谷），如中国的泰山、华山、黄山、长江三峡、九寨沟、桂林七星岩溶洞和云南的石林等（图 4-1）。但是自然地质作用也有着不可抗拒的破坏作用，如地震、火山、山体滑坡、海啸、泥石流等都危及人类的生存。

（a）雄伟的山峰

（b）辽阔的大海

（c）瑰丽的石林

（d）壮观的丹霞地貌

**图 4-1　地质作用形成的各种地表形态**

## 第二节　大陆漂移和板块运动

如果仔细观察世界地图，就会发现大西洋两岸的轮廓竟如此相似，特别是巴西东端的直角突出部分，与非洲西岸呈直角凹进的几内亚湾非常吻合。人们还发现远隔重洋的大西洋两岸，许多生物之间存在着亲缘关系，除了现代生物之外，在地层中保存了相类似的古生物化石。有许多地质构造在非洲大陆的海岸突然中断，在大西洋对岸大陆的海岸重新出现。古地磁的资料同样说明现今大陆所在的地理位置与地质历史时期不同，而且是处于变化之中。

这些现象的存在并不是偶然巧合，而是大约在两亿年前，地球上现有的大陆——欧亚大陆、美洲、非洲、南极洲和澳大利亚曾是彼此相连的，它们构成一个统一的超级大陆即联合古大陆（图 4–2）。当时大西洋尚未出现，北美东岸紧挨在非洲撒哈拉大沙漠的西缘；我国西藏的南缘却是一片汪洋大海；印度次大陆远在相距万里以外的大洋彼岸，它与南极洲紧紧相连。之后，这块超级大陆开始四分五裂，美洲相对于欧洲和非洲向西漂移，而印度次大陆脱离南极洲向北漂移。

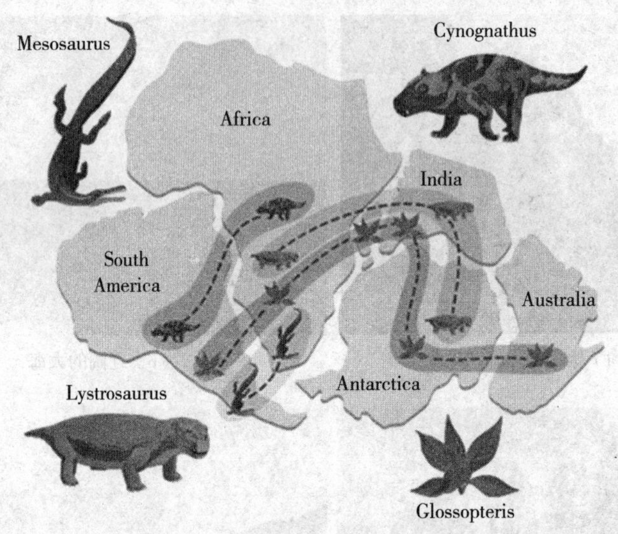


**图 4–2　板块运动与古生物分布**

20 世纪 60 年代以来，大陆漂移的概念已被普遍承认，但是所谓“大陆”的概念并不是地理上的陆地。人们设想大陆漂移可能是若干刚硬的板块相互运动着，而海底扩张实际上意味着一对板块自中脊轴向两侧拉开。学者们经多方面的验证，终于把大陆漂移和海底扩张的概念发展成为板块构造 (Platetectonics) 学说。板块构造学说的基本思想是：固体地球上层在垂向上可划分为物理性质显著不同的两个圈层，即上部的刚性岩石圈与下垫的塑性软流圈；刚性岩石圈在侧向上可划分为若干大小不一的板块，它们漂浮在塑性较强的软流圈上作大规模的运动；板块内部是相对稳定的，板块的边缘则由于相邻板块的相互作用而成为构造活动性强烈的地带。

岩石圈板块是刚性的块体，如果板块的一部分发生运动，则整个板块作为一个整体也发生运动。运动的板块必须是刚性的，下面有一个可塑性的面，这样才能相互滑动，而且有些板块运动得快，有些则慢。诚然，我们并不能察觉到大陆在漂移，但却可以通过古地磁恢复、古生物化石、大陆间岩石层的对比、大洋底的钻探、大陆架附近的岛弧研究等证据证明大陆在漂移。威力无比的板块活动移动着大陆，撕开或关闭了大洋，升起了山脉，扩展着陆地。也就是说，板块活动实际上控制着全球地质、地貌、气候和生物环境的变化，最终确定了当今世界的自然地理格局与面貌。

# 第三节　内动力地质作用

内动力地质作用是指主要由地球内部能源引起的地质作用（又称内力地质作用）。内力地质作用一般起源和发生于地球内部，但常常可以影响到地球表层，如火山作用、构造运动等。

内力地质作用主要包括岩浆作用、变质作用和构造运动。

岩浆作用是指在岩浆的形成、运动直到冷凝、结晶成岩石的过程中，岩浆本身及其对围岩所产生的一系列变化（图 4–3）。岩浆是地下深处主要由硅酸盐组成的高温熔融体，并在巨大的压力驱使下向地壳的薄弱地带运移，在其运移过程中，由于物理化学条件的变化，除岩浆自身发生变化外，还对围岩产生机械挤压并使围岩的物质成分和物理性状发生改变。从岩浆侵入到围岩（未喷出地表）并冷凝结晶形成岩石的全过程，称侵入作用，形成的岩石称侵入岩。当岩浆喷出地表，在地表的条件下冷凝形成岩石并使地表形态发生变化的过程称火山作用（喷出作用），形成的岩石称火山岩（喷出岩）。

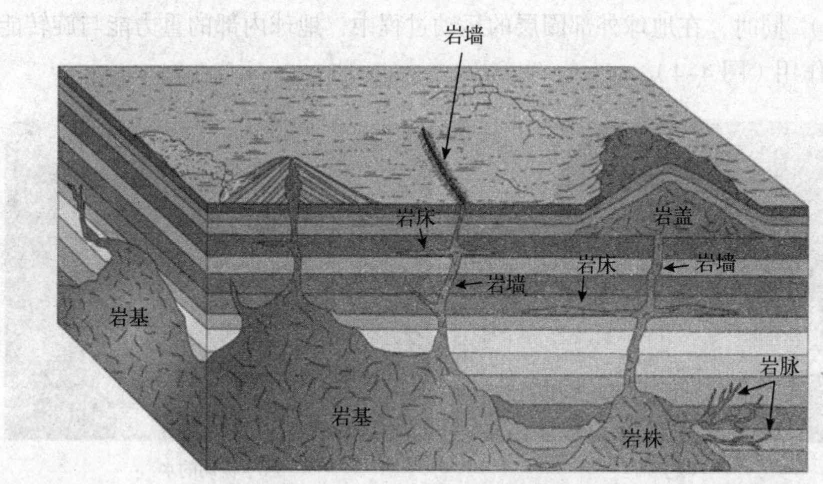


图 4–3　岩浆在地下存在的各种产状

变质作用是指在地下特定的地质环境中，由于物理化学条件的改变，使原来的岩石（包括沉积岩、岩浆岩及变质岩）基本上在固体状态下发生物质成分与结构、构造变化，从而形成新的岩石的地质作用。新形成的岩石称变质岩。变质作用通常是在地表以下较高的温度和压力条件下进行的，并且常常有化学活动性流体参加作用。

构造运动是指主要由地球内部能源引起的地壳或岩石圈物质的机械运动，常以岩石变形、变位、地表形态的变化等形式表现出来。按物质的运动方向可分为水平运动和垂直运动。水平运动是指组成地壳的物质发生沿地球切线方向的运动。水平运动主要引起地壳的拉张、挤压、平移或旋转等，有时可使岩石发生强烈变形和变位，形成高大的褶皱山系。垂直运动是指地壳物质沿地球半径方向作上升和下降的运动。它可以造成地表地势高差的改变，引起海陆变迁等。岩石圈的大规模构造运动常常表现为岩石圈的一些大型板块的相互作用与相对运动。地震是构造运动的一种表现形式，是地壳的一种快速运动。当地表下的岩石受力产生变形，在变形的过程中，机械能就不断地累积，当积累到一定的限度（岩石的破裂极限）时，岩石就会发生破裂，在破裂的同时，大量的机械能就会释放出来，地壳受到猛烈冲击而发生震动，从而产生地震。

## 第四节　外动力地质作用

外动力地质作用是指主要由地球外部的能源引起的发生在地球表层的地质作用（又称表层地质作用或外力地质作用）。

主要来自地球以外的太阳辐射能以及日月引力能等促使了地球外部圈层——大气圈、水圈、生物圈的运动与循环，使它们成为改造地壳表面或表层的直接动力（即地质营力）。同时，在地球外部圈层的运动过程中，地球内部的重力能与旋转能等也起着重要作用（图 4–4）。

（a）风　（b）流动的水　（c）重力　（d）冰川

图 4–4　表层地质营力

地质营力总是通过一定的介质来起作用的。表层地质作用的地质营力按介质的物理状态（液、固、气）分为3种情况：介质为液态（即水）的营力主要有地面流水、地下水、湖泊和海洋；介质为固态的营力主要有冰川；介质为气态的营力主要为大气和风。因此，由这些营力在表层产生的作用分别称为地面流水的地质作用、地下水的地质作用、海洋的地质作用、湖泊的地质作用、冰川的地质作用以及风的地质作用等。

虽然表层地质作用的营力有多种类型，介质条件差异甚大，地质作用的特点也各不相同，但每种营力一般都按照风化作用、剥蚀作用、搬运作用、沉积作用和成岩作用这样的过程进行。这几种作用既代表了表层地质作用的序列，也是外力地质作用的主要类型。

风化作用是指在地表或近地表环境下，由于气温、大气、水及生物等因素作用，使地壳或岩石圈的岩石、矿物在原地遭受分解和破坏的地质作用。风化作用使地表岩石变得松软，为剥蚀作用创造条件，是表层作用的前导。

剥蚀作用是指各种地质营力（如风、水、冰川等）在其运动过程中对地表岩石产生破坏并将破坏物剥离原地的作用。剥蚀作用不断破坏和剥离地表物质，使地表形态发生改变，形成新的地形。剥蚀作用按剥蚀方式可分为机械剥蚀作用、化学剥蚀作用和生物剥蚀作用；按地质营力类型又可分为地面流水、地下水、海洋、湖泊、冰川及风的剥蚀作用等。

搬运作用是指经风化作用、剥蚀作用剥离下来的产物随运动介质从一地搬运到另一地的作用。搬运作用与剥蚀作用是紧密联系在一起的，物质剥离原地的同时也是其进入搬运状态的时刻。搬运作用有机械、化学和生物搬运3种方式。不同营力（地面流水、地下水、海洋、冰川、风等）搬运作用的方式、特点也不尽相同，搬运作用是一种中间过程。

沉积作用是指各种营力搬运的物质在介质动能减小或物化条件发生改变以及生物作用下，在新的场所堆积下来的作用。沉积作用的场所常是能使介质动能减小或物化条件变化的地方，如山坡脚、冲沟口、河口区、海洋、湖泊等。沉积作用也具有机械、化学和生物沉积作用3种方式。按营力又可分为地面流水、地下水、海洋、湖泊、冰川和风的沉积作用。

成岩作用是指使松散沉积物固结形成沉积岩的作用。经沉积作用形成的沉积物，在适当条件（如埋藏一定的深度）下，在胶结、压实和重结晶的作用下，它们就可固结成岩石。

## 第五节 沉积盆地的形成与分布

盆地，顾名思义，就像一个放在地上的大盆子，有下凹和隆起的部分，是一种四周高（高原或山脉）中间低（丘陵或平原）的地形。

中国境内有很多大大小小的盆地，大型的有塔里木盆地、准噶尔盆地、柴达木盆地、鄂尔多斯盆地、松辽盆地以及四川盆地等；中型的有吐鲁番哈密盆地、辽河盆地等，当然还有数不清的小型盆地。那么，这些大小不一的盆地是怎样形成的呢？

在那些隆起的地方，有的是地壳中比较软弱的部分，或者是岩石层中比较容易被风化剥蚀的部分，受到挤压时形成剧烈的褶皱，升起成为环绕盆地的山脉；有的是地壳中比较坚硬的部分，被挤压时整块地抬升，形成了高原。盆地内部的地壳或者岩石层通常是地壳或岩石层中比较稳定的部分，在发生地壳运动时，常常会大面积地缓慢上升或下降。抬升的结果可以形成高原，而下沉则形成盆地。

盆地形成之后，经过了风化、水流、生物等自然力的改造，使得盆地四周突出的部分被侵蚀、破坏得较快，其产物被风、水流携带到盆地内部又沉积下来，使得盆地内部慢慢地被充填，“盆底”变高了。如果盆地形成以后当地的地壳运动依然很强烈，就可以迅速地把盆地填满，但这个“快速过程”也往往需要几十万年。

盆地主要是由于地壳运动形成的。在地壳运动作用下，地下的岩层受到挤压或拉伸变得弯曲或产生了断裂，就会使有些部分的岩石隆起，有些部分下降，如下降的那部分被隆起的那些部分包围，盆地的雏形就形成了。

许多盆地在形成以后还曾经被海水或湖水淹没过，像四川盆地、塔里木盆地、准噶尔盆地等，都遭遇了这样的经历。后来，随着地壳的不断抬升，加上泥沙的淤积，盆地内部的海、湖慢慢地退却干涸，只剩下一些河水或小溪了。但是那些曾经存在过的海、湖河流中，曾经生活过的大量生物死亡以后被埋入淤泥中，就会成为形成石油、煤炭的物质基础，这就是科学家们非常关注盆地研究的重要原因。盆地中的岩石沉积大多相对比较完整而连续，生活在那里的动物、植物死后也比较容易保存成化石，所以盆地也是古生物学家们寻找化石的好去处。

还有一些盆地，主要是由地表外力，如风力、雨水等破坏作用而形成的。河流沿着地表岩石比较软弱的地方向下侵蚀、切割形成各种不同大小的河谷盆地。在我国西北部广大干旱地区，风力特别强，把地表的沙石吹走以后，形成了碟状的风蚀盆地。甘肃、内蒙古和新疆等地区的一些盆地就是这样形成的。

另外，在一些地下有石灰岩发育的地区，常年流动的地下水会使那里的岩石溶解，引起地表的岩石塌陷，也会形成盆地，地质学家们把这类成因的盆地称为岩溶盆地。我国西南云贵高原和广西等地就有很多这种类型的盆地。

在强烈的挤压或拉伸作用下，一些大型盆地的基底会发生断裂，形成一些“断陷盆地"，在我国华北渤海湾、西南地区的横断山区等地壳活动剧烈的地区，这类盆地多见。

沉积盆地在发展过程中经常受到地壳构造活动的影响，这种活动性可以被盆地不断接受的沉积物记录下来，通过对这些沉积物的地质和地球化学研究，人们能够描述、反演出这些地域中诸如气候变化、海平面变化、对气候有重大影响的温室气体与大气圈发生交换作用以及由构造活动决定的地形变化等地球演化历史过程。

根据沉积盆地基底起伏形态及沉积盖层的厚度，沉积盆地内构造单元可进一步划分为 3 级，即一级构造、二级构造与三级构造。

（1）一级构造。

一级构造是指根据盆地基底的起伏情况划分的坳陷、隆起和边缘斜坡等。

坳陷：盆地主要发育时期的沉降中心或沉积中心。一般是盆地中沉积地层最全，也是地层最厚的地方，其中心是生油的有利地区。

隆起：盆地中相对于坳陷隆起较高的地方。一般沉积地层不全，即某一时期的沉积地层缺失或被剥蚀，因而厚度不大，一般不利于生油。

边缘斜坡：盆地中坳陷与边界的过渡地区。其沉积地层一般是由老到新层层超覆的接触关系。超覆带往往是储集油气的有利地带。

（2）二级构造。

二级构造是指在一级构造范围内再进一步划分的凹陷、凸起等。

凹陷：盆地中沉积地层最厚的地方，一般是有利的生油区。

凸起：都是相对于凹陷的正向构造，一般都是油气聚集的有利地带。

（3）三级构造。

三级构造也称局部构造。它是在二级构造范围内的背斜、向斜和鼻状构造等，其中，背斜和鼻状构造都是油气聚集的有利构造。

油气通常形成并赋存在沉积岩中，相对独立连片分布的沉积岩往往被油气勘探者称为"含油气盆地"。这种含油气盆地的形成与分布是构造运动的必然产物。石油和天然气作为地壳中流体的部分，其形成、运移和保存受控于地质体的发展变化，大地构造、构造地质等基础科学对地质体的构成和演化认识越深刻，油气地质的特殊性也越容易被掌握。

# CHAPTER 2

# 第二篇
# 石油和天然气的形成与聚集

# 第五章　石油的生成

## 第一节　油气成因理论

在日常生活中，我们常用“化石燃料”来称呼石油、煤炭、天然气等经过千百万年形成的能源。在煤炭中，人们早已发现了树木的化石以及由树木的脂类物质形成的琥珀等，表明其是由死去的生物变成的；对于天然气，石油地质工作者们也已证明，它们可以由石油、甲烷细菌的生物化学作用以及煤炭的分解作用而形成，同时，还可以从地下深处的岩浆中释放出富含甲烷的“无机成因天然气”。石油是由古代生物（包括动物与植物，尤以浮游生物为主）生成的，这一观点也被大多数学者认同。从 18 世纪 70 年代以来，对油气成因的认识基本上分为无机成油与有机成油学说两大学派。

无机成油学说认为，石油是在地壳深处形成的，后来沿着深大断裂渗透到地壳上部，或者在天体形成时形成，当地壳冷凝时以“烃雨”的形式降落下来，后聚集成油气藏。其基本观点是石油是在地下高温、高压条件下形成的而非生物成因。

在油气有机学说中存在着早期成因学说和晚期成因学说两种观点。前者主张沉积有机质在成岩过程中逐步转化为石油和天然气，并运移到邻近的储层中去；后者则认为沉积物埋藏到较大深度后，到了成岩作用晚期或后生作用初期，沉积岩中的不溶有机质（干酪根）才开始发生热降解，生成大量液态石油和天然气。

在油气生成理论方面贡献比较大的是法国著名地球化学家 B.P.Tissot，他在前人研究的基础上提出了干酪根热降解生烃演化模式，提出并完善了干酪根晚期生烃学说，揭示了油气生成、演化与分布的规律。晚期成油理论广泛为国际石油界所接受，并应用到指导油气田勘探过程中，取得了重大成果。

石油和天然气的成因是一个非常复杂的理论问题，现在认为石油主要是有机成因的，天然气大部分是有机成因的，有相当一部分天然气是无机成因的。由于油气的形成都发生在地质历史时期，演化过程很难再现，其研究存在一定的难度。随着现代科学技术、实验手段的发展，学术界不断提出新理论、新假说。有兴趣的读者可以关注一下“未熟—低熟油”、“煤成烃”、“无机气”等相关学说的观点。本书中不作深入探讨。

## 第二节　石油生成的物质基础

按照现代有机成油理论，油气生成需要满足两个基本条件：有利于石油生成的丰富的有机质及有机质向石油转化的物理化学条件。

### 一、生油气母质及其化学组成

根据油气有机成因理论，生物体是生成油气的最初来源。生物死亡之后的残体经沉积作用埋藏于水下的沉积物中，经过一定的生物化学、物理化学变化形成石油和天然气。其中，细菌、浮游植物、浮游动物和高等植物是沉积物中有机质的主要供应者。在不同的沉积环境中，生物的天然组合类型不同，决定了沉积物中有机质的组合类型不同。生成油气的沉积有机质主要有四大类，即类脂化合物、蛋白质、碳水化合物及木质素。它们都有比较复杂的结构。

干酪根（Kerogen）一词来源于希腊语，意为能生成石油的母质，最初是被用来描述苏格兰油页岩中的有机质经蒸馏后产出似蜡质的黏稠石油，后来被引用泛指沉积岩中不溶于一般有机溶剂的沉积有机质。1979 年，Hunt 将干酪根定义为：沉积岩中所有不溶于非氧化性的酸、碱与非极性有机质溶剂的分散有机质，与其相对应的可溶部分称为沥青。

干酪根的形成开始于生物体衰老期，生物死亡被埋藏下来之后，进入成岩作用早期，有机组织发生化学及生物降解和转化，结构规则的大分子生物聚合物（如蛋白质、碳水化合物）部分或完全被分解形成一些单体分子，它们或者遭破坏，或通过腐泥化或腐殖化作用发生缩合或聚合，形成结构不规则的大分子，称为地质聚合物，是干酪根的先驱。在沉积成岩过程中，在还原环境下，由于厌氧细菌的作用，发生去氧加氢富集碳作用，地质聚合物变化得更大、更复杂、更不规则，形成真正的干酪根。

干酪根是沉积有机质的主体，约占总有机质的 80%~90%。干酪根的成分和结构十分复杂，它们的不溶性及来源与经历的多变性给研究带来困难。国内外研究表明，干酪根无固定的成分和结构，不能用分子式来表达，主要成分为 C、H、O，C 占 76.4%、H 占 6.3%、O 占 11.1%，三者共占 93.8%。此外还包括少量 S、N 等其他元素。

由于在不同的沉积环境中有机质的来源不同，形成的干酪根类型也不同，其性质和生油气潜能有很大差别，目前主要有如下几种分类方法。

1. 两分法

这是一种比较常用的方法，把沉积有机质分为腐泥型和腐殖型。腐泥型干酪根指脂肪族有机质在缺氧条件下分解和聚合的产物，它们来自海洋和湖泊环境水下淤泥中的孢子及浮游类生物，它们主要生成石油、油页岩、藻煤和烛煤；腐殖型干酪根是泥炭形成的产物，来自有氧条件下沼泽环境的陆生植物，主要可以形成天然气和腐殖煤，在一定条件下也可以生成液态石油。

2. 光学分类

在显微镜下使用放大 25~50 倍的油浸物镜，在反射光下观测煤或干酪根的显微组分，可划分出腐泥组、壳质组、镜质组及惰质组 4 组。腐泥组包括了藻质体和无定形体；壳质组呈暗灰色，由孢子、角质、树脂、蜡组成；镜质组呈灰白色，具镜煤特征，由泥炭成因的腐殖质组成；惰质组呈黄白色，包括了碎质体、菌质体、丝质体以及半丝质体。

3. 化学分类

法国石油研究院根据干酪根中的 C、H、O 元素分析结果划分为 3 种类型。

Ⅰ型：H/C 原子比介于 1.25~1.75，O/C 原子比介于 0.026~0.12，以含类脂化合物为主，直链烷烃很多，多环芳香烃及含氧官能团很少；主要来自于藻类、细菌类等低等生物。生油潜能大。

Ⅱ型：H/C 原子比介于 0.65~1.25，O/C 原子比介于 0.04~0.13，属高度饱和的多环碳骨架，含中等长度直链烷烃和环烷烃很多，也含多环芳香烃及杂原子官能团；它们来源于浮游生物（以浮游植物为主）和微生物的混合有机质。生油潜能中等。

Ⅲ型：H/C 原子比介于 0.46~0.93，O/C 原子比介于 0.05~0.30，以含多环芳香烃及含氧官能团为主，饱和烃链很少；来源于陆地高等植物。不利于生油，但可生气。目前还划分出若干中间类型。

## 二、油气生成的外在条件

生物有机质的存在及其数量的多少，是油气生成的内在物质基础；要生成大量的油气还要靠外部条件，这主要是指地质环境和物化条件。

1. 油气生成的地质环境

有利于有机质大量堆积、保存和转化的地质环境受区域大地构造与岩相古地理条件的控制。

1）大地构造条件

首先在地质历史上只有那些曾发生过持续下沉的沉积盆地才是有利于生物生长的环境，才有沉积物的沉积，才能为油气生成、运聚提供有利场所。盆地的形成是板块运动的结果。板块运动分为离散运动、聚敛运动及转换运动。离散板块分离处，地壳变薄下沉、弯曲，出现了张性环境的各种沉积盆地；聚敛板块接合处，伴随洋壳消亡、陆壳增厚和碰撞造山带上升，沿造山带的翼部出现许多沉积盆地。而纯转换运动不能形成垂直运动，则不形成沉积盆地。

板块的边缘活动带、板块内部的裂谷、坳陷以及造山带的前陆盆地、山间盆地等大地构造单元，是地质历史上曾经发生长期持续下沉的区域，是地壳上油气资源分布的主要沉积盆地类型。在这些盆地内生物的生长及其遗体的保存与盆地沉降速度、沉积物的沉积速度有直接关系。

若沉降速度 $V_s \gg$ 沉积速度（$V_d$），则水体不断变深，生物死亡后，在下沉过程中易遭受巨厚水体所含氧气的氧化破坏，且因阳光不足、温度低，不利于生物生存。

若 $V_d \gg V_s$，则相反，沉积物会迅速填满盆地；水体快速变浅，乃至上升为陆地，沉积物暴露于地表，有机质会易受空气氧化，也不利于有机质的堆积和保存。只有在长期持续下沉过程中，并伴随适当的升降，沉降速度与沉积速度相近或前者稍大时，才能持久保持还原环境。在这种条件下，不仅可以长期保持适于生物大量繁殖和有机质免遭氧化的有利水体深度，保证丰富的原始有机质沉积下来，而且还可以造成沉积厚度大，埋藏深度大，地温梯度大，生油层、储集层频繁相间出现，广泛接触，有助于原始有机质迅速向油气转化并广泛排烃的优越环境。

此外，在大型沉积盆地内，由于断裂分割或沉降速度的差异，造成盆地起伏不平，出现许多次级凸起与凹陷，使有机质不必经过长距离搬运便可就近沉积下来，避免途中氧化。所以沉积盆地的分割性对有机质的堆积与保存有利。

2）岩相古地理条件

在海相环境中，浅海区及三角洲区是最有利于油气生成的古地理区域。滨海区海进、海退频繁，浪潮作用强烈，不利于生物繁殖以及有机质堆积与保存。深海区生物少，生物死亡后还要下沉至海底，需经历巨厚水体易遭氧化破坏；加上离岸又远，陆源有机质需经长途搬运，易被淘汰氧化，不利于有机质的堆积与保存。大陆架内，水深不超过 200m，水体较宁静，阳光、温度适宜，生物繁盛，尤其各种浮游生物异常发育，死亡后不需经过太厚的水体即可堆积下来；在三角洲地区，陆源有机质源源不断地搬运而来，加上原地繁殖的海相生物，致使沉积物中的有机质含量特别高，是极为有利的生油区域；至于海湾及潟湖，属于半闭塞无底流的环境，也对保存有机质有利。在这些浅海区域，浮游生物特别发育，属于Ⅰ－Ⅱ型干酪根。

大陆环境的深水、半深水湖泊是陆相生油岩发育区域。因为一方面湖泊能够汇聚周围河流带来的大量陆源有机质，增加了湖泊营养和有机质数量；另一方面湖泊有一定深度的稳定水体，提供水生物的繁殖发育条件。特别是近海地带深水湖盆，更是最有利的生油坳陷，因为那里地势低洼、沉降较快，能长期保持深水湖泊环境，保持安静的还原环境。

浅水湖泊和沼泽地区，水体动荡，氧气易于进入水体，不利于有机质的保存；这里的生物以高等植物为主，有机质多属Ⅲ干酪根，生油潜能差，适于造煤和生气。

此外，古气候条件也影响生物的发育。温暖潮湿的气候、日照时间长，能增强生物的繁殖力。

2. 油气生成的物理化学条件

油气生成除需大量有机质提供物质条件外，还必须具备外部条件如温度、压力、细菌、催化剂、放射性等物化条件，只有这样，有机质才能逐步转化为油气。形象地说，有机质生成油气过程类似于用铁锅炖肉，刚开始温度低，时间也短，肉不熟，出的油也不多，随着加热时间延长，温度升高，肉熟了，排出的油也越来越多。如果仍不停火，最后这锅肉将变成焦炭，也这是所有有机质演化最终的结果。

1）温度与时间

沉积有机质向油气转化的过程，温度是最有效、最持久的作用因素。在转化的过程，温度的不足可用延长反应时间来弥补。温度与时间可以互相补偿：高温短时作用与低温长时作用可能产生近乎同样的效果。康南（Connan，1974）在研究有机质向石油转化的机理时，认为有机质向石油的转化符合化学动力学定律的一级反应，即反应速率只与反应物浓度的一次方成正比，推导出了时间—温度定量数学关系式为：

$$\ln t = \frac{E}{RT} - A \tag{5-1}$$

式中 $T$——绝对温度；

$t$——时间；

$A$——频率常数；

$R$——气体常数；

$E$——活化能。

上式表明，反应时间自然对数与绝对温度呈反比直线关系。这说明在石油形成过程中，时间与温度存在着互相补偿的关系，即温度不足可用延长反应时间来补偿。若沉积物埋藏太浅，地温太低，有机质热解生成烃类所需反应时间很长，实际难以生成工业数量的石油。随埋藏深度的加大，当温度升高一定数值，有机质才开始大量转化为石油，这个温度界限称为有机质的成熟门限温度，其相应的深度称为门限深度。在地温梯度很高的地区，有机质不用埋藏太深就可以转化为石油和天然气；反之，在地温梯度很低的地区，有机质埋藏很深才能大量转化为油气。此外，有机质类型不同，其有机质成熟度的温度也不同，如树脂体和高硫Ⅱ型干酪根成熟较早。可见，有利于油气生成并保存的盆地应为年轻的热盆地与古老的冷盆地。

2）细菌活动

细菌是地球上分布最广、繁殖最快，对环境适应能力最强的一种生物，按其生活习性可分为 3 类：喜氧细菌、厌氧细菌与通性细菌。

对油气生成来说，最有意义的是厌氧细菌。在还原条件下，厌氧细菌可将有机质中的 O、S、H、P 等元素分离出来，使 C、H，特别是 H 富集起来，产生 $CH_4$、$H_2$、

$CO_2$、有机酚与其他碳氢化合物。此外，细菌还可将植物选择性分解，使其中原来合成的大量烃类分离出来，直接埋藏于沉积物中。

3）催化作用

在油气生成过程中，催化剂的催化作用在于催化剂与分散有机质作用，使后者的原始结构被破坏，促使分子重新分布，形成结构稳定的烃类。这种催化剂主要有无机盐类和有机酵母两大类。

## 第三节　有机质演化与成烃模式

生物有机质随沉积物沉积后，随埋深加大，地温不断升高，在还原条件下，有机质逐步向油气转化。由于在不同深度范围内，各种能源显示不同的作用效果，致使有机质的转化反应性质及主要产物都有明显区别，表明有机质向油气的转化具有明显的阶段性，主要可以概括为 4 个阶段（图 5–1 与表 5–1）。

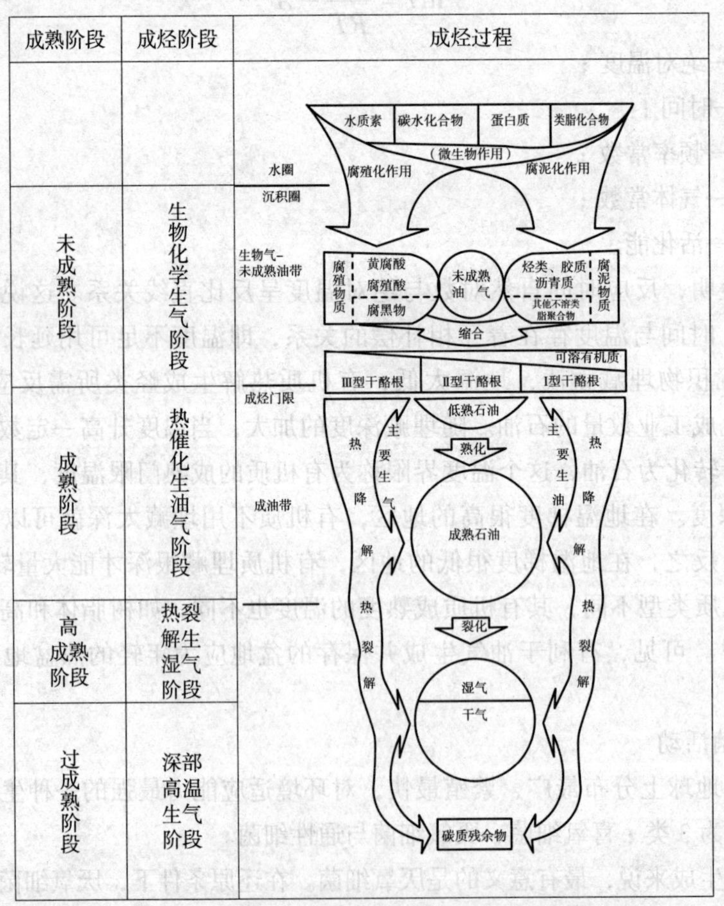


图 5–1　有机质阶段性演化的综合模式（据黄第藩，修改）

表 5-1 干酪根热演化阶段划分及产物

| 演化阶段 | 生物化学生气阶段（未成熟阶段） | 热催化生油气阶段（成熟阶段） | 热裂解生湿气阶段（高成熟阶段） | 深部高温生气阶段（过成熟阶段） |
| --- | --- | --- | --- | --- |
| 镜质组反射率 $R_o$，% | <0.5 | 0.5~1.2 | 1.2~2.0 | >2.0 |
| 深度，km | <1.5 | 1.5~4.5 | 4.5~7.5 | >7.5 |
| 温度，℃ | <60 | 60~180 | 180~250 | >250 |
| 干酪根颜色 | 黄色 | 暗褐色 | 深暗褐色 | 黑色 |
| 生烃机理 | 生物化学作用 | 热催化作用 | 热裂解作用 | 热裂解作用 |
| 主要产物 | 生物甲烷、未熟油、干酪根 | 液态石油 | 湿气 | 干气（甲烷） |

生物化学生气阶段的生烃机理是生物化学作用。此阶段主要能量以细菌活动为主。在还原环境下，厌氧细菌非常活跃，其结果是有机质中不稳定组分被完全分解成 $CO_2$、$CH_4$、$NH_3$、$H_2S$、$H_2O$ 等简单分子，生物体被分解成相对分子质量低的生物化学单体（苯酚、氨基酸、单糖、脂肪酸），而这些产物再聚合成结构复杂的干酪根。

热催化生油气阶段以及深部高温生气阶段的生烃机理主要是热催化作用。热催化作用是有机质转化最活跃的因素，催化剂为黏土矿物。由于成岩作用增强，黏土矿物对有机质的吸附能力加大，加快了有机质向石油转化的速度，降低有机质成熟的温度。在此阶段，干酪根发生热降解，杂原子（O、H、S）键破裂产生二氧化碳、水、氨、硫化氢等挥发性物质逸散，同时获得大量低分子液态烃和气态烃，是主要生油时期。此阶段也称为生油窗或液态窗口。有机质进入油气大量生成的最低温度界限，称为生烃门限或成熟门限，所对应的深度称为门限深度。

热裂解生湿气阶段的生烃机理主要是热裂解作用。此阶段温度超过了烃类物质的临界温度，除继续断开杂原子官能团和侧链生烃外，主要反应是大量 C—C 链断裂及环烷烃的开环和破裂，长链烃急剧减少，$C_{25}$ 以上趋于零，低分子的正烷烃剧增，加少量低碳原子数的环烷烃和芳香烃。在地下呈气态，采到地上反凝结为液态轻质油，并伴有湿气，这是进入了高成熟期。当深度超过6000~7000m时，进入过成熟期，沉积物已进入变生作用阶段，相当于半无烟—无烟煤的高度碳化阶段，温度超过了250℃，已形成的液态烃和重质气态烃强烈裂解，变成最稳定的甲烷，干酪根残渣释出甲烷后，进一步缩聚形成碳沥青或石墨。

对不同的沉积盆地而言，由于其沉降历史、地温历史及原始有机质类型的不同，可能只进入了前二个或前三个阶段，并且每个阶段的深度与温度界限也可能略有差别。在一些地质发展演化史较复杂的盆地，由于某种原因历经多次大的构造运动，生油岩中的有机质可能由于在埋藏较浅尚未成熟就被抬升，后来再度沉降埋藏到相当深度后，方达到成熟温度，有机质可以大量生石油，即所谓“二次生油”。此外，由于源岩有机显微组成的非均质性，不同显微组成的化学成分与结构的差别决定了有机质不可能有完全统一的生烃界线，不同演化阶段可能存在不同的生烃机制。

## 第四节　生油层研究与油源对比

### 一、生油层研究

能够生成石油和天然气的岩石，称为生油气岩（或烃源岩、生油气母岩），由该类岩石组成的地层，即为生油（气）层。对一个盆地的含油气远景的评价，关键是看生烃层的生烃潜力大小。主要从两个方面进行研究，即地质研究和地球化学研究。

1. 生油层的地质研究

生油层的地质研究包括岩性、岩相、厚度及分布范围。岩性和岩相决定有机质的含量（即丰富程度）及其类型和生烃潜能；厚度及分布范围决定了有机质的总量，也决定了生烃量与排烃量。

从岩性上看，能够作为生油层的岩性主要有两大类，即泥质岩和碳酸盐岩。泥质岩类主要为暗色富含有机质的泥岩、页岩、黏土岩；碳酸盐类生油层的岩类以灰色、深灰色的沥青灰岩、隐晶质灰岩、豹斑灰岩、生物灰岩、泥灰岩为主。

从沉积环境或岩相看，一般利于生物大量繁殖、保存，且利于生油岩发育的环境最有利。这样的环境只有深水和半深水湖相及浅海相，沼泽相则主要为成煤环境。

从生油层的厚度及分布看，分布面积越大，厚度越大，有机质的总量越大，则生烃量越大。但单层厚度很大的块状泥岩因往往欠压实，产生超压，会抑制生烃能力，不利于排烃。研究认为，黏土岩层厚 30~40m，砂层单层厚 10~15m，二者显略等厚互层的地区，生储岩接触面积大，最利于石油的生成与聚集。可见，生油层厚度太小了不好，太大了也不好。

2. 生油层的地球化学研究

这里主要是利用各种地球化学指标评价生烃潜力，指标包括丰度指标、成熟度指标、类型指标等。

1）有机质的丰度指标

岩石中有足够数量的有机质是形成油气的物质基础，是决定岩石生烃潜力的主要因素。有机质丰度指标主要有有机碳含量（TOC）、岩石热解参数、氯仿沥青“A”以及总烃（HC）含量等。

（1）有机碳含量（TOC）。

有机碳含量（TOC）指岩石中残留的有机碳含量，以单位质量岩石中有机质的质量分数表示。由于生油层内只有很少一部分有机质转化成油气，大部分仍残留在生油层中，且碳又是有机质中所占比例最大、最稳定的元素，因此剩余有机碳含量能够近似地表示生油岩内的有机质丰度。岩石中剩余有机碳与剩余有机质含量之间存在一定的比例关系，一般将剩余有机碳含量乘以 1.22（或 1.33）即为剩余有机质的含量。

（2）氯仿沥青“A”含量和总烃（HC）含量。

氯仿沥青“A”含量是指岩石中可抽提的有机质含量；总烃含量为氯仿沥青“A”中的饱和烃与芳香烃含量。

此外，不少学者还利用热解参数、氨基酸含量作为评价有机质丰度指标，在此不详述。

2）有机质的类型指标

有机质的类型不同，其生烃潜力及产物是有差异的。一般认为Ⅰ型干酪根生烃潜力最大，且生油为主；Ⅲ型干酪根生烃潜力最差，且以生气为主；Ⅱ型干酪根介于两者之间。

3）有机质的成熟度指标

有机质的成熟度指标是指有机质向石油和天然气的热演化程度。它显然是评价生油岩生烃能力的重要指标。常用的指标有镜质体反射率、TTI（时间—温度指数）、热变指数、孢粉色变指数、热解参数以及可溶抽提物化学组成，此外还有饱和烃组成、自由基含量、干酪根颜色、H/C–O/C 原子比关系、生物标志物等。这里主要介绍常用的几个指标。

（1）镜质组反射率（$R_o$）。

镜质体是一组富氧的显微组分，由泥炭成因有关的腐殖质组成，具镜煤（或煤素质）特征，其结构为以芳香烃为核，常有不同的支链烷基。在热演化过程中，链烷热解析出，芳环稠合，出现微片状结构，芳环片间距逐渐缩小，致使反射率增大，透射率减小，颜色变暗，这是一种不可逆反应。镜质组反射率与成岩作用关系密切相关，热变质作用越深，镜质组反射率越大。

未成熟阶段：$R_o<0.5\%$；

成熟阶段：$R_o=0.5\%\sim1.2\%$；

高成熟阶段：$R_o=1.2\%\sim2.0\%$；

过成熟阶段：$R_o>2.0\%$。

（2）热变指数（TAI）

它是一种在显微镜下通过透射光观测到的由热引起的孢粉、藻类等颜色变化的标度，按颜色变化确定有机质的演化程度，共分 5 个级别：

1 级——黄色，未变化；

2 级——橘色，轻微热变化；

3 级——棕色或褐色，中等热变质；

4 级——黑色，强变质；

5 级——黑色，强烈热变质，伴有岩石变质现象。

油气生成的热变指数介于 2.5~3.7 之间。

## 二、油源对比

油气生成后要运移，确定其来源和运动轨迹是油气远景评价的主要方面。油源对比包括了油气来源与源岩的对比以及不同油层之间的对比。目的是追踪油气，确定油气与源岩的成因联系，油气运移方向、距离与次生变化，从而圈定可靠的油气源区，确定勘探目标，有效地指导油气勘探开发。油源对比是基于同一源岩的油气在化学组成上具有相似性，而不同源岩的油气则表现出较大差异这一基本原则。油源对比需具备两个条件：油气运移过程中没有或很少发生混源；源岩及油气中的特征化合物性质稳定，很少或几乎无损失。主要指标有正烷烃的分布特征，异戊间二烯型烷烃的类型及含量，甾、萜化合物特征等。

# 第六章　储层和盖层

## 第一节　储层

油气在地下存在的状态是不是像地面上那样成为油河、油湖或油库呢？勘探实践已证明并非如此。它们是储存在地下的那些具有微小孔隙的岩石中，就像水充满海绵里一样。

### 一、储层定义及孔渗特征

作为储层须具备两个条件：(1）要有容纳流体的空间，即孔隙；(2）要具有渗滤流体的能力，即孔隙是连通的，流体在其中可以流动。所以储层定义为：能够容纳和渗滤流体的岩层称为储层。分布最广、最重要的储层有砂岩类、砾岩类、碳酸盐岩类，此外还有火山岩、变质岩、泥岩等。

衡量储层好坏的参数是它的储集性能（孔隙性）与渗滤能力（渗透性）。

1. 孔隙分类

孔隙是指岩中未被固体物质所充填的空间，常见的有以下几种分类。

1）按成因分类

按成因分类，分为原生孔隙和次生孔隙。原生孔隙以粒间孔隙为主，次生孔隙包括裂缝、溶孔等。

2）按孔隙产状及溶蚀作用分类

（1）粒间孔隙，即碎屑颗粒之间的孔隙。它根据其中充填物及胶结物的多少又可分三小类：①完整的，即无充填物；②剩余的，即有部分充填物；③缝状的，即孔隙基本被充填完了，仅剩下一些微缝隙。

（2）粒内孔隙，即颗粒内部的孔隙（不包括溶蚀孔隙）。

（3）填隙物内孔隙，指杂基和胶结物内存在的孔隙。

（4）裂缝性孔隙，岩石因构造或收缩作用产生的孔隙。

（5）溶蚀孔隙，由溶蚀作用形成。

3）按孔隙直径大小及对流体的渗滤特征分类

（1）超毛细管孔隙：管形孔径大于500μm，或裂缝宽度大于250μm，在自然条件（即重力作用）下，流体在其中可以自由流动，服从达西直线渗流定律。

（2）毛细管孔隙：管形孔径为500~0.2μm，裂缝宽度为250~0.1μm，这种孔隙中流体受毛管力作用，已不能在其中自由流动，只有在外力大于毛管力的情况下，流体才能在其中流动。

（3）微毛细管孔隙：管形孔径小于0.2μm，或裂缝宽度小于0.1μm。由于流体与周围分子之间的巨大引力，在通常温度和压力下，流体不能流动；提高温度和压力，也只能引起流体呈分子或分子团状态扩散。

2. 孔隙度

孔隙度是衡量岩石孔隙发育程度的参数，是由孔隙空间在岩石中所占体积的百分数表示。

（1）绝对孔隙度（亦称总孔隙度）：岩样中所有孔隙空间体积之和与该岩样总体积的比值。

$$\phi_t = \frac{\sum V_t}{V_r} \times 100\% \qquad (6\text{–}1)$$

式中 $\Sigma V_t$——所有孔隙空间体积；

$V_r$——岩样总体积；

$\phi_t$——绝对孔隙度。

（2）有效孔隙度：是指那些相互连通的，在一般压力条件下，可以允许流体在其中流动的孔隙体积之和与岩石总体积的比值。

$$\phi_e = \frac{\sum V_e}{V_r} \times 100\% \qquad (6\text{–}2)$$

式中 $\Sigma V_e$——有效孔隙空间体积；

$\phi_e$——有效孔隙度。

3. 渗透率

渗透性是指岩石渗滤流体的能力，即在一定压差下岩石流体通过的能力，用渗透率来衡量其能力大小。

1856年法国科学家亨利·达西实验发现，当单相流体通过孔隙介质呈层状流动时，服从达西直线渗滤定律：即单位时间内通过岩心的流体体积与岩心两端压差及岩心横截面积呈正比，与岩心长度及流体黏度成反比。用公式表示如下：

$$Q = K \cdot \frac{(p_1 - p_2) \cdot S}{\mu \cdot L} \qquad (6\text{–}3)$$

式中 $Q$——单位时间内流体通过岩石的流量，$cm^3/s$；

$S$——岩样的截面积，$cm^2$；

$\mu$——流体的黏度，mPa·s；

$L$——岩样的长度，cm；

$p_1$–$p_2$——岩样两端的压差，MPa；

$K$——岩石的渗透率，$\mu m^2$。

$K$的物理意义表示在一定压差下液体通过岩样的能力。它的大小跟岩石的组构有关，取决于孔隙形状、孔径大小、连通情况及岩石的吸附性等。在这里强调“一定的压差”是指在地层压力条件下流体能否通过岩石而言。从严格意义上，自然界一切岩石只要有足够大的压力差均具一定的渗透性，即渗透与非渗透岩石是一个相对概念，无绝对界限。

科研生产中常用的有3种渗透率的概念：

（1）绝对渗透率：当地层中只有一种流体时，且在这种流体与岩石不发生任何物理和化学反应的层流条件下，按达西直线渗滤定律所测得的渗透率称为该岩石的绝对渗透率。岩石的绝对渗透与流体性质无关，而只由岩石自身性质所决定。

实际上，用不同流体所测得的$K$值并不完全一致，这是岩石中的物质与流体之间的物理化学反应所致。

（2）有效渗透率（相渗透率）：如果岩石中存在多相流体时；各相之间彼此干扰，岩石对其中每相的渗流作用与单相流体有很大差别。这时所测得的每相流体的渗透率称为该相流体的有效渗透率或相渗透率。

（3）相对渗透率：某相流体的相渗透率与绝对渗透率之比。实验证明，多相流体共存时，各单相流体的有效渗透率以及它们的和总是低于绝对渗透率。因为多相共渗时，流体不仅要克服本身的黏滞阻力，还要克服流体与岩石孔壁之间的附着力、毛管力及不同流体间的附加阻力等。某相流体的有效渗透率随该相流体在岩石孔隙中含量的增大而加大。当该相流体饱和度达100%时，其有效渗透率等于绝对渗透率；当某相流体的饱和度减小到某一极限含量时，该相流体即停止流动（图6–1）。

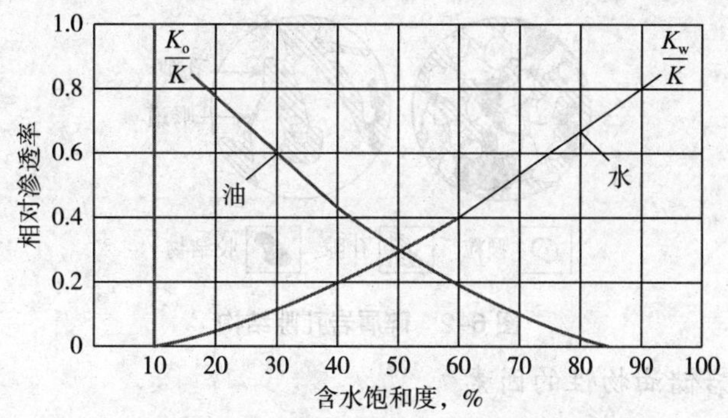


图6–1 油水饱和度与相对渗透率的关系曲线

4. 孔隙度与渗透率的关系

孔隙度与渗透率之间没有绝对的函数关系，因渗透率除受孔隙大小的影响外，更主要还受孔喉大小、形状、连通性及流体性能的影响。如一些黏土岩的绝对孔隙度很大，可达30%~40%，但喉道太小，渗透率很低；一些裂缝发育的致密石灰岩，裂缝孔隙度可能很小，但渗透率可能很大。

尽管如此，渗透率与有效孔隙度还是有一定关系的。特别对于碎屑岩储层，有效孔隙度越高，渗透率越大，二者可呈一定的相关关系。

## 二、碎屑岩储层

碎屑岩是最重要的储层类型，世界上已发现的油气储量，大约58%的石油和75%的天然气储存在碎屑岩中。我国中、新生代陆相盆地的油气储层绝大多数为碎屑岩。

1. 碎屑岩储层的储集空间类型

碎屑岩储层是由成分复杂的矿物碎屑、岩石碎屑与一定数量的填隙物所构成的。其主要孔隙为碎屑颗粒之间的粒间孔隙，是沉积成岩过程中逐渐形成的，属原生孔隙。此外，在一些细粉砂岩发育的层间裂隙、成岩裂缝及一些构造裂缝、地下水对矿物颗粒及胶结物的溶蚀亦可成为部分储集空间，它们一般是次要的，属次生孔隙，但在特定条件下也可成为主要储集空间类型。

2. 孔隙结构

储层的储集空间是一个复杂的立体孔隙网络系统，这些孔隙网络可以分为两个基本单元，一部分是对流体储存起较大作用的相对膨大的部分，称为孔隙（狭义）；一部分是沟通孔隙形成通道，对渗滤流体起关键作用的相对狭窄的部分，称为喉道（图6-2）。孔隙结构就是指孔隙和喉道的几何形状、大小、分布及其相互连通的关系。孔隙喉道严重影响着储层的渗透率。喉道半径越大，连接孔隙的喉道越多，渗透率越大。

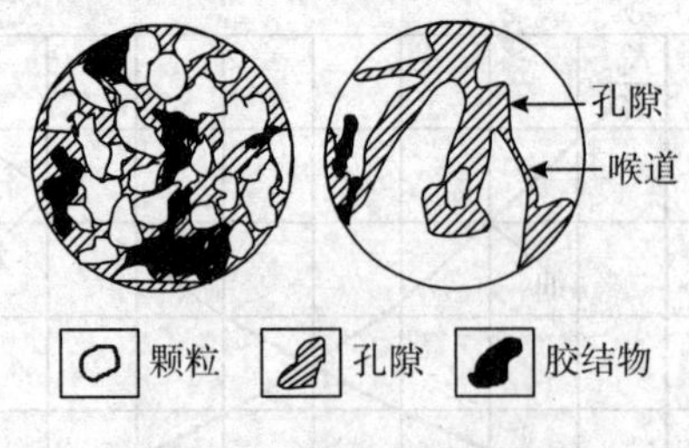


图6-2　碎屑岩孔隙结构

3. 影响碎屑岩储油物性的因素

由于碎屑岩的储集空间主要为粒间孔隙，以原生孔隙为主，因而这类储层储集性能好坏主要取决于沉积作用及成岩作用。

1）沉积作用

沉积作用对碎屑岩储集性能的影响是最根本的。碎屑岩颗粒的成分、粒度、分选、磨圆、排列方式、基质含量及沉积构造是影响物性的主要参数，它们都是与沉积作用有关的。

（1）矿物成分。

矿物颗粒的影响主要有两个方面：其一，矿物颗粒的耐风化性，即性质坚硬程度和遇水溶解及膨胀程度；其二，矿物颗粒对流体吸附力的大小。一般性质坚硬，遇水不溶解、不膨胀，遇油不吸附的颗粒组成的砂岩储油物性好，反之则差。

碎屑岩最常见的矿物有石英、长石、云母、重矿物及一些岩屑，其中石英、长石占 95% 以上，因此二者的相对含量对储油物性的影响最显著。一般石英含量越高，储油物性越好。其原因是：

①长石比石英易被石油和水所润湿。当长石和石英都被石油或水润湿时，在其表面所形成的液体薄膜因分子间的引力而不能自由流动，减小了孔隙及喉道流通空间，使渗透率降低。而长石颗粒表面液膜比石英厚，因此对渗透率的影响也较石英大。

②石英比长石抗风化能力强，颗粒表面光滑，油气易流动。而长石不耐风化，其颗粒表面常有一层次生高岭土或绢云母，它们易吸水膨胀，堵塞原来的孔隙或使其变小，而使其孔渗性变差。但也有一些相反的情况。

（2）碎屑颗粒的大小及分选。

在理想状况下，假设岩石是由大小均等的小球体颗粒组成，且呈立方体排列，这时每个小球体周围的孔隙体积等于包围这个小球体的立方体体积减去小球体体积，其理论孔隙度为：

$$\phi=[(2r)^3-\frac{4}{3}\pi r^3]/(2r)^3\times100\%=(1-\frac{\pi}{6})\times100\%=47.6\%$$

可见，岩石由均等大小球体颗粒组成时，其孔隙度与颗粒大小无关。但实际在自然条件下，颗粒大小是不均匀的。粒度的影响主要表现在粒度减小，绝对孔隙度增大，但渗透率减小。岩石颗粒分选好，颗粒大小均匀，则孔渗性好；反之，分选差，颗粒大小混杂，则大颗粒构成的大孔隙会被小颗粒所堵塞，从而降低了孔渗性。

（3）碎屑颗粒的形状、排列和接触方式。

碎屑颗粒的形状一般指颗粒的圆球度，颗粒被磨圆的程度越好，孔渗性越好；反之，不规则形状的颗粒易发生凹凸镶嵌而使孔渗性变差。

颗粒的排列方式是指颗粒之间相互接触而呈现出的原地支撑方式，可简化为 3 种理想的排列方式，即紧密式、中等紧密式以及最不紧密式 3 种（图 6-3）。经理论计算，最不紧密排列的孔隙度为 46.7%，最紧密的为 25.9%。可见排列越不紧密，孔渗性越好。颗粒的排列方式主要取决于沉积条件及上覆地层压力大小。在水动力条件弱的地方，颗粒呈近立方体排列，在水动力条件强的地方颗粒呈非立方体排列。沉降和沉积速率快的地方，颗粒排列疏松。

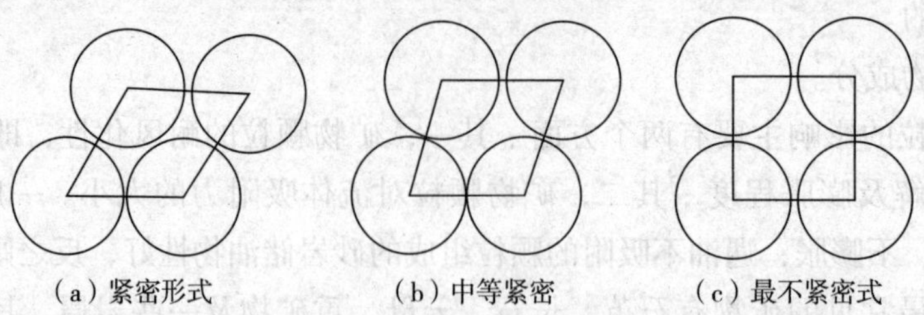


图 6–3　岩石球体颗粒排列方式

还要考虑其他沉积构造的影响。层理不明显的块状砂岩，颗粒均匀，泥质含量少，储油物性好，且无明显方向性；砂泥薄互层砂岩，粒细泥多，物性差，沿层面方向的渗透率比垂向渗透率大。层理明显的砂层沿层理面方向渗透性好。

2）成岩及后生作用

成岩及后生作用对碎屑岩储层物性的影响体现在两个方面，一是增大孔隙空间和渗流通道，二是减小有效孔隙，阻碍油气运移（图 6–4）。

（1）压实作用：使孔隙减小。约在 3000m 深度内，原生孔隙度可减少 20%~30%。在同一压实条件下，含有质软的颗粒（如泥粒、低变质颗粒、绢云母化的长石颗粒等）的岩石压实程度高，孔隙度降低得多，而硬度高的颗粒则压实程度低。

（2）重结晶作用：砂岩中的重结晶主要发生在胶结物和基质中，例如，蛋白石重结晶成微晶玉髓，进而结晶成石英；碳酸盐岩由微晶、细晶结晶成粗晶；黏土矿物可结晶成云母等。重结晶可产生较多的细小晶间孔隙，使孔渗性变好。

（3）溶解作用：砂岩中的次生孔隙多为溶解作用产生。溶解作用可发生于岩石颗粒、基质、胶结物中。砂岩最常见的可溶性矿物为碳酸盐岩，主要为方解石、白云石和菱铁矿。

（4）交代作用：在埋深较大的地方、高 pH 值条件下，方解石交代石英、长石，而在浅层低 pH 值条件下，石英交代碳酸盐岩，白云石交代方解石等。方解石交代各种难溶的硅酸盐矿物，然后方解石又被溶解而产生孔隙。

（5）胶结作用：其影响主要是胶结物成分、含量及类型的影响。

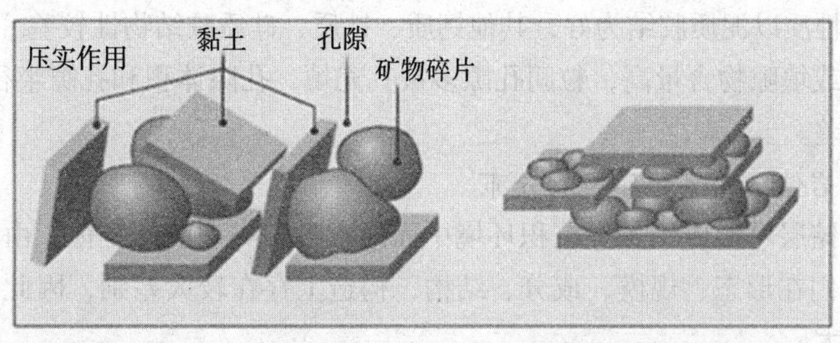


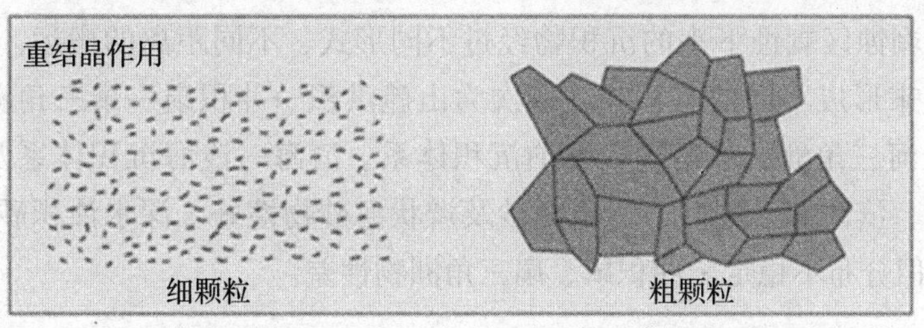


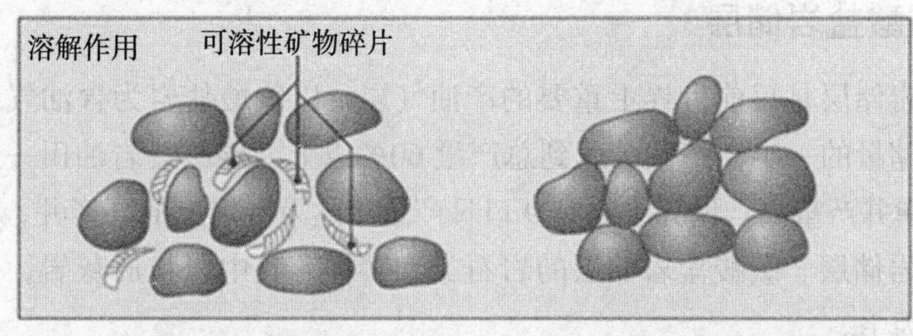


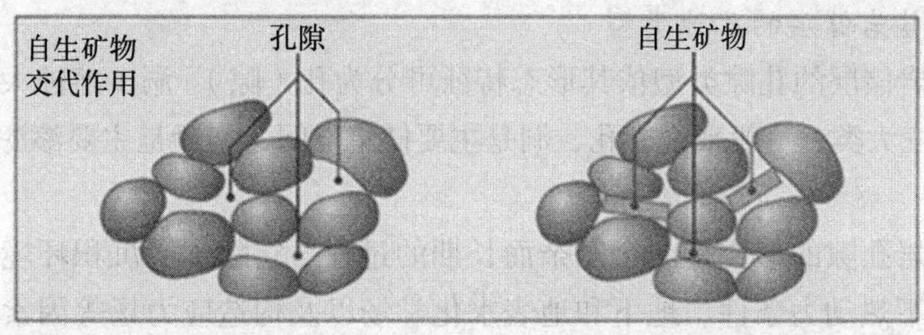


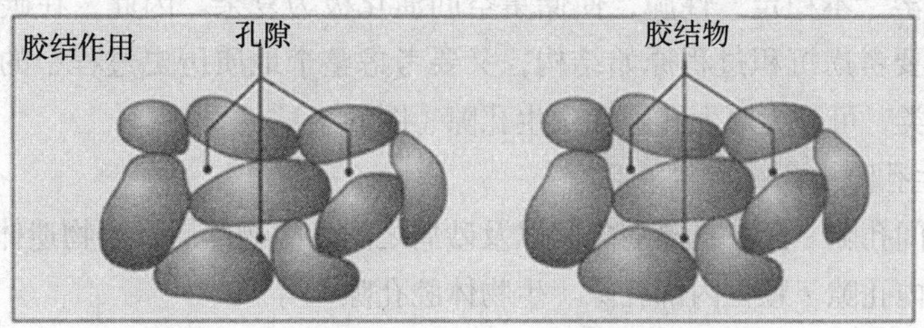


**图 6–4 成岩及后生作用对储层物性的影响**

胶结类型分 4 类（图 3–19）：基底式、孔隙式、接触式与镶嵌式。以接触式最好，泥质含量少；其次为孔隙式，其他差。

胶结物性质以泥质胶结为好，其他钙质、铁质、硅质胶结物性较差。

胶结物或填隙物含量高，粒间孔隙多被其充填，孔隙体积和孔隙半径都会变小，使孔渗性变差。

4. 碎屑岩储层的沉积环境及分布

碎屑岩储层可形成于各类沉积环境中而形成各种类型的储集体。由于沉积条件的差异，它们在形态、规模、成分、结构、构造上存在较大差别，因此在储油物性上差别也很大。

从山区剥蚀区剥蚀下来的沉积物经过不同形式、不同距离的搬运，再到不同沉积区沉积下来形成不同的沉积相，依次为山麓洪积→冲积扇—扇三角洲沉积体系，河流—辫状河三角洲、三角洲—湖泊沉积体系、滨海—浅海沉积体系及风成砂相。其中风成砂、滨浅海沙坝砂、三角洲砂及辫状河砂物性好；深水浊积砂较好；河道砂物性好，但分布不稳定；冲积扇、扇三角洲物性差。

## 三、碳酸盐岩储层

碳酸盐岩储层是目前世界上重要的产油气层，以碳酸盐岩为含油气层的油气储量占世界总储量的一半，产量已达到总产量60%以上。碳酸盐岩油田一般比砂岩油田储量大，单井产量高。世界上共有9口日产量曾达万吨以上的高产井，其中有8口井属碳酸盐岩储层。碳酸盐岩储层的岩石类型多样，其中以粒屑灰岩、生物骨架灰岩和白云岩为主。

1. 碳酸盐岩储层的孔隙类型

碳酸盐岩储层的孔隙类型依其形态特征可分为孔（隙）、洞（溶蚀大孔及洞）与缝（裂缝）三大类。一般来说，孔、洞是主要储集空间，裂缝是主要渗滤通道，也是储集空间。

碳酸盐岩孔隙的形成是一个复杂而长期的过程。它除了受沉积环境控制外，埋藏后深受地下热动力条件、地下和地表水化学场以及构造应力场等因素影响。由于碳酸盐岩易溶、不稳定、性脆，使储集空间演化极为复杂。因此，在碳酸盐岩孔隙分类时，既要考虑沉积过程原始结构，又要考虑整个地质历史过程中的改造。按成因及形态分类，可分为原生孔隙和次生孔隙（图6–5）。

1）原生孔隙

（1）粒间孔隙：鲕粒、藻屑之间以及砂屑之间、生物碎屑及生物遗体间孔隙。

（2）粒内孔隙：颗粒内部孔隙（生物体腔孔隙）等。

（3）遮蔽孔隙：由较大的生物壳体或碎片、其他颗粒遮蔽下形成的孔隙。

（4）生物骨架孔隙：由原地生长的造礁生物如群体珊瑚、层孔虫、海绵等在生长时形成的坚固骨架，在骨架间所留下的孔隙。

（5）生物钻孔孔隙及生物潜穴孔隙：生物生存过程中钻孔活动形成的孔隙。

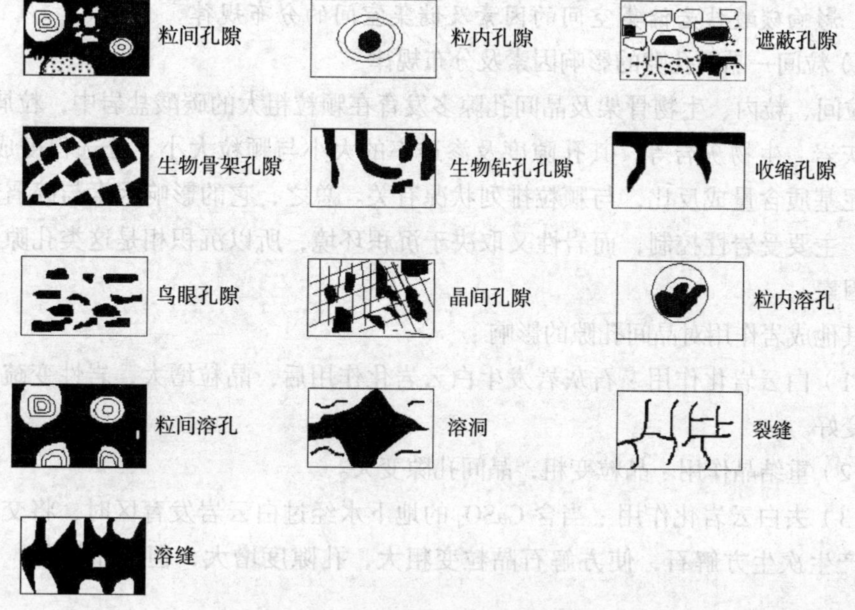


图 6–5 碳酸盐岩孔隙类型示意图

（6）收缩孔隙：灰泥沉积中由于间歇性地暴露于空气中，脱水收缩而形成的不规则裂隙。

（7）鸟眼孔隙：指沉积物所含的生物遗体经腐烂、降解并放出气体后所形成的孔隙。

（8）晶间孔隙：碳酸盐岩矿物晶体之间的孔隙。

2）次生孔隙

（1）溶蚀孔隙。

粒内溶孔或溶模孔隙：由于选择性溶解作用而部分被溶解掉所形成的孔隙，称粒内溶孔；整个颗粒被溶掉而保留原颗粒形态的孔隙称溶模孔隙。

粒间溶孔：胶结物或杂基被溶解而形成。

岩溶溶孔洞：上述溶蚀进一步扩大或与不整合面淋滤溶解有关的岩溶带所形成的较大或大规模溶洞。一般孔径小于 2mm 为溶孔；孔径大于 2mm 为溶洞。

（2）裂缝性孔隙。

构造裂缝：平直、长，分张性、压性、扭性 3 种类型。

成岩裂缝：由于上覆岩层的压力和本身的失水收缩、干裂或重结晶等作用所形成的裂缝，皆为成岩裂缝（实际上为原生孔隙一类）。

压溶裂缝：由于成分的不均匀，在上覆地层静压力下富含 $CO_2$ 的地下水沿裂缝或层理流动，发生选择性溶解而形成，也称溶缝。

（3）成岩孔隙。

由于重结晶作用、白云岩化作用而形成的次生晶间孔隙与溶蚀孔隙。

2. 影响碳酸盐岩储集空间的因素及储集空间的分布规律

1）粒间—晶间孔隙的影响因素及分布规律

粒间、粒内、生物骨架及晶间孔隙多发育在颗粒粗大的碳酸盐岩中，粒屑灰岩、粗晶灰岩、生物灰岩等，其孔隙度及渗透率的大小与颗粒大小、分选程度成正比，与灰泥基质含量成反比，与颗粒排列状况有关。总之，它的影响因素与碎屑岩是一致的，主要受岩性控制，而岩性又取决于沉积环境，所以沉积相是这类孔隙的主要影响因素。

其他成岩作用对晶间孔隙的影响：

（1）白云岩化作用：石灰岩发生白云岩化作用后，晶粒增大，岩性变疏松，孔渗性变好。

（2）重结晶作用：晶粒变粗，晶间孔隙变大。

（3）去白云岩化作用：当含 $CaSO_4$ 的地下水经过白云岩发育区时，将交代白云岩，产生次生方解石，使方解石晶粒变粗大，孔隙度增大，但分布局限，常呈树枝状。

（4）方解石化、硫酸化、硅化及盐化等作用：堵塞孔隙和裂缝，降低储层的孔隙度与渗透率。

由于粒间—晶间孔隙主要受岩相控制，所以可据沉积相来判定其分布。粒间—晶间孔隙在平面上主要分布在滨海、浅海大陆架的浅滩、生物礁、台地前缘斜坡环境，坳陷斜坡和局部隆起等相带也较发育。从垂向上，礁、滩沉积属于海退层序，因此这类储层主要发育在两次海进之间的海退层序内。

2）溶洞—溶孔发育的影响因素及分布规律

溶洞—溶孔的影响因素包括：

（1）岩石本身的性质。由于富含 $CO_2$ 的地下水对碳酸盐岩的溶解度通常与 Ca/Mg 比值成正比，即石灰岩比白云岩易溶解，不溶残余物（主要为黏土）含量增多时，会导致其溶解度的降低。因此，岩石的溶解度顺序为石灰岩—白云质灰岩—灰质白云岩—白云岩—含泥灰岩—泥灰岩。

（2）岩石结构及构造影响。一般说颗粒越小，溶解速度越快，因为颗粒小的表面接触溶液面积大。但实际情况往往相反，这是因为颗粒小的岩石中黏土含量高，且往往包裹了细小方解石或白云石颗粒，使溶液不易接触；粗粒碳酸盐岩粒间—晶间孔隙发育，水溶液可较容易地通过，易进行溶解作用。

岩层厚度大的岩石，孔洞发育。因为厚层岩石一般是在相对稳定的环境下沉积的，黏土含量少，质纯且多为中—粗粒结构，因而溶解度大；薄层岩石为不稳定环境下沉积的，含有较多的不溶残余物，降低了溶解度，不利于溶蚀孔洞发育。

（3）地下水的溶解能力影响。主要取决于 $CO_2$ 含量及其运动性。地下水含 $CO_2$

较多，且水能流动时，则溶蚀作用加快；当水中 $CO_2$ 较少，压力降低，使 $CO_2$ 从水中逸出，则会使碳酸盐矿物被沉淀出来，堵塞孔隙或胶结岩石。岩石的溶蚀程度也与地下温度有关，一般认为地温每升 10℃，溶蚀作用可能增加 2 倍。

（4）地貌、气候和构造的影响。在地貌上，溶蚀带多发育在河谷、湖岸附近。因为这些地区是泄水区与汇水区，在地下水浸泡、溶蚀时间长。在气候上，温暖、潮湿的地区，溶蚀作用最为活跃。

从构造角度观察，在不整合古风化壳地带，由于长期沉积间断，岩石出露地表遭受长期风化剥蚀，地表水沿断裂渗入地下形成各种溶蚀空间，称为岩溶带。如果构造运动使该区长期不匀速上升，上升快时，岩溶不发育；上升缓慢时，岩溶发育好。这种情况交替发生会形成多层岩溶带。如果该区经历了多次沉积间断，可发育多个岩溶发育带。断裂发育区，特别是张性断裂发育区，岩溶最发育。对于褶皱而言，轴部比翼部发育；背斜倾没端、向斜翘起端、各类褶皱构造的交会部位，岩溶最发育。另外，地层产状水平、倾斜或直立岩层的组合方式，均对溶洞的延伸方向、排列和规模有一定影响。

3）裂缝发育控制因素及分布规律

裂缝发育控制因素包括：

（1）岩性：裂缝发育的主因是岩石的脆性，脆性越大，越利于裂缝发育。各种碳酸盐岩脆性大小顺序是白云岩→泥（灰）质白云岩→白云质灰岩→石灰岩→泥灰岩→灰质泥岩，盐岩和膏岩表现为塑性，通常为盖层。

（2）结构：主要是指颗粒大小及其排列组合。质纯、粒粗的碳酸盐岩脆性较大，易产生裂缝，且裂缝多。结晶粗的脆性大，颗粒排列整齐者裂缝密度大，反之则小。

（3）层厚及组合：薄层状碳酸盐岩中裂缝密度较厚层中的大，但规模小，且多为层间缝及层间脱空类型为主。厚层状的裂缝密度小，但规模大，且以垂直缝或高角度斜缝为主。

（4）成岩作用：白云岩化、重结晶作用使晶粒变粗，脆性增大。

（5）构造因素影响：主要是指作用力的强弱、性质、受力次数、变形环境和阶段等。一般情况，受力强、张力大、受力次数多的构造部位裂缝发育；同类岩石在常温常压的应力环境下利于裂缝发育，而在高温高压条件下则不利于裂缝发育。

一般构造高点、长轴、短轴背斜及向斜轴部、构造倾没端的构造裂缝较发育。低角度断层引起的裂缝比高角度断层引起的裂缝要发育；断层组引起的裂缝比单一断层引起的裂缝发育；断层牵引褶皱的拱曲部位裂缝最发育；断层消失部位因应力释放裂缝也很发育。

3. 碳酸盐岩与碎屑岩储层特征对比

碳酸盐岩与碎屑岩储层特征对比见表 6–1。

表 6-1　碳酸盐岩与碎屑岩储层特征对比

| 岩石类型特征 | 碎屑岩 | 碳酸盐岩 |
|---|---|---|
| 沉积物中的原始孔隙度 | 一般为 25%~40% | 一般为 40%~70% |
| 成岩后的孔隙度 | 一般为原始孔隙度的一半或一半以上，储层普遍为 15%~30% | 一般只有原始孔隙度很小一部分或接近于零，储层中通常为 5%~15% |
| 原始孔隙类型 | 几乎全为粒间孔隙 | 粒间孔隙较多，但其他孔隙类型也很重要 |
| 最终孔隙类型 | 虽受成岩后生变化影响，但几乎仍为粒间孔隙 | 由于经受沉积后的各种改造，溶洞、裂缝发育，变化极大 |
| 孔隙大小 | 与颗粒直径、分选好坏等有密切关系 | 与颗粒直径和分选好坏关系较小，受次生作用影响大 |
| 孔隙形状 | 主要取决于颗粒形态、胶结情况以及溶蚀程度 | 变化极大 |
| 孔隙大小、形状和分布的一致性 | 在均匀的砂岩体内一般有好的一致性 | 变化很大，从具有好的一致性到极不均一都有可能 |
| 成岩作用的影响 | 压实作用和胶结作用使孔隙减小，溶蚀作用扩大孔隙 | 影响很大，能够形成、消失甚至完全改变原有孔隙 |
| 裂隙的影响 | 除低渗透层外，对储层性质的影响一般不重要 | 对储层性质影响很大 |
| 孔隙性和渗透性的目估情况 | 能大体进行估量 | 从能大体进行目估到不能目估而需要仪器测量 |
| 岩心分析对储层估价的作用 | 适合作岩心分析 | 对非均质性很强的储层，用大直径的岩心也难于对储层进行评价 |
| 孔隙度与渗透率之间的关系 | 有一定相关性 | 从有一定相关性到不相关 |

# 第二节　盖层

## 一、盖层的概念

盖层是指位于储层之上，能够遮挡储层，阻止油气向上逸散的低渗透岩层。常见的盖层岩性有页岩、泥岩、石膏、盐岩及泥灰岩、石灰岩等。泥岩、页岩常与碎屑岩储层并存，石膏、盐岩层常与碳酸盐岩并存。松辽盆地、华北盆地、西西伯利亚等多以泥岩为盖层；四川盆地、江汉盆地、沙特阿拉伯等地油气田多以盐岩、石膏为盖层。

## 二、盖层封闭油气机理

1. 毛细管封闭油气机理

地下沉积岩中的孔隙通常是被水所饱和的，游离相的油气要通过岩石孔隙，就必须排替其中的孔隙水。由于岩石一般为亲水的，毛管力指向油（气）相。油气要通过盖层运移，必须克服毛管力阻力。

盖层之所以能封闭住储层中的油气，是因为盖层岩石与储层岩石之间存在明显的物性差异，即盖层岩石较储层岩石具有更小的孔喉半径。排替压力是指岩石中润湿相流体被非润湿相流体排替所需要的最小压力，在数值上近似等于岩石中最大连通孔道的毛管力，它可由下式来确定：

$$p_c = \frac{2\sigma \cdot \cos\theta}{r_0} \tag{6-4}$$

式中 $p_c$——岩石排替压力，Pa；

$\theta$——润湿角，(°)；

$\sigma$——油（气）—水界面张力，N/m；

$r_0$——岩石中最大连通孔喉半径，m。

盖层较储层具有更大的排替压力，即盖层与储层之间存在着排替压力差，其差值大小为：

$$\Delta p_c = 2\sigma \cdot \cos\theta\left(\frac{1}{r_{01}} - \frac{1}{r_{02}}\right) \tag{6-5}$$

式中 $\Delta p_c$——盖层与储层的排替压力差，Pa；

$r_{01}$——盖层中最大连通孔半径，m；

$r_{02}$——储层中最大连通孔喉半径，m。

依靠排替压力差产生盖层对储层中的油气封闭作用，称为盖层毛细管封闭作用，也有人称为物性封闭。

2. 超压封闭机理

超压是相对于正常地层压力而言的。当地层孔隙相互连通，流体可自由流入、流出时，地层压力为正常状态，地层压力即为静水压力。当由于某种机制地层水不能顺畅地排出地层，使得地层水承担了部分上覆地层压力，此时地层压力称为超压。超压带一般具有上下致密层段作为边界。形成超压的机制有泥岩欠压实作用、蒙脱石脱水作用、有机质生烃作用、流体热增压作用等。超压带对下伏油气具有封堵作用。

3. 烃浓度封闭机理

当盖层同时具有生烃能力并开始生烃时，生烃层附近天然气浓度较高，可以对下伏以扩散相运移的天然气形成封闭，此种机理称为烃浓度封闭机理。

扩散相运移是天然气的一种特殊运移方式。天然气呈分子状态，在浓度差的作用下从高浓度地区向低浓度地带扩散。天然气在地下扩散速率的大小主要取决于天然气扩散系数与烃浓度梯度的大小，在地下对已确定的泥岩盖层来讲，天然气扩散系数是固定不变的，此时天然气扩散速率大小主要取决于烃浓度梯度大小。

## 三、盖层宏观分布特征

作为油气的封盖层，除了具有较强的微观封闭能力外，还必须在空间上具备一定的分布面积，才能在整个成藏系统范围内对油气构成良好的封盖条件。然而盖层空间展布范围只能借助宏观地质特征来间接认识。这些地质因素主要有盖层的岩性、盖层的累计厚度与单层厚度、沉积环境和成岩程度等，它们不仅影响盖层空间展布面积的大小，还是决定盖层封闭能力的最主要影响因素。

## 四、生储盖组合

在地层剖面中，紧密相邻的生油层、储层和盖层的一个有规律的组合，称为一个生储盖组合。

根据生储盖三者在时间和空间上的相互配置关系，可将生储盖组合划分为4种类型（图6–6）。

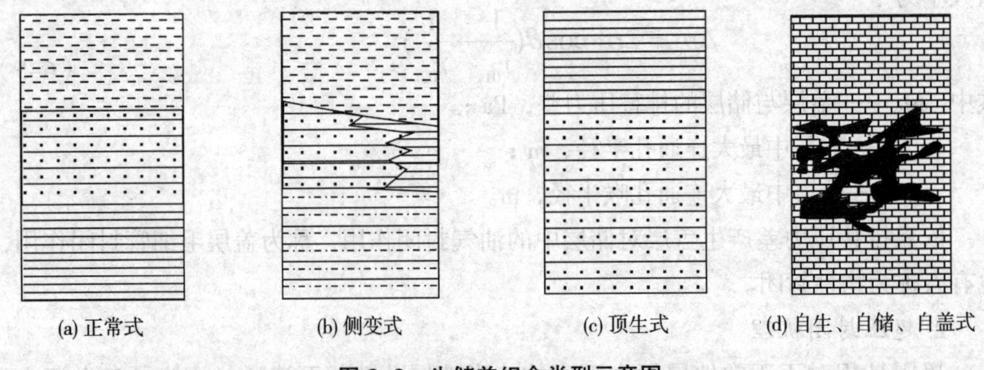


**图6–6　生储盖组合类型示意图**

正常式生储盖组合：指在地层剖面上，生油层位于组合的下部，储层位于中部，盖层位于上部。这种组合类型又根据时间上的连续或间断细分为连续式和间断式两种。油气从生油层向储层以垂向运移为主。正常式生储盖组合是我国许多油田最主要的组合方式。

侧变式生储盖组合：由于岩性、岩相在空间上的变化而导致生、储、盖层在横向上组合而成。这种组合多发育在生油凹陷斜坡带或古隆起斜坡带上，由于岩性、岩相横向发生变化，使生油层和储层同属一层，二者以岩性的横向变化方式相接触，油气以侧向同层运移为主。

顶生式生储盖组合：生油层与盖层同属一层，储层位于其下的组合类型。

自生、自储、自盖式生储盖组合：生油层、储层和盖层属于同一层。石灰岩中局部裂缝发育段储油、泥岩中的砂岩透镜体储油以及一些泥岩中的裂缝发育段储油都属于这种组合类型。

根据生油层与储层的时代关系，可将生储盖组合划分为新生古储、古生新储和自生自储 3 种。较新地层中生成的油气储集在相对较老的地层中，为新生古储；较老地层中生成的油气运移到较新地层中聚集，属古生新储；而自生自储是指生油层与储层都属于同一层位。以上 3 种形式的盖层都比储层新。

根据生储盖组合之间的连续性可将其分为连续性沉积的生储盖组合与不连续的生储盖组合。

# 第七章　油气运移和聚集

石油与天然气是流体，它们具有流动的趋势，只要没有约束条件，它们就会无休止地运动下去，直至到达地表面逸散。那么油气在地下的运动规律是什么？受哪些因素影响？运动的相态、时间、距离和方向是什么？搞清这些问题不仅具有理论意义，更重要的是对油气勘探具有指导意义。这是本章要解决的问题。

## 第一节　油气运移基本概念

### 一、初次运移和二次运移

油气在地下的一切运动称为油气的运移。为了表征油气生成后在不同环境、不同阶段的运移特点，又分为初次运移和二次运移（图 7–1）。

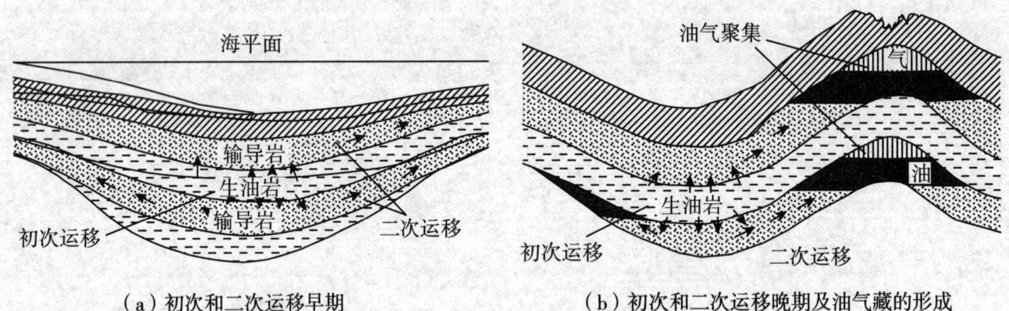


（a）初次和二次运移早期　　（b）初次和二次运移晚期及油气藏的形成

**图 7–1　油气初次运移与二次运移**

初次运移：油气从烃源岩向储层的运移。

二次运移：油气进入储层以后的一切运移。二次运移包括了成藏前油气在储层或输导层内的运移，也包括了油气藏破坏以后的运移。

### 二、油气运移的基本方式

油气运移的基本方式是扩散和渗滤。

渗滤是油气以不同的物理相态在浮力或其他动力作用下，由高势区向低势区流动的一种机械运动方式，可用达西直线渗滤定律来描述，即单位时间内通过岩样横截面积的液体流量与岩样两端的压力差和岩样的横截面积成正比，而与液体通过岩石的长度以及液体的黏度成反比。

扩散是分子布朗运动的传递过程，是一种分子运动，流体的扩散速度与浓度梯度有关，服从 Fick 第一定律。物质的扩散速度与扩散系数、浓度梯度成正比，扩散方向是从高浓度向低浓度扩散。一般分子越小，运动能力越强，扩散系数越大，越易扩散。所以天然气的扩散损失要比石油大得多，人们越来越重视研究天然气的扩散作用。

## 三、岩石的润湿性

润湿性是指流体附着在固体上的性质，是一种吸附作用。不同流体与不同岩石会表现出不同的润湿性。易附着在岩石上的流体称为润湿流体，反之为非润湿流体。在多相流体共存且不相溶的流体中，润湿体又称为润湿相，非润湿体称为非润湿相。如在油、水两相共存的孔隙中，如果水易附着在岩石上，则水为润湿相，油为非润湿相，岩石具有亲水性；反之，则油为润湿相，水为非润湿相，岩石具有亲油性。

岩石的润湿性影响着油气在其中的运移难易程度，不同的润湿性造成油、水两相在孔隙中的流动方式、残留形式与数量的不同。在亲水岩石中，孔壁及颗粒表面为水所润湿，水会在颗粒表面形成一层薄膜构成液环，油则不能以薄膜形式残留在孔壁上，而被挤到孔隙中心部位形成孤立的油珠（图 7–2）。

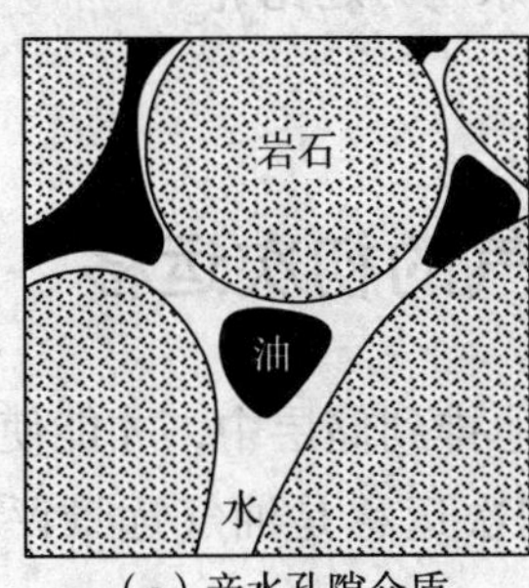

（a）亲水孔隙介质

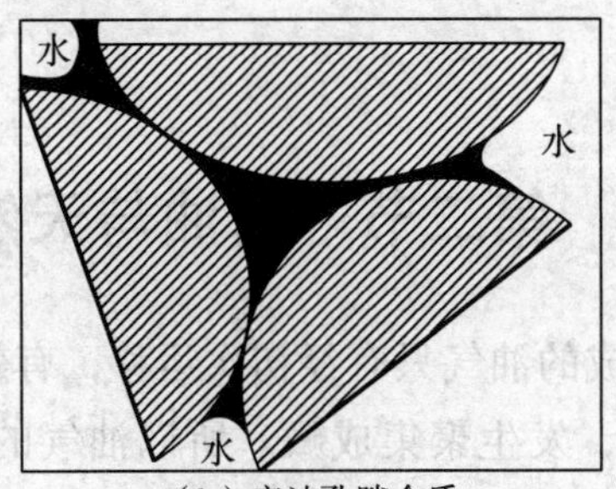

（b）亲油孔隙介质

**图 7–2 孔隙介质中油、水分布形式**

岩石的润湿性取决于矿物组成及流体性质。一般认为沉积岩的大多数为亲水的，因为沉积岩是沉积在水介质中的，水又是极性分子。但对于烃源岩而言，由于本身含有许多亲油的有机质颗粒，又能在一定条件下生成烃类，因此可以认为是部分亲水、部分亲油的中间润湿。

## 四、油气运移的临界饱和度

当岩石中存在多相流体时，由于不同流体之间以及流体与岩石之间的相互作用，不同流体会出现不同的相对渗透率。相对渗透率除与岩石绝对渗透率有关外，还与流体的性质与含量有关。对于一定的岩石，存在最低的含水饱和度、含油饱和度或含气饱和度，各种流体低于此值时，它们的有效渗透率为零，即不发生流动。油、气、水共存时，油（气）运移所需的最小饱和度称为油气运移的临界饱和度。

## 五、地静压力、流体压力、异常地层压力的概念

上覆地层压力（地静压力）：上覆岩石骨架与孔隙空间流体的总重量所引起的压力。其值的大小与上覆岩层的厚度、骨架密度和孔隙流体密度有关。

静水压力（流体静压力）：液柱重量所产生的压力。其大小仅与液体的密度和液柱的高度有关。

地层压力(孔隙流体压力)：作用于岩层孔隙空间内流体上的压力。

正常压实情况下，地层压力与静水压力一致，其大小取决于流体的密度与液柱的垂直高度，凡是偏离静水压力的流体压力即称为异常地层压力。

孔隙流体压力低于静水压力时称为异常低压或欠压，这种现象主要发现于某些致密气层砂岩以及遭受较强烈剥蚀的盆地。

孔隙流体压力高于静水压力时称为异常高压或超压，其上限为地层破裂压力，可接近甚至达到上覆地层压力。

地层压力分类常用的指标是地层压力梯度(单位长度内随深度的地层压力增量，单位为 MPa/km)与压力系数(实际地层压力与静水压力之比)。

# 第二节　石油与天然气的初次运移

烃源岩生成的油气只有经初次运移，有效地排到储层中，才能使分散状态的油气经二次运移，发生聚集成藏。所以油气的初次运移是油气远景评价的一个重要方面。

## 一、初次运移的相态

一般认为油的运移相态以游离相为主，水溶相为辅；对于天然气而言，运移相态以水溶相和游离相为主。天然气可溶于石油内运移，轻质油也可溶于天然气内运移。

油气究竟以何种相态运移，取决于温度、压力、孔隙大小及油、气、水的相对含量等。表现在有机质演化的不同阶段，油气运移的相态可能不同。在低成熟阶段，

由于烃源岩含水量大，生成的烃类少，胶质、沥青质含量高，油气运移的相态应以水溶相为主；成熟期，油气大量生成，而孔隙水含量较少，油气主要呈游离相运移，水为载体，生成的气部分或大部分溶于石油中运移；生凝析气阶段，气溶油运移，气为油的载体；过成熟阶段，气以游离相运移。碳酸盐岩生成的油气以游离相运移为主。

## 二、油气初次运移的动力和途径

1. 油气初次运移的动力

油气要从烃源岩中排出，必须要有驱动力。目前认为这种驱动力就是超压，又称剩余压力。剩余压力就是超过静水柱压力的那部分压力。孔隙中的流体在静水柱压力下处于一种压力平衡状况，流体是静止的，一旦压力超过其静水柱压力，就有剩余压力存在，若剩余压力超过毛细管压力，就会使流体流动。

产生剩余压力（超压）的原因包括欠压实作用、蒙脱石脱水、有机质的生烃作用、流体热增压作用以及渗析作用。

油气初次运移的动力还有构造应力、毛细管压力、扩散作用、碳酸盐固结与重结晶作用等。

促使油气运移的动力是多种多样的，但在烃源岩有机质热演化生烃过程中，各种作用力的类别、作用时间和大小是不同的。总体来说，在中—浅层，压实作用为主要动力。此时，烃源岩孔隙度高，原生孔隙水较多，成岩作用以压实作用为主，生成的生物甲烷气及少量的未成熟、低成熟石油在压实作用下随水排出。在中—深层，因大量原生孔隙水被排出，泥岩的孔隙和渗透率变小，流体渗流受阻。而此时，有机质开始大量生烃，蒙脱石大量脱水，加上高温流体增压，造成了孔隙压力不断增加，形成异常高的孔隙压力。这种压力超过烃源岩的强度时，就会产生微裂缝，排出流体。因此，此阶段的排烃主要动力为异常孔隙流体超压。它是欠压实、生烃作用、流体增压、蒙脱石脱水的综合效应。

2. 油气初次运移的途径

油气初次运移的主要途径有孔隙、微层理面与微裂缝。在未成熟—低成熟阶段，运移的途径主要是孔隙和微层理面；但在成熟—过成熟阶段，油气运移途径主要是微裂缝。

## 三、烃源岩有效排烃厚度

烃源岩所生成的油气因受各种因素的控制（如厚度大、渗透率小、动力不足、地层吸附）并不能全部排出，只有与储层相接触的一定距离内的生油层中的烃才能有效地排出来。能有效地排出烃类的生油层厚度，称为有效排烃厚度，一般在30m左右。不同地区，烃源岩有效排烃厚度是不完全相同的。在评价生油岩时，可利用岩心含沥青化学资料分析研究排烃效果，区分有效生油岩层与无效生油岩层。前者指生油岩不仅产生油气，且排驱了有商业价值的油气；后者指尽管产生油气，但生成的油气没有排驱到储层中，而是被圈死在烃源层中。

可见，最优越的生油层是与储层呈互层关系的生油层，过厚的块状泥岩并不是最有利的生油层。

## 第三节　石油和天然气的二次运移

石油和天然气进入储层后的一切运动统称为二次运移。它包括了油气在储层内部、沿断层或不整合面所进行的运移，也包括了原生油气藏破坏后所发生的运移。

### 一、二次运移的相态

目前普遍认为油气的二次运移主要为游离相，天然气可呈水溶相。

二次运移的不同时期，游离相石油的相态有所差异。在初期，油粒较小，显微的和亚显微的油粒比较多。随着运移过程的发展，这些分散的小油粒逐渐相连，最终形成连续的油珠或油条进行运移；溶解于水或油中的天然气从深层向浅层运移，或地层抬升后由于温压的降低会从石油中或水中释放，成为独立的气相；深层气溶相运移的石油，到浅层会发生凝析而转变成为油相。

### 二、二次运移的主要动力

1. 浮力

石油和天然气的相对密度小于水，游离相的油气会在水上漂浮运移，其浮力大小为：

$$F = V(\rho_w - \rho_o)g \tag{7-1}$$

式中　$F$——浮力，N；

$V$——油相体积（排开水的体积），$m^3$；

$\rho_w$、$\rho_o$——水、油密度，$kg/m^3$；

$g$——重力加速度，$9.81m/s^2$。

由于浮力方向向上，油气的运移方向总是向上的。

油气在运移过程必须要克服毛细管阻力（图 7-3，图中 $P$ 为毛细管阻力），即：

$$F \geqslant 2\sigma\cos\theta(\frac{1}{r_t}-\frac{1}{r_p}) \tag{7-2}$$

式中　$r_t$、$r_p$——喉道和孔隙半径，m；

$\sigma$——界面张力，N/m；

$\theta$——润湿角，(°)。

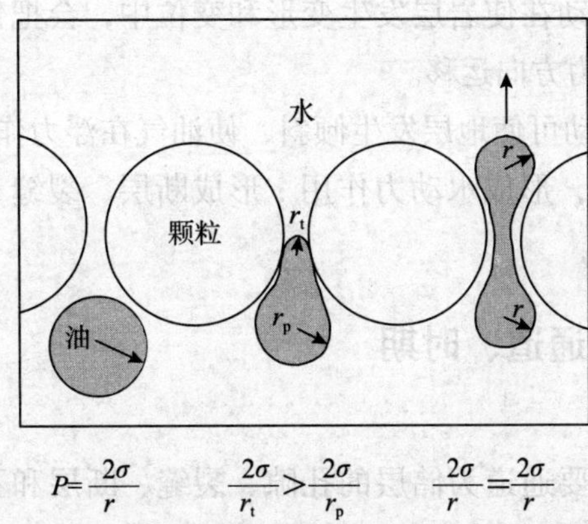


$$P=\frac{2\sigma}{r} \quad \frac{2\sigma}{r_t}>\frac{2\sigma}{r_p} \quad \frac{2\sigma}{r}=\frac{2\sigma}{r}$$

**图 7–3 一滴油球在水润湿的地下环境中通过孔隙、喉道运移**

2. 水动力

储层中的水如果是静止的，油气不受水动力影响；如果水是流动的，则受水动力影响。地层中的动水流可以是压实水流，也可以是地表渗水流。压实水流是从盆地中心流向边缘，渗水流则是在水压头作用下由盆地边缘流向盆地中心。若地层水平，则动水流作水平运动；若地层倾斜，动水流可向上倾方向运动，也可向下倾方向运动。

在水平地层情况下，水动力与浮力垂直。因油气受浮力作用上浮于储层顶部，如果水动力大于毛细管阻力，则油气沿水流方向在储层顶部运动。

在地层倾斜情况下，存在水动力沿地层上倾或下倾方向运动两种情况，其作用亦可表现为阻力或动力两种结果。

如图 7–4 所示，在背斜的一翼水动力方向与浮力方向一致，起动力作用；另一翼水动力方向与浮力方向相反，起阻力作用。

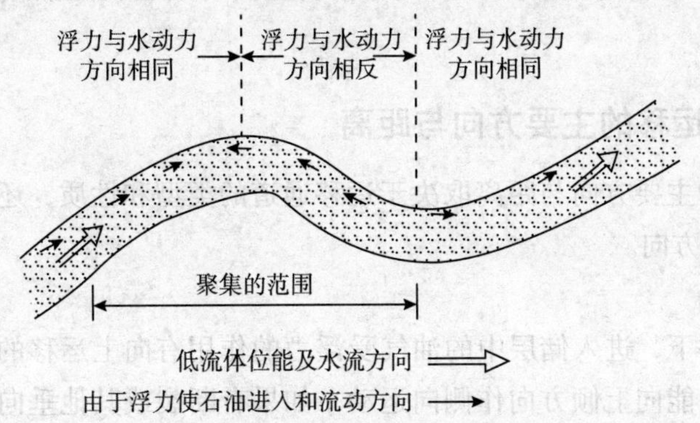


**图 7–4 背斜地层中水动力与浮力配合**

3. 构造运动力

构造运动力可起到直接作用与间接作用。

直接作用：构造运动在使岩层发生变形和变位中，会把作用力传递到其中所含的流体，驱使油气沿应力方向运移。

间接作用：构造运动可使地层发生倾斜，使油气在浮力作用下向上倾方向运移；可形成供水区与泄水区，形成水动力作用；形成断层、裂缝、不整合面等油气运移的通道。

## 三、二次运移的通道、时期

1. 通道

油气二次运移的主要通道为储层的孔隙、裂缝、断层和不整合面。油气在纵向上的运移通道为裂缝和断层，横向上的通道主要为风化面及储层的孔隙。

2. 时期

二次运移是初次运移的继续，二者常常是连续过程，或者说几乎是同时发生的。在此时，除少部分油气会沿原有倾斜地层向上倾方向运移，大部分会分布于水平地层的储层顶部。大规模的二次运移时期应该是在主要生油期之后或同时发生的第一次构造运动时期。因为这次构造运动使原始地层发生倾斜，甚至发生褶皱和断裂，破坏了油气原有力的平衡。在这种情况下，进入储层中的油气在浮力、水动力及构造运动力作用下，向压力梯度变小的方向发生较大规模的运动，并在局部受力平衡处聚集起来。如果当油气聚集起来后，该区又发生一次或多次构造运动，则每次构造运动对油气的再次运移与聚集均有一定的作用。作用的大小取决于对原有圈闭的改造或破坏程度。若对原有圈闭影响不大，或仅使其继承性发展，则一般不会引起油气大规模的区域性运移；若对原有圈闭的破坏或改造很强，油气就会再次发生大规模运移。可见，研究油气运移的主要时期，必须首先研究生油的主要时期及该区的主要构造运动史。油气运移的主要时期也就是油气聚集与油气藏形成的主要时期。

## 四、二次运移的主要方向与距离

二次运移的主要方向与距离取决于运移通道的类型和性质，还取决于动力的大小、作用时间和方向。

1. 运移方向

在静水条件下，进入储层中的油气受浮力的作用有向上运移的趋势，但因上下受泥岩限制，只能向上倾方向作侧向运动；如果有断裂或其他垂向通道，也可直接向上作垂向运移。

在动水条件下，如果动水流为早期的压实水流，其运移方向与浮力方向一致，基本上是由下向上，由盆地中心向边缘运移；在后期，由水势梯度产生的水动力条件下，由于外部水流渗入地层，其方向主要是由上往下，由盆地边缘向盆地中心，与浮力方向往往不一致。

油气运移方向主要受到浮力与压实水流的影响，而渗入水流往往出现在油气大规模运动之后才发生作用，其影响力较小。此外，油气在运移过程中，在其方向上如果渗透率发生变化，有断裂存在，或受水动力的影响，均会改变其运移方向，但总的运移规律是沿着阻力最小的方向运移。

可见，油气的主要运移方向实质上与构造密切相关，其大致方向是由凹陷向隆起区运移，由盆地中心向盆地边缘运移。所以油气主要富集在凹中之隆或盆地边缘就是这个道理（如大庆长垣）。

在研究油气运移方向时，要充分考虑油气在运移过程中所受到的动力、阻力大小及其变化情况，油气运移通道的连通情况、延伸方向等因素。

2. 运移距离

油气运移距离取决于动力大小、通道延伸情况、构造条件、岩相变化、油气流体性质、烃源岩供气情况等多因素控制。如果岩相变化较大，而又缺乏其他合适的运移通道，则油气不能长距离运移，如生油层中的砂岩透镜体及周围被非渗透性地层所包围的生物礁块油气藏。

如果烃源岩供油气充足，动力条件足以克服各种阻力，运移通道好，油气可以长距离运移。只要上述任一条件不足，就可阻止油气的长距离运移。另外，气比油易流动，运移相对远一些；轻质油比重质油易流动，流动远一些。

正是由于油气运移受多种因素控制，实际上油气运移距离一般不会太长。我国陆相沉积盆地中的油气运移距离一般为 50km，最大的也只有 80km。可见，找油时应主要围绕生油凹陷周边去找，这就是“源控论”的基本思想。

石油在运移过程中，由于地层中的矿物颗粒对原油成分的选择性吸附及地层水的溶解，沿油气的运移方向油气的化学成分和物性会发生一些变化。可根据这些变化规律来研究油气的运移方向、通道及距离。

沿运移方向，油气成分变化的大致规律是：

（1）芳香烃、卟啉、沥青质、胶质和重金属（V、Ni、Ca）的含量不断减少。因为非烃、沥青质、胶质最易吸附于矿物的表面，芳香烃比饱和烃极性大，它与非烃易溶于水。

（2）某些生物标记化合物的变化。如甾烷化合物中，5α、14β、17β 异构体比 5α、14α、17α 运移得快。重排甾烷 13α、17β 比规则甾烷 15α、14α、17α 运移得快。它们的比值大小指示运移方向。

（3）$C^{13}/C^{12}$ 的比值随运移距离渐远而降低。这是因为芳香烃中的 $C^{13}/C^{12}$ 比值高。也有人认为这是 $C^{12}$ 相对 $C^{13}$ 被吸附能力弱而相对运移快的缘故。

化学成分的变化必然导致物理性质的变化。沿运移方向石油的颜色变浅，密度和黏度一般都会减小。

油气被地层吸附的现象与实验室内色层分析结果极为相似，所以被称为地层的层析作用。上述规律是层析作用为主时呈现出来的；如果在运移过程中氧化和菌解起主要作用，则会出现相反的规律。所以要具体问题具体分析。

## 第四节　石油和天然气的聚集

### 一、圈闭与油气藏的基本概念

1. 圈闭

1）圈闭概念及其要素

烃源岩生成的油气经过运移后，在适宜的地方就会停下来，油气会随后不断地汇集而来，发生聚集。这种适合于油气聚集的场所，称为圈闭（Trap）。

一个圈闭必须具备 3 个要素：容纳流体的储层；阻止油气向上逸散的盖层；在侧向上阻止油气继续运移的遮挡物。它可以是盖层本身的弯曲变形，如背斜，也可以是断层、岩性变化等（图 7–5）。圈闭只是一个具备了捕获分散状烃类而使其发生聚集的能力的一个有效地质体，它可以有油气，也可以无油气，即与油气无关。

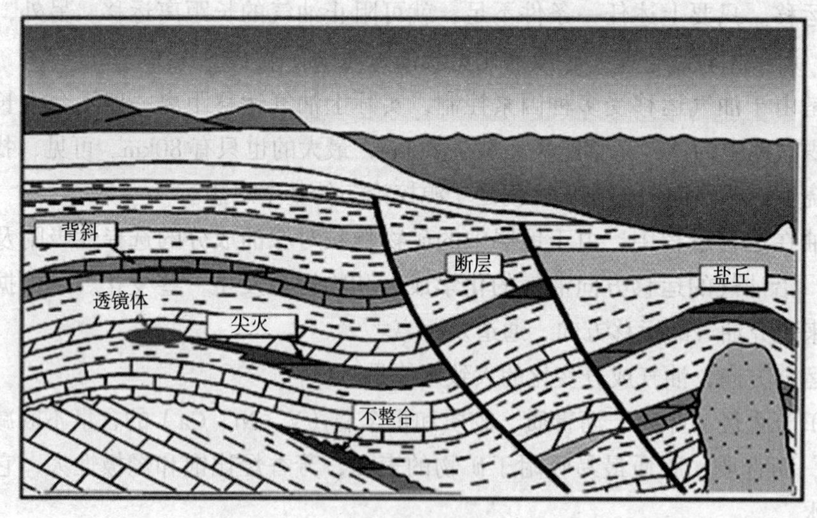


图 7–5　圈闭遮挡条件表现形式

2）圈闭度量

考查一个圈闭最大能聚集多少油气，要用一些参数来度量。用来描述、评价、度量圈闭的主要参数（图 7–6）如下：

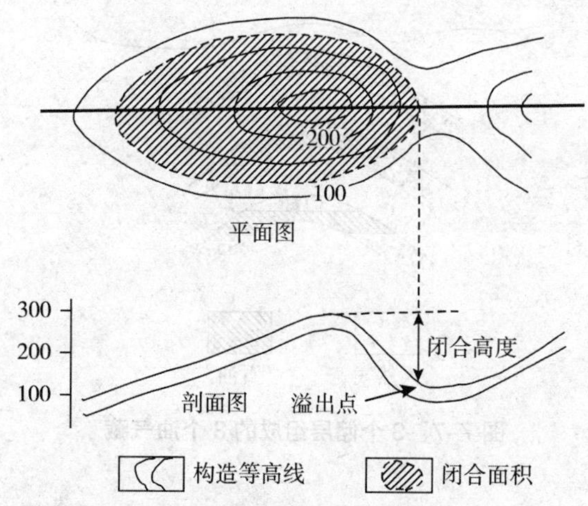


图 7–6　圈闭有效容积参数示意图（单位：m）

（1）溢出点，流体充满圈闭后开始溢出的点。它在剖面上是一点，在平面上是一条闭合线。

（2）闭合面积，通过溢出点的海拔构造等高线所圈出的面积。

（3）闭合高度，圈闭溢出点到储层最高点之间的垂直距离，或圈闭最高点与溢出点之间的海拔高差。

圈闭的类型多种多样，在圈定闭合面积时，要先找出溢出点遮挡条件的下限，然后根据形成圈闭遮挡物性质是断层、岩性尖灭线或盖层的弯曲，用断层线、岩性尖灭线、构造等高线三者组合通过溢出点构成的一个闭合回路或封闭线所圈出的面积来确定。

2. 油气藏

1）油气藏概念

运移着的油气遇到了圈闭，在盖层和遮挡物的作用下，它们的继续运移受到阻碍，就会在其中的储层内聚集起来，形成了油气藏。

油气藏是指油气在单一圈闭中的聚集，它是地壳上油气聚集的基本单元。如果圈闭中只聚集了油或只聚集了气，就分别称为油藏或气藏，二者同时聚集就称为油气藏。

若油气聚集的数量足够大，达到了工业开采价值，则称为商业性油气藏；否则，聚集的数量少，不具备工业开采价值，则称为非商业性油气藏。二者是一个相对概念，取决于政治、经济和技术条件。

油气藏的重要特点是在“单一”圈闭内的聚集，所谓“单一”，主要是指受单一要素所控制，在单一储层内，具有统一的压力系统，统一的油、气、水边界，同一面积内的油气藏（图 7–7）。

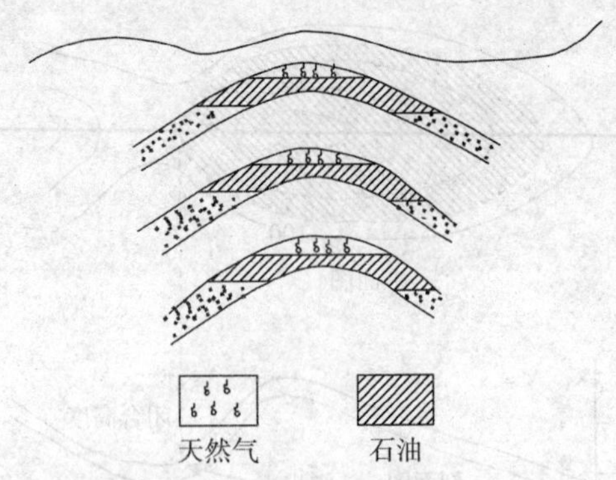


图 7–7　3 个储层组成的 3 个油气藏

2）油气藏度量

对油气藏大小要进行储量计算，计算储量要用如下参数（图 7–8）：

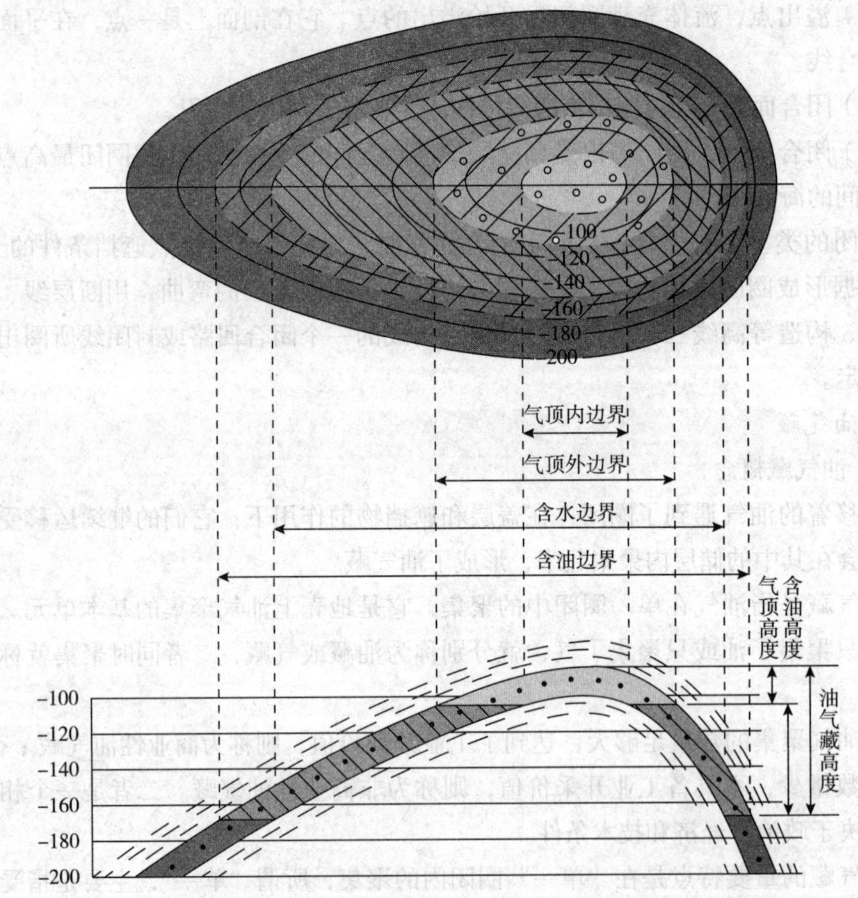


图 7–8　背斜油气藏中油、气、水分布示意图（单位：m）

（1）含油边界和含油面积。在油气藏中，由于重力分异的结果，油、气、水的分布规律是气上、油中、水底。形成油—气、油—水分界面，静水条件下界面是水平的，动水条件下界面倾斜。

含油（气）边界是油（气）—水界面与储层顶、底的交线。其中与储层顶面的交线称外含油（气）边界，又称含油边缘；与储层底面的交线称内含油（气）边界，又称含水边界。

（2）油气柱高度：油气藏内油（气）水界面至油气藏高点的垂直距离。

（3）气顶和油环：油气藏顶部的气称为气顶；油位于中部，在平面上呈环状分布，称油环。

（4）充满系数：含油气高度与闭合高度的比值。

## 二、油气藏成藏要素与富集条件

油气藏的形成过程实际上是在各种成藏要素的有效匹配下，油气从分散到集中的过程。

1. 油气藏成藏要素

油气藏成藏要素包括生油层、储层、盖层、运移、圈闭、保存（即生、储、盖、运、圈、保）六大要素，油气藏的形成和分布是它们的综合作用结果。

生油气源岩是油气藏形成的物质基础。好的烃源岩取决于其体积、有机质丰度、类型、成熟度及排烃效率。这要结合盆地沉积史、沉降埋藏史、地热史、古气候综合分析评价。

储层的好坏决定了油气藏容纳油气的能力以及开采的难易程度。

盖层的好坏直接影响了油气的聚集与保存。

油气的运移是油气由分散状态到聚集状态的唯一途径；也正是由于油气运移，在一定条件下可造成油气藏的破坏。它是分析油气聚集规律与分布规律的主要证据。

圈闭是油气发生聚集的场所，没有圈闭就不能形成油气藏；圈闭的大小、规模决定了油气的富集程度；它的分布规律及形成控制着油气藏的分布规律。

保存条件是油气藏从形成到能否完好无损地保存至今的关键因素。

以上任何一个要素不优越，都不能形成现今的油气藏。

2. 油气藏富集条件

1）充足的油气来源

生油条件是油气藏形成的物质基础。因此，充足的油气供给，才能形成储量大、分布广的油气藏。油气源的供烃丰富程度取决于盆地内烃源岩系的发育程度及有机质的丰度、类型和热演化程度。生油凹陷面积大、沉降持续时间长，可形成巨厚的多旋回性烃源岩系及多生油气期，具备丰富的油气源，是形成丰富油气藏的物质基础。从国内外大型及特大型油气田分布看，它们都分布在面积大、沉积岩系厚度大、沉积岩分布广泛的盆地中，如波斯湾、西伯利亚、墨西哥、马拉开波、伏尔加—乌拉尔、松辽与渤海湾。这些盆地的面积多在 $10 \times 10^4 km^2$ 以上，烃源岩系的总厚度均在 200~300m 范围，沉积岩体积多在 $50\times10^4km^3$ 以上。

2）有利的生储盖组合

所谓有利的生储盖组合，是指生油层生成的油气能及时地运移到良好的储层中，同时盖层的质量和厚度又能保证运移至储层中的油气不会逸散。

到底什么样的生储盖组合才算有利呢？根据国内外学者研究认为：在黏土岩—砂岩类构成的生储盖组合中，砂岩体与其周围生油气层接触面积是控制石油储量的重要因素。当砂岩储层单层厚为 10~15m，泥岩生油层单层厚为 30~40m，二者呈略等厚互层时，砂岩—泥岩接触面积最大，最有利于石油聚集。从砂岩、泥岩厚度比看，砂岩厚度比介于 20%~60% 之间对油气聚集最有利，中值为 30%~60%，太大、太小均不利。

不同的生储盖组合，具有不同的输送油气通道与不同的输导能力，油气的富集条件就不同。生、储互层式组合，生与储接触面积大最为有利生、储指状交叉组合，生油层与储层的接触局限于指状交叉地带，在这一带最有利，向盆一侧远离此带，因缺乏储层输导能力受限；而另一侧则缺乏生油层，油气来源又受限制。砂岩透镜体从接触关系上来说，应该是油气的输导条件最为有利（图 7–9），但油气的输导机理至今还没有人能解释清楚。这三种组合关系是最有利的或较为有利的。

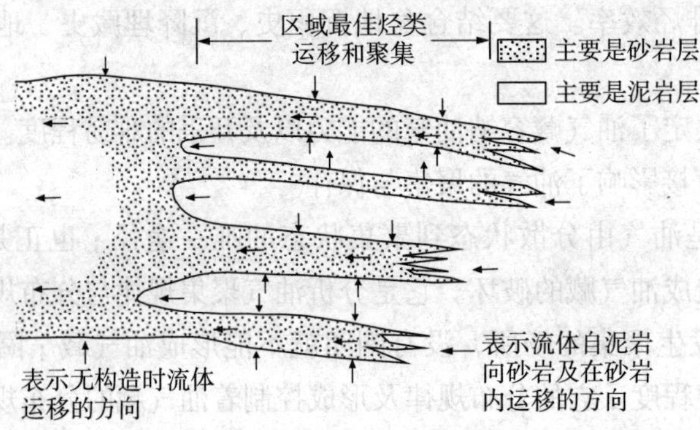


图 7–9　生油层和储层接触关系对油气运移的影响

3）圈闭的有效性

油气勘探的实践业已证明，在有油气来源的前提下，并非所有的圈闭都能聚集油气，有的有油气聚集，有的只含水，属于“空”圈闭，说明它们对油气聚集而言是无效的。圈闭的有效性就是指在具有油气来源的前提下圈闭聚集油气的实际能力，可理解为聚集油气的把握性大小。它的影响因素有 3 个方面：

（1）圈闭形成时间与油气区域性运移时间的关系（时间上的有效性）。

圈闭形成早于或同时于油气区域性运移的时间是有效的；否则，在油气区域性运移之后形成的圈闭，因油气已经运移走了，当然是无效的。

油气初次运移时，在生油层内部的岩性圈闭、地层圈闭中聚集起来的油气形成最早的油气藏。在烃源岩生烃并大量排烃以后，所发生的第一次地壳运动是油气大规模区域性运移的主要时期，在此时及以前形成的圈闭是最有效的。如果盆地在此后又发生过一次或多次构造运动，可能会产生两种结果：一种情况仅使原有多数圈闭进一步发育定型，对油气聚集最为有利，而新形成的圈闭则因无油气可捕获而常常是无效的；另一种情况是地壳运动比较强烈，改变了盆地原来的构造面貌，破坏了已有油气藏，打破了原来油气聚集的平衡状态，油气可再次发生区域性运移，油气重新分布，这时及其以前形成的圈闭可能成为有效的。

如果一个盆地含有多套烃源岩层，会有多个油气生成和油气运移期，后期生成的圈闭对于早期的油气运移期是无效的，而对于后期的油气运聚则可能是有效的，所以应作全面分析研究。

（2）圈闭位置与油气源区的关系（位置上的有效性）。

油气生成以后，首先运移至离油源区以内及其附近的圈闭中，形成油气藏，多余的油气则依次向较远的圈闭运移聚集。显然，圈闭离烃源岩区域越近越有效，越远有效性越差。

圈闭位置上的有效性是一个相对概念。它受两方面因素影响：一是油源是否充足。若烃源岩供烃充足，则盆地内所有圈闭都应是有效的（指在时间上是有效的），否则其有效性随距离增大而变小；二是油气运移的通道和方向。油气在运移过程中，若因岩性变化、断层阻挡或其他阻力的影响，油气运移的方向就会发生变化或停止运移，这时只有油源附近的圈闭才会有效，较远的圈闭只有在有良好通道相连时才是有效的，否则是无效的。

（3）水压梯度对圈闭有效性的影响。

在静水条件下，油气藏内油水或气水界面是水平的。但在动水条件下，这个界面则是倾斜的，意味着会有部分油气被冲走，倾角大小取决于水压梯度与流体的密度差。倾角越大，能留住的油气就会越少。当这个倾角大于或等于圈闭水流方向一翼的岩层倾角时，油气就会全部被冲走。

4）必要的保存条件

在地质历史时期形成的油气藏能否存在，取决于在油气藏形成以后是否遭受破坏改造。必要的保存条件是油气藏存在的重要前提。主要由以下条件影响：

（1）地壳运动对油气藏保存条件的影响。

地壳运动对油气藏的破坏表现在 3 个方面：

①地壳抬升，盖层遭受风化剥蚀，盖层封盖油气的有效性部分受到破坏，或盖层全部被剥蚀掉，油气大部分散失或氧化、菌解，造成大规模油气苗，如西北地区许多地方的沥青砂脉。

②地壳运动产生一系列断层，也会破坏圈闭的完整性，油气沿断层流失，油气藏遭到破坏。如果断层早期开启，后期封闭，则早期断层起通道作用，油气散失；

而后期形成遮挡，重新聚集油气，形成次生油气藏或残余油气藏。

③地壳运动也可以使原有油气藏的圈闭溢出点抬高，甚至使地层的倾斜方向发生改变，造成油气藏的破坏。

（2）岩浆活动对油气藏保存条件的影响。

岩浆活动时，高温岩浆会侵入油气藏，会把油气烧掉，破坏油气藏。而当岩浆冷凝后，就失去了破坏能力，会在其他因素的共同配合下成为良好的储集体或遮挡条件。

（3）水动力对油气藏保存条件的影响。

活跃的水动力条件不仅能把油气从圈闭中冲走，而且还对油气产生氧化作用。

综上，在地壳运动弱、火山作用弱、水动力条件弱的环境下有利于油气藏的保存。

## 三、油气聚集

油气在圈闭中不断汇聚形成油气藏的过程称为油气聚集。

1. 基本规律

油、气、水由于密度不同，在圈闭中会发生重力分异。当油气生成以后，运移至储层的油气便沿上倾方向向周围高处的圈闭中运移。由于天然气的密度最小，黏度最小，分子小，最易流动且流动最快，运移的结果，天然气必然占据盆地中心周围最高位置的构造环，而石油则占据其下倾方向位置较低的构造，比较接近盆地的中心。当然也发现了正好相反的规律，由此而提出了差异聚集的原理，这是油气聚集的基本规律。

2. 差异聚集规律

1）油气在单一圈闭内的聚集

在静水条件下，油气在浮力作用下向上倾方向运移至圈闭中，因重力分异作用，气上，油中，水下。当油气继续运移时，气占据上部，气顶体积增大，油被挤出；油气继续运移，直到天然气占据全部圈闭（图 7-10）。

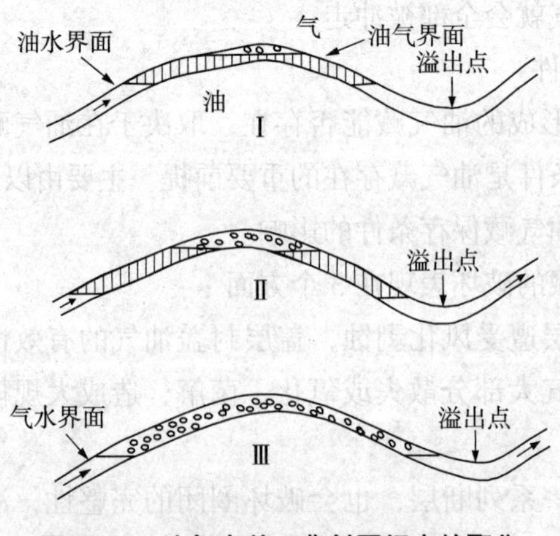


图 7-10　油气在单一背斜圈闭中的聚集

2）油气差异聚集原理与必备条件

（1）差异聚集原理。

假如在静水条件下同一渗透层相连的多个圈闭的溢出点海拔依次递增，且由单一油气源供油气，其聚集过程（图 7–11）如下：

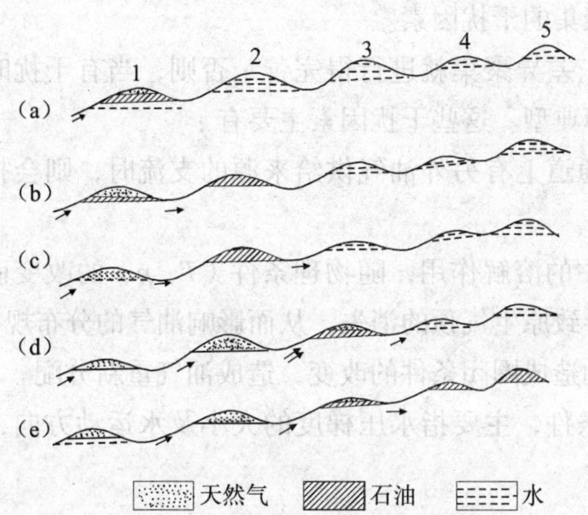


图 7–11 相连通的一系列圈闭中的油气差异聚集

第一个圈闭充满油气后，油气继续运移，气就会聚集在第一个圈闭，圈闭 1 中原来的油会被排挤出去，多余的油与被挤出的油就会运移至圈闭 2 中；再继续运移，直到圈闭 1 中仅剩天然气而圈闭 2 中仅有油；继续运移，圈闭 2 会重复圈闭 1 中的聚集过程，直到全部被天然气所充满。运移的最终结果可能是圈闭 1、圈闭 2 为纯气藏，圈闭 3 为油气藏，圈闭 4、圈闭 5 为纯油藏。当供油气不充足或特别充足，其结果会有所变化，但所遵循的原理是不变的。

由差异聚集原理可以得出如下规律或结论：

①在离源岩区最近、溢出点最低的圈闭中，在油气源充足的前提下形成纯气藏；稍远处，溢出点较高的圈闭中可能形成油气藏或纯油藏；在溢出点更高，距油源区更远的圈闭中可能只含水。

②一个充满了石油的圈闭仍然可以作为有效的聚集天然气的圈闭；反过来，一个充满天然气的圈闭，则不再是一个聚油的有效圈闭。

③若油气按密度分异比较完善，则离供油区较近、溢出点较低的圈闭中聚集的油和气密度应小于距油源区较远、溢出点较高的圈闭中的油和气。

④所形成的纯气藏、纯油藏、油气藏的数目取决于供烃的充分程度、所供烃类性质及圈闭的大小和数目。

（2）差异聚集必备条件。

差异聚集作用是否充分，取决于下列条件：

①具有区域性较长距离运移的条件，即要求具有区域性的地层倾斜，储层岩相

稳定，渗透性好，区域运移通道的连通性好。

②相连通的圈闭溢出点依次增高。

③油气源供应区位于盆地中心地带，有足够数量的油气供应。

储层中充满水并处于静水压力条件下，石油和游离气是同时一起运移的。

（3）影响差异聚集的干扰因素。

具备上述条件，差异聚集就进行得完善；否则，当有干扰时，差异聚集就进行得不完善，表现得不典型。这些干扰因素主要有：

①在油气运移通道上有另外油气供给来源的支流时，则会打乱原来应有的油气分布规律。

②气体在石油中的溶解作用，随物理条件（$T$、$p$）的改变而变化，它可以造成次生气顶，也可以导致原生气顶的消失，从而影响油气的分布规律。

③后期地壳运动造成圈闭条件的改变，造成油气重新分配。

④区域水动力条件，主要指水压梯度的大小及水运动方向，也会影响油气的分布规律。

# 第八章　油气藏类型及其分布规律

## 第一节　油气藏类型

### 一、油气藏分类

油气藏的类型很多，它们在成因、形态、规模与大小及储层条件、遮挡条件、烃类相态等方面的差别很大。为了便于研究和指导油气田勘探，有必要对它们进行分类。到目前为止已提出了上百种分类方案。

油气藏的分类要遵循两条最基本的原则：

（1）科学性：充分反映圈闭成因、油气藏形成条件、各类之间的区别与联系。

（2）实用性：能有效地指导勘探工作，比较简便实用。

本书采用基于圈闭成因的油气藏分类方案，分为四大类，即构造油气藏、地层油气藏、岩性油气藏与复合油气藏（表 8–1）。

表 8–1　基于圈闭成因的油气藏分类方案

| 大类 | 类 | 亚类 |
|---|---|---|
| 构造油气藏 | 背斜油气藏 | 根据圈闭成因细分 |
| | 断层油气藏 | |
| | 裂缝油气藏 | |
| | 岩体刺穿油气藏 | |
| 地层油气藏 | 地层不整合油气藏 | 根据圈闭成因细分 |
| | 地层超覆油气藏 | |
| 岩性油气藏 | 上倾尖灭型岩性油气藏 | 根据圈闭成因细分 |
| | 透镜型岩性油气藏 | |
| | 生物礁油气藏 | |
| 复合油气藏 | 地层—构造油气藏 | 根据圈闭成因细分 |
| | 岩性—构造油气藏 | |
| | 地层—岩性油气藏 | |

此外，还有油田生产中常见的一些分类：

（1）按产量大小分为 3 类：

高产油藏：>100t/d；

中产油藏：10~100t/d；

低产油藏：2~10t/d。

（2）按油（气）最终可采储量分为 4 类：

特大油（气）田：石油最终可采储量大于 $7\times10^8$t（$50\times10^8$bbl）的油田。天然气可按 1137m$^3$（气）=1t（原油）折算。

大型油（气）田：石油最终可采储量为（0.7~7）$\times10^8$t[（5~50）$\times10^8$bbl] 的油（气）田。

中型油（气）田：石油最终可采储量为（710~7100）$\times10^4$t[（0.5~5）$\times10^8$bbl] 的油（气）田。

小型油（气）田：石油最终可采储量小于 $710\times10^4$t（$5000\times10^4$bbl）的油（气）田。

（3）按形态分为 3 类：

层状油气藏：油气呈层状分布，如背斜油气藏。

块状油气藏：油气呈块状分布，如古潜山。

不规则油气藏：分布无一定形态，如断层油气藏。

（4）按烃类组成分为油藏、油气藏、气藏以及凝析气藏。

## 二、构造圈闭及构造油气藏

由于地壳发生变形和变位而形成的圈闭，称为构造圈闭。油气在其中聚集，就形成了构造油气藏，它是最重要的一类油气藏，进一步可分为背斜油气藏、断层油气藏、裂缝油气藏及岩体刺穿油气藏。

### 1. 背斜油气藏

在构造运动作用下，地层发生褶皱弯曲变形而形成背斜圈闭，油气在其中的聚集称为背斜油气藏。这是一类在勘探史上一直占据最重要位置的油气藏。在油气勘探历史早期，因为这类油气藏易发现，所以认识较早。随后在 1885 年由美国地质学家提出了“背斜学说”，在油气勘探史上起到了很重要的作用。到目前为止，背斜油气藏在油气储量和产量中仍占居重要位置，并且是油气勘探早期阶段的主要对象。后来，随着油气勘探的深入，易于发现的背斜油气藏越来越少，并发现了一些非背斜油气藏。

背斜油气藏的形成条件和形态较简单，油气聚集机理也简单，易于用地震方法发现，是油气勘探的首选对象（图 8–1）。背斜油气藏从成因上看，可分为 5 个亚类：

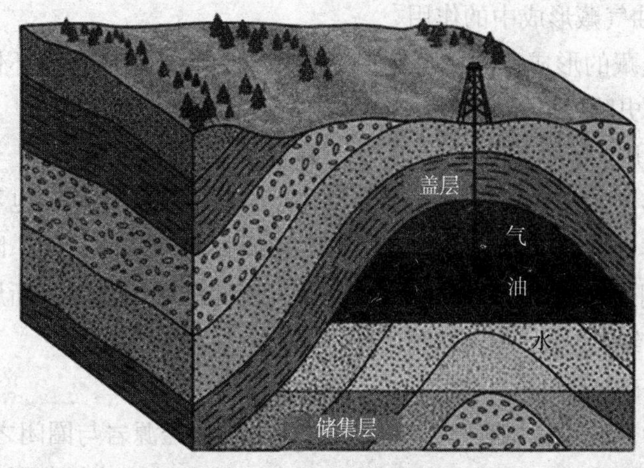


图 8–1　背斜油气藏示意图

（1）挤压背斜油气藏：由侧向挤压应力为主的褶皱作用而形成的背斜圈闭的油气聚集。

（2）基底升降背斜油气藏：由于基底断块热隆升的差异沉降作用而形成的平缓、巨大的背斜构造圈闭油气聚集。

（3）披覆背斜油气藏：这类背斜是由地形突起及差异压实作用而形成的。

（4）底辟拱升背斜油气藏：是地下塑性物质活动的结果。

（5）滚动背斜油气藏：在沉积过程中，由于张性断层的块断活动及重力滑动，边沉积边断裂，堆积在同生断层下降盘上的砂泥岩地层沿断层面下滑，使地层产生逆牵引，形成了这种特殊的滚动背斜圈闭油气聚集。

2. 断层油气藏

断层油气藏是指由断层沿储层上倾方向遮挡封闭而形成的圈闭中的油气聚集（图 8–2）。这类断层在断裂发育的裂谷盆地及前陆盆地有较多的分布。

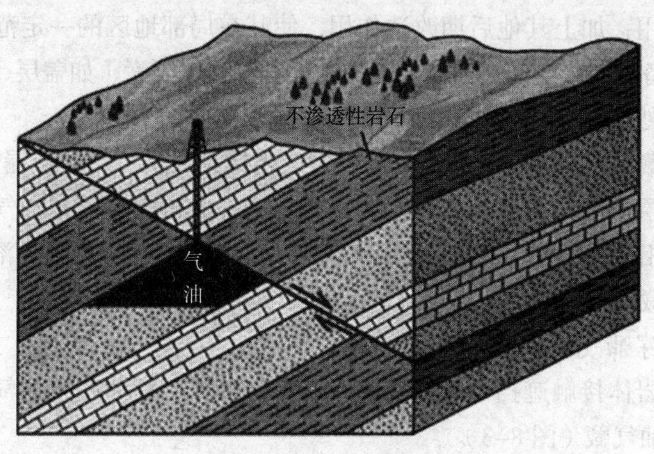


图 8–2　断层油气藏示意图

1）断层在油气藏形成中的作用

断层在油气藏的形成过程中可起封闭作用以及通道作用与破坏作用。这些不同作用在不同的历史阶段可能表现不一样。

（1）封闭作用。

油气在运移至封闭性断层时，既不能穿过断层作横向运移，也不能沿断裂带作垂向运移，这样的断层为封闭的。断层分为横向封闭和侧向封闭。断层的封闭能力取决于断层两侧对置岩层、断裂带及与两盘岩性的排替压力差。断层的封闭性是一个相对概念，无绝对封闭、开启的概念。

（2）通道和破坏作用（开启）。

在油气藏的形成过程中，开启的断层可成为连接烃源岩与圈闭之间的良好通道，也可与储层、不整合面一起成为油气的长距离运移通道。油气藏形成后，开启的断层可使油气沿断层向上运移，在上部地层形成次生油气藏或直接运移至地表造成散失破坏。

断层的开启与封闭情况是复杂的，必须用历史的观点与全面的观点去分析和认识它。有的断层在形成期或活动期一般是开启的，在非活动期也可能是开启的，也可以是封闭的，这取决于它的影响因素。一条断层，在纵向和横向的不同部位，因所受地质条件的不同，既可以是封闭的，也可以是开启的（指同一时刻）。

2）断层油气藏形成条件

要求断层在纵横向是封闭的，并且断层位于储层的上倾方向。在平面上封闭断层与构造等高线或地层尖灭线单独，或与构造等高线、地层尖灭线中的其一也成共同能组成侧向封闭的闭合线，即能圈定出一定的闭合面积。

3. 裂缝油气藏

裂缝油气藏指油气储集空间和渗滤通道主要为裂缝或溶孔（溶洞）的油气藏。在各种致密、性脆的岩层中，原来孔隙度和渗透率都很低，不具备储集油气的条件。但由于构造作用，加上其他后期改造作用，使其在局部地区的一定范围内产生了裂缝和溶洞，具备了储集空间和渗滤通道的条件，与其他因素（如盖层、遮挡物）相结合，就形成了裂缝性圈闭，油气在其中聚集就形成了裂缝油气藏。

裂缝油气藏常呈块状，钻井过程中经常发生钻具放空、钻井液漏失和井喷现象。试井获得的地层实际渗透率比实验室测得的渗透率大得多。同一油气藏，不同的油气井之间产量相差悬殊，一般说单井产量都较高，而储量一般不大（溶蚀作用形成的孔、洞性油气藏除外）。

4. 岩体刺穿油气藏

由于刺穿岩体接触遮挡而形成的圈闭，称为岩体刺穿圈闭，油气在其中的聚集称为岩体刺穿油气藏（图 8–3）。

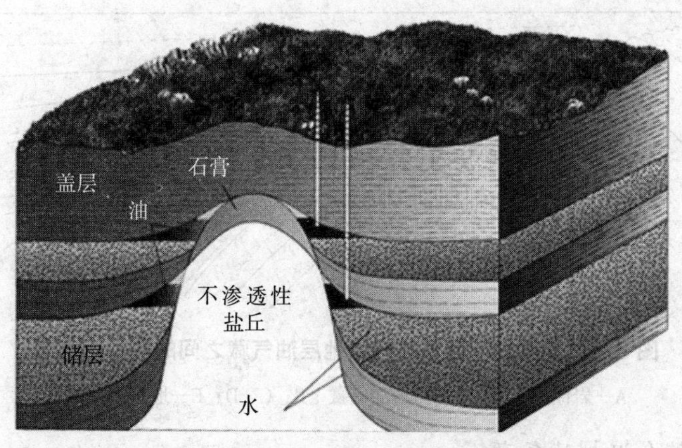


图 8-3　盐体刺穿油气藏示意图

按刺穿岩体性质不同，可分为岩体刺穿、泥火山刺穿及岩浆柱刺穿。

地下塑性岩体（包括盐岩、膏岩、软泥以及各种侵入岩浆岩）侵入沉积岩层，使储层上方发生变形，其上倾方向被侵入岩体封闭而形成刺穿（接触）圈闭。形成刺穿或底辟构造的基本条件是地下深处存在相当厚度的塑性层，厚度越大，形成的机会越大；其次是上覆岩层存在压差变化比较显著的薄弱带。

## 三、地层油气藏

地层圈闭是指沉积层由于纵向沉积连续性中断而形成的圈闭，即与地层不整合有关的圈闭。油气在其中聚集就形成地层油气藏（图 8-4）。尽管地层圈闭也属构造成因，但因其主要是强调由于储层上、下不整合接触，储层遭风化剥蚀后又能被盖层封盖而成，与前述构造油气藏是不同的（图 8-5）。它主要分为两类：地层不整合遮挡油气藏与地层超覆油气藏。

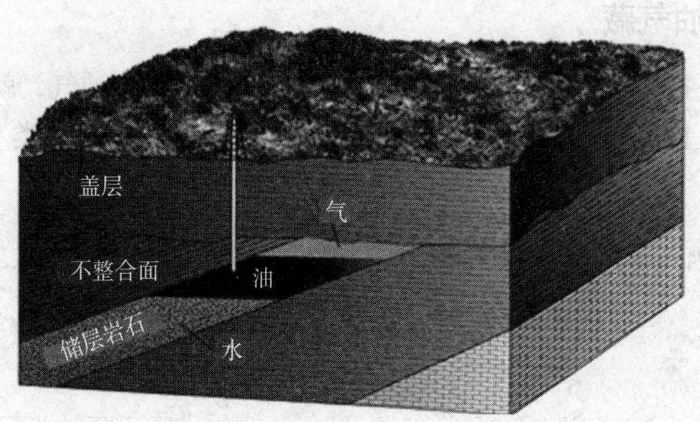


图 8-4　地层油气藏示意图

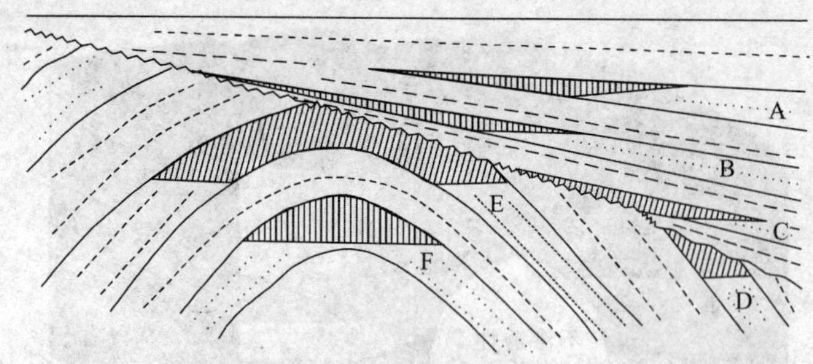


图 8-5 地层油气藏及其与非地层油气藏之间的区别示意图

A—岩性油气藏；F—构造油气藏；B、C、D、E—地层油气藏

1. 地层不整合遮挡油气藏

剥蚀突起和剥蚀构造被后来沉积下来的不渗透性地层所覆盖形成圈闭，油气在其中的聚集就称为地层不整合遮挡油气藏，又分为潜伏剥蚀突起圈闭及其油气藏［图 8-6(a) ］与潜伏构造圈闭及其油气藏［图 8-6(b)、(c)］。

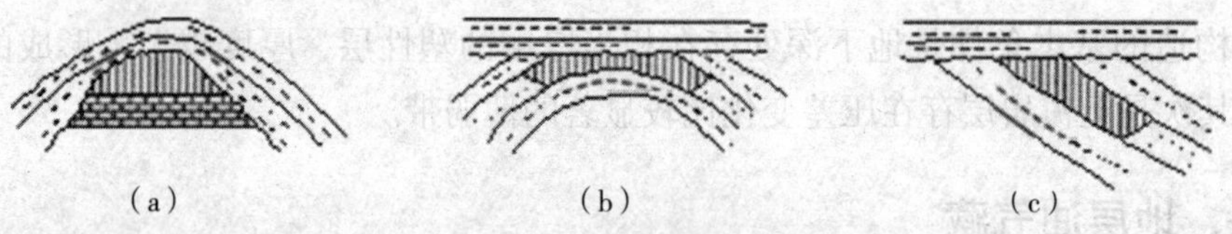


图 8-6 地层不整合遮挡圈闭示意图

2. 地层超覆油气藏

水进时，沉积范围不断扩大，较新沉积层覆盖了较老地层，原在坳陷边部的侵蚀面沉积了孔隙性砂岩，后来在其上沉积了不渗透性泥岩，就形成了地层超覆圈闭［图 8-5(b)、(c)］。油气在其中的聚集就形成了地层超覆油气藏。

## 四、岩性油气藏

岩性圈闭是指储层岩性变化所形成的圈闭，其中聚集了油气，就形成了岩性油气藏，主要分为上倾尖灭油气藏、透镜体油气藏与生物礁油气藏 3 类（图 8-7）。

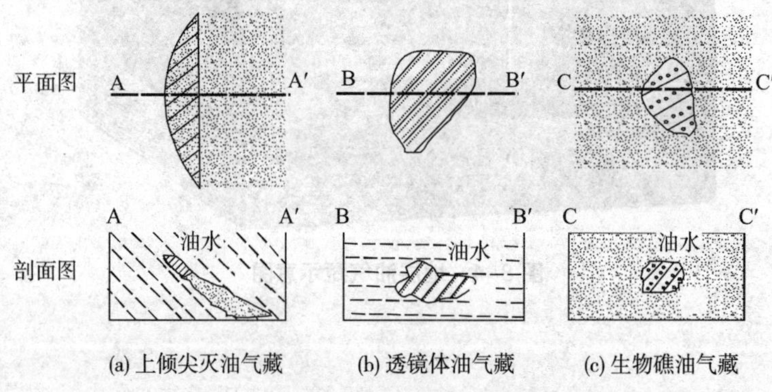


图 8-7 上倾尖灭油气藏及透镜体油气藏

岩性油气藏可在沉积过程中形成，也可在成岩过程中形成。

沉积过程中，因沉积环境或动力条件的改变，岩性在横向上会发生相变。当砂岩层向一个方向上变薄，直至上、下层面相交于一点即尖灭在泥岩中，形成岩性尖灭圈闭，若向两边尖灭，则形成透镜体圈闭。在成岩和后生作用期间，因次生作用改造也可形成岩性圈闭。

生物礁是指由造礁生物珊瑚、层孔虫、苔藓虫、藻类、古杯类等组成的原地埋藏的碳酸盐岩建造。生物中，除造礁生物外，尚掺有海百合、有孔虫等喜礁生物。

生物礁圈闭是指礁组合中具有良好孔隙—渗透性的储集岩体被周围非渗透性岩层和下伏水体联合封闭而形成的圈闭。

生物礁分为前礁、主体和后礁相，最为有利的储集体为前礁和主体——其原生孔隙和次生孔隙均发育，构成良好的储存空间；而且除其本身具有良好的生油条件外，邻近的油源也可提供充足的油源。

### 五、复合油气藏

圈闭往往受多种因素的控制，当某种单一因素起绝对主导作用时，就会很易把它们划归为一类。但当这些因素共同起到大体相同或相似的作用时，就不好归类，只好称为复合圈闭。所以把由两种或两种以上因素共同起封闭作用而形成的圈闭称为复合圈闭，油气在其中的聚集就称为复合油气藏。

复合油气藏主要有地层—构造复合油气藏、岩性—构造油气藏以及地层—岩性复合油气藏等。

## 第二节　典型含油气盆地特征及油气分布

### 一、前陆盆地

1. 概念

由于造山带的隆升，在造山带与克拉通之间，发育在克拉通基础之上的深凹陷的沉积盆地称为前陆盆地（图 8–8）。它包括山前坳陷到克拉通边缘斜坡的过渡带。

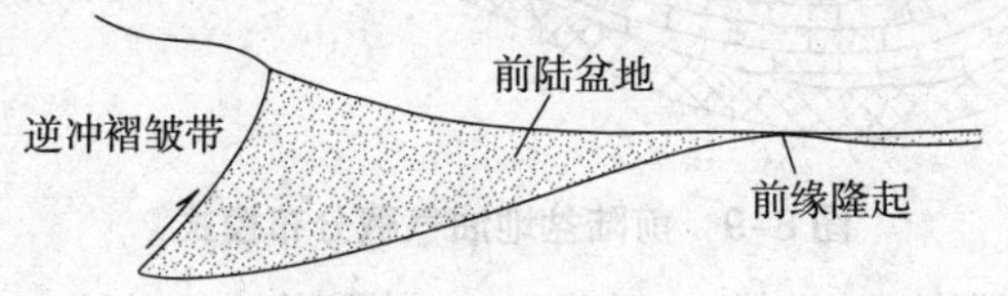


图 8–8　前陆盆地剖面图

前陆盆地具有不对称的结构，从山前到克拉通边缘斜坡，前陆盆地可以划分为3个带：

（1）逆冲褶皱带：见褶皱推覆体、叠瓦推覆体，下部见双重构造（上下构造层不协调），挤压背斜发育。

（2）前渊带（或深坳带）：深坳陷。

（3）前隆带（前缘隆起）：张性或张扭性断裂发育。

2. 石油地质特征

1）源岩条件特征

前陆盆地一般发育两大套烃源岩层系，被动大陆边缘型沉积以海相碳酸盐岩为主，也有页岩。前陆坳陷型沉积一般为陆相湖泊沉积为主（中国），也有海相岩石类型主要为海相碳酸盐岩、页岩。成熟的生油气中心总是靠近深坳带侧，受造山期间的挤压以及地层负荷的作用，深坳陷部位的油气沿断层、不整合面或渗透储层向上或向克拉通一侧进行运移。

2）储层特征

储层特征分为两大体系，下部以台地相碳酸盐岩为主体的储集体以及上部以陆相碎屑岩为主体的储集体。

3）圈闭特征

背斜构造圈闭、断层圈闭与地层圈闭是此类盆地最普遍也是最为重要的圈闭。背斜构造圈闭主要为一些逆冲断层相关褶皱，分布在靠近盆地逆冲断裂带一侧。断层圈闭既有裂陷阶段形成的由正断层构成的断块圈闭，也有后期造山阶段运动影响，在逆掩冲断作用下形成的冲断层构成的断层圈闭等。与逆冲断层有关的断层圈闭主要发育在山前地带；与正断层活动有关的断层圈闭，一是发育在早期的裂谷盆地内，二是发育在晚期靠近地台一侧。地层圈闭主要发育在靠近克拉通一侧，因多期升降会形成多个不整合面，其地层总是向克拉通方向逐渐超覆，因此不整合类地层圈闭也是前陆盆地常见的一种重要圈闭（图8–9）。

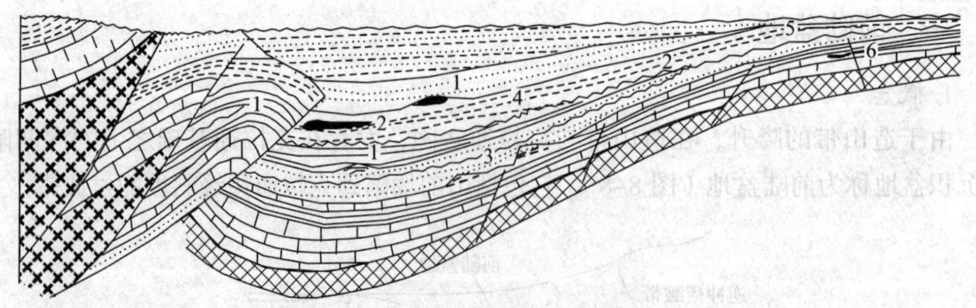


**图8–9　前陆盆地油气藏分布模式**

1—挤压背斜；2—岩性；3—生物礁；4—披覆背斜；5—地层；6—断块

由于造山活动以及冲断带的不断挤压，盆地内油气藏会因此而不断调整、改造、再分配，前陆盆地是油气藏遭受破坏比较严重的一类盆地。

## 二、裂谷盆地

1. 概念

裂谷盆地也称伸展盆地，是地壳或岩石圈在引张作用下减薄、破裂和沉陷形成的盆地。伸展构造是指在区域性引张作用下形成的各种构造变形。裂谷盆地和构造所形成的背景可以是各种不同的构造环境下，如重力滑动、拉张、挤压、扭动和上拱等条件，并可出现在岩石圈演化的各个发展阶段。

裂谷盆地一般可划分为 3 个阶段，即初始张裂阶段、断陷阶段与坳陷阶段。

2. 石油地质特征

1）油气生成特征

裂谷盆地的烃源岩主要形成断陷期和坳陷期。烃源岩厚度大、分布广，有机质丰度高、类型多，具有较高的地热背景，有机质演化成烃条件优越。

2）储盖组合特征

坳陷型裂谷在稳定沉积环境下，储层发育规模大，横向稳定，成熟度高。断陷盆地在块断运动作用下发育规模小，横向变化大，储层成因类型多。盖层岩石类型多，主要为泥质岩类、盐岩、膏岩及致密的碳酸盐岩。生储盖组合在裂谷前期为新生古储组合为主，断陷期为自生自储自盖式组合为主，而裂谷后期以古生新储组合为主。

3）运移特点

断陷：断陷盆地储层横向分布不稳定，岩性变化大，断裂发育；油气侧向运移距离短，垂向运移通道发育，垂向运移意义重要，断裂带控制油气的分布。

坳陷：坳陷型裂谷盆地规模大，储层横向稳定，侧向过程距离较长。

4）油气分布特征

裂谷盆地油气藏类型多（图 8-10），主要有背斜油气藏、断块油气藏、岩性油气

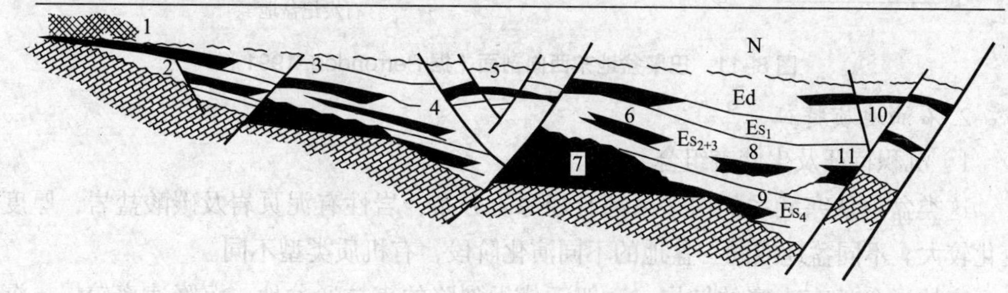


**图 8-10　裂谷盆地油气藏分布模式**

1—地层不整合油气藏；2—断块油气藏；3—披覆构造油气藏；4—粒屑灰岩岩性油气藏；5—断背斜油气藏；6—砂岩上倾尖灭油藏；7—古潜山油藏；8—透镜体砂岩岩性油气藏；9—地层超覆油气藏；10—牵引背斜油藏；11—断层—岩性油气藏

藏、地层不整合油气藏以及地层超覆油气藏。坳陷型裂谷盆地中部，一般发育与基底活动有关的背斜油气藏、断块油气藏；断陷盆地陡坡带则主要发育滚动背斜油气藏、断块油气藏、地层超覆油气藏。洼陷带岩性油气藏发育，缓坡带则以岩性上倾尖灭油气藏、断块油气藏、地层不整合油气藏、地层超覆油气藏为主。

## 三、克拉通盆地

1. 概念

克拉通是指地壳上已经达到稳定，并在漫长的地质历史时期（至少是古生代以来）很少变形的部分。板块构造概念中的克拉通是指可以近似作为刚性块体的大陆板块部分，是稳定的大陆块体。

在克拉通基础上形成的面积广泛、形状不规则、沉降速率相对较慢并以坳陷为主要特征的沉积层序称为克拉通盆地。

克拉通盆地包括克拉通内部和克拉通边缘盆地：前者位于克拉通内部常呈简单碟形，倾角平缓，构造变动微弱，沉降量不大，沉降速率 <25cm/Ma；后者位于克拉通边缘，向海域方向下挠，厚度加大，地层发育齐全，岩相不断变化。

按发育特征，可划分为单旋回型、多旋回型，前者是指以古生界海相沉积为主，其上缺少中新生界覆盖（图 8-11），后者可划分出古生界海相沉积旋回及中生界旋回两个旋回。

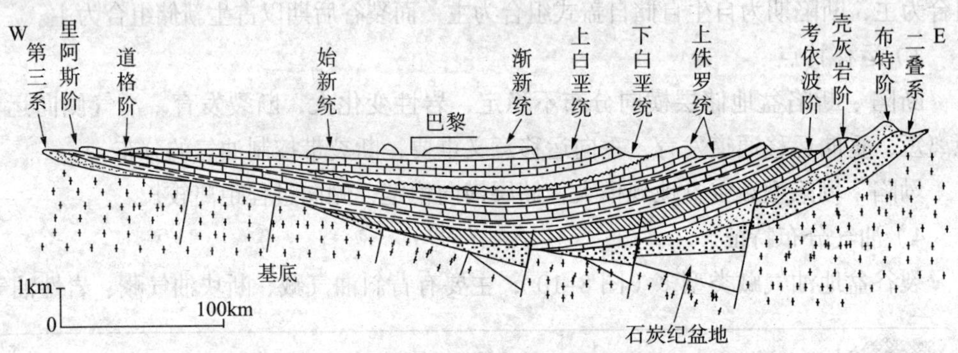


图 8-11　巴黎盆地东西向剖面（据 Perrondon, 1991）

2. 石油地质特征

1）沉积特征及生储盖组合

这类盆地从寒武系到白垩系都有烃源岩分布，岩性有泥页岩及碳酸盐岩，厚度变化较大。不同盆地或同一盆地的不同演化阶段，有机质类型不同。

克拉通盆地有丰富的储层。一般下伏无裂陷的克拉通盆地，沉降速率较慢，沉降为沉积所补偿，保持同步；在盆地发育期间，较快的沉降速率形成饥饿型内克拉通盆地，其四周为碳酸盐滩和三角洲，储层沿盆地周缘分布，有三角洲、海岸砂岩、生物礁及碳酸盐岩滩和台地。下伏有裂谷分布的克拉通盆地，裂谷作用形成地堑和倾斜的地块，它们均有储层；快速沉降期常为封盖层的沉积期，在纵向上储层与盖层有多种匹配形式，在侧向上储层可相变为非渗透性岩石，形成侧向储盖组合。

2）油气聚集和分布特征

克拉通的油气藏以构造、地层圈闭为主，主要有5种类型：与基底隆起有关的潜山圈闭油气藏；基底之上的沉积背斜以及与基底（断裂）有关的构造圈闭及油气藏；岩性圈闭油气藏；其他成因的背斜圈闭及其油气藏；地层—岩性复合圈闭及其油气藏。

克拉通盆地内主要油气田大部分分布在源岩发育区边缘或外侧，表明盆地内油气以侧向运移为主，多数盆地的油气也具备垂向运移特征。

克拉通盆地具有长期、多旋回演化史，构造沉降及基准面升降的多期性形成独特的构造特征、沉积特征，因而油气分布具有独特性。具体表现在：

（1）油气田发育具分区性，表现为油气藏围绕生油凹陷呈环状分布，围绕优势运移方向展布，隆起带为主要油气田发育区。

（2）油气田分布具分层性，它往往发育多套产油气层。

## 第三节　地壳中油气聚集单元

经过长期的勘探实践发现，油气在地壳中的分布是受区域地质构造及岩性、岩相等地质条件的控制而成群、成带有规律出现的。油气藏只是地壳中油气聚集的最小单元，从小到大依次还有油气田、油气聚集带、含油气区和含油气盆地等。为了有效地进行油气田勘探工作，不能不研究它们在地壳中的分布规律。

### 一、油气藏

前已述及，油气在单个圈闭中具有统一压力系统的基本聚集称为油气藏。其中，“基本聚集”的含义是指油气聚集的数量足够大，即具有开采价值。人们又把具有开采价值的油气藏称为“工业油气藏”。究竟聚集多少数量的油气才算有开采价值？这要取决于当时政治、经济和技术等各方面的条件和需要，应综合考虑。

### 二、油气田

油气田是指受同一局部构造面积内控制的油藏、气藏、油气藏的总和。如果在这个局部构造范围内只有油藏，则称为油田；只有气藏，则称为气田；如果既有油藏，又有气藏，则称为油气田。

石油地质学上的油气田与通常说的大庆油田、长庆油田等概念是不同的，后者是一个经济、地理上的概念。

“油气田”的概念有下列含义：

（1）油气田是指油气现在聚集的场所，而非它们原来的生成地点。

（2）一个油气田是由单一局部构造单位所控制的。这个“局部构造单位”的含义是广义的，它可以是褶皱构造、断裂、单斜、盐丘或泥火山刺穿构造，也可以是生物礁体、古潜山、古河道、古沙洲、沙坝等非构造单元。

（3）一个油气田总占有一定面积，其大小变化较大，这取决于局部构造单元的规模大小。它包含一定的经济意义。

（4）一个油气田范围内可以有一个或多个油藏或气藏。

## 三、油气聚集带

油气勘探实践已经证明，油气田不是孤立存在的，当发现一个油气田后，经常会在其邻近区域内找到一串新的油气田。这是因为油气的运移和聚集是一种区域性的，即运移指向常常受二级构造带所控制。当这些二级构造带与油源区连通较好或相距较近时，随着油气源源不断供给，整个二级构造带各局部构造的一系列圈闭都可能形成油气藏。造成油气田成群成带出现，就称为油气聚集带。这些油气藏在成因上是相关联的，油气聚集条件是相似的。所以油气聚集带是在同一个二级构造带中互有成因联系，油气聚集条件相似的一系列油气田的总和。

油气田的分布常要受二级构造带所控制。在有利的条件下，这种二级构造带就成为含油气丰富的油气聚集带。有利的油气聚集带如下：

（1）生油凹陷内或其邻近地区的长期继承性隆起、背斜型油气聚集带最有利，离油源近，储层发育，圈闭形成早（大庆长垣）。

（2）形成时间较早的油气聚集带较为有利。如果晚期形成的聚集带隆起幅度较高，在油气重新分布或烃源岩二次生油过程中就可能成为有利的油气聚集带。

（3）沉积盆地边缘的大单斜带往往是有利的储集岩相带发育区，且易形成各种地层和断层圈闭。在区域性油气运移过程中，油气运移指向的低势区有利于形成大单斜油气聚集带。

（4）生物礁、盐丘、古潜山及滨海沙洲发育地带都可以形成各种特殊类型的油气聚集带。

## 四、含油气区

在沉积盆地中，由于地壳升降的差异性，总是有相对隆起区与相对坳陷区。坳陷区长期沉降，接受细粒沉积，形成生油坳陷。有利的油气聚集带主要分布在这些坳陷中。同一坳陷中，地质发展历史和沉积岩系发育特征具有统一性，油气生成过程和聚集过程也有共同规律。因此，石油地质工作者将上述属于同一大地构造单元，有统一的地质发展历史和油气生成、聚集条件的沉积坳陷，称为含油气区。

## 五、含油气盆地

含油气盆地是指那些在地质历史上曾经发生过油气生成、运移和聚集过程的沉积盆地，或者说，在沉积盆地中，如果发现了具有工业价值的油气田，则这种沉积盆地即可称为含油气盆地。也可以说，凡是地壳上具有统一的地质发展史，发育有良好的生储盖组合和圈闭条件，并已发现油气田的沉积盆地，均可称为含油气盆地。

CHAPTER 3

# 第三篇
# 油气勘探开发与集输

# 第九章　油气勘探

## 第一节　油气勘探阶段划分及各阶段特点

### 一、油气田勘探工作的典型特点

石油和天然气都是深埋地下的流体矿藏。它们与不流动的其他固体矿产，如铁矿、煤矿等特点不同，即生成的地方往往不是它们聚集和储藏的地方。这就给油气田勘探工作带来相当大的难度。对油气勘探来说，虽然最终目的是寻找油气田，但是工作一开始却不能直接进行油气田的勘探工作。必须首先从整个盆地入手，查明全盆地的区域地质情况，进而研究油气藏形成的石油地质条件，然后才能由面到点、由浅入深地选择油气聚集的有利地带，找出有利的含油气圈闭。因此，油气田勘探工作具有其特殊性和复杂性，归纳起来，特点体现在3个方面：

（1）区域性：油气藏的存在往往不是单个孤立的，而是成群、成带分布的。其形成，即生成、运移和聚集是受区域地质条件控制的。因此，油气田勘探工作一开始必须首先从盆地的整体入手，才能从中找出油气聚集的有利地带，以便进一步开展勘探工作，减少盲目性。

（2）循序性：勘探工作的步骤总是先从区域上解决坳陷或凹陷的生油条件问题，然后再进一步从中找出有利于油气聚集的局部构造和圈闭。只有循序渐进、步步深入地遵守勘探程序，才能提高勘探效率。

（3）综合性：随着科学技术的不断发展，油气田勘探方法和手段也越来越多，但必须根据不同的地质条件来选择不同的工作方法，综合研究，才能解决油气田勘探中的各种难题。

根据上述特点，油气田勘探工作必须采用区域性综合勘探的方法，严格遵守科学的勘探程序，才能提高勘探成效。

### 二、油气勘探阶段的划分

石油工业是一个连续的生产过程，它大致可以分为勘探、开发和综合利用三大阶段。油气田勘探是其中的最初阶段。它的主要任务是尽快找到油气田，以最大幅度地增加油气资源的后备储量，并要查明油气田的基本地质情况，取得开发油气田所需要的全部地质数据，为制订一个合理的开发方案做好充分准备。

油气田勘探是一个连续的过程，在这一过程中，往往需要根据勘探对象和勘探目标的差别，将油气田勘探过程划分为若干个阶段，使各阶段既相互独立，同时又保持一定的连续性。

根据主要工作任务的不同，整个油气田勘探可以划分为 3 个阶段。

1. 区域勘探

对盆地、坳陷、凹陷及周缘地区进行区域地质调查，选择性地进行非地震物化探与地震概查、普查，以及进行区域探井钻探，了解烃源岩和储盖层组合等基本石油地质情况，圈定有利含油气区带。

2. 圈闭预探

对有利含油气区带进行地震普查、详查及其他必要的物化探，查明圈闭及其分布，优选有利含油气的圈闭，进行预探井钻探，基本查明构造、储层、盖层等情况，发现油气藏（田）并初步了解油气藏（田）特征。

3. 油气藏评价勘探

在预探阶段发现油气后，为了科学有序、经济有效地投入正式开发，对油气藏（田）进行地震详查、精查或三维地震勘探，进行评价井钻探，查明构造形态、断层分布、储层分布、储层物性变化等地质特征，查明油气藏类型、储集类型、驱动类型、流体性质及分布和产能，了解开采技术条件和开发经济价值，完成开发方案设计。

通过油气勘探阶段划分使得油气勘探的任务和目标更具体、明确，特别是突出不同阶段的主要矛盾；使得作出继续、放弃或者及时调整勘探决策部署的依据更加充分；有利于合理调配勘探力量与勘探资金，及时补充勘探新区人力、物力。

## 第二节　地球物理勘探

石油和天然气埋藏于地壳的岩石中，埋藏可深达数千米，我们的眼睛看不到，手摸不着，要找到它们首先需要搞清地下岩石的情况。这要从岩石的物理性质谈起。

岩石物理性质是指岩石的导电性、磁性、密度、地震波传播等特性。地下岩石情况不同，岩石的物理性质也随之而变化。各种物理性质都表现为一种或几种不同的物理现象，如导电性不同的岩石在相同的电压作用下，具有不同的电流分布；磁性不同的岩石，对同一磁铁的作用力不同；密度不同的岩石，可以引起重力的差异；振动波在不同岩石中传播速度不同，等等。现今，运用相应的技术手段完全可以记录到上述物理现象的变化，进而可以了解地下岩石的性质及其分布规律，达到寻找地下油气的目的。

人们经过长期的研究和实践，根据地质学和物理学的原理，利用电子学和信息论等许多科学领域的新技术，建立起一种勘探油气的方法。它是利用各种物探仪器，在地面观测地壳中的各种物理现象及其变化特征，从而推断了解地下的地质构造和岩性分布特点，寻找可能的储油气构造，这就是地球物理勘探。它是一种间接找油的方法。

## 一、地球物理探勘的概念

地球物理勘探，简称勘探，是指根据地下岩石的物理性质（如密度、速度、电阻率、磁性、弹性等）的差别，运用地球物理理论探测地球内部地球物理场的变化规律，了解地球内部地质构造和介质性质，勘查地表以下及至地壳基岩以上的地质构造特征和演变过程，找出石油、天然气等地下资源聚集的有利地区，达到寻找地质矿藏目的的一套物理勘探方法，为油田勘探开发或地质找矿服务。

## 二、地球物理勘探的方法

地球物理勘探方法是指进行地球物理勘探所采用的各种技术手段，又称地球物理勘探技术、物探技术。当今的油气地球物理勘探技术主要有重力勘探、磁力勘探、电法勘探与地震勘探。

1. 重力勘探

日常生活中人们用到的“秤”可以用来称重很多物体，物体的重量是地球重力作用的体现。同样，“秤”在石油勘探工作中也很重要。在实践中人们了解到地下不同岩石和地质结构会引起地球重力的变化，如在一个大的沉积盆地中，地层的起伏变化、岩体和断层发育的规模及特征都有不同的重力反映。然而这种变化十分微小，为了测量这种变化，人们制造出一种十分灵敏的“秤”——重力仪，用它就能“称”出地下岩层重力的大小（图 9–1）。石油勘探工作者按照设计好的测点用重力仪在野外逐一观测，并记录下它们的重力值，最后通过绘制出的重力异常平面分布图（图 9–2），就可以用它并结合其他物探资料来分析研究地下的地质结构，并推断出哪些地方可能会存在油气藏，这就是重力勘探。

重力仪的雏形出现在 20 世纪初，由匈牙利物理学家厄缶发明了测定重力变化率的扭秤，并首先在捷克、德国、埃及和美国用于寻找油气藏，获得了成功。1935 年，第一台能够直接测出重力差的重力仪正式投入使用。此后，不同类型的重力仪也得到迅速的发展，如陆地用的重力仪、海洋重力仪、海底重力仪、航空重力仪、井中重力仪等。

图 9-1　国产 Z400 型重力仪

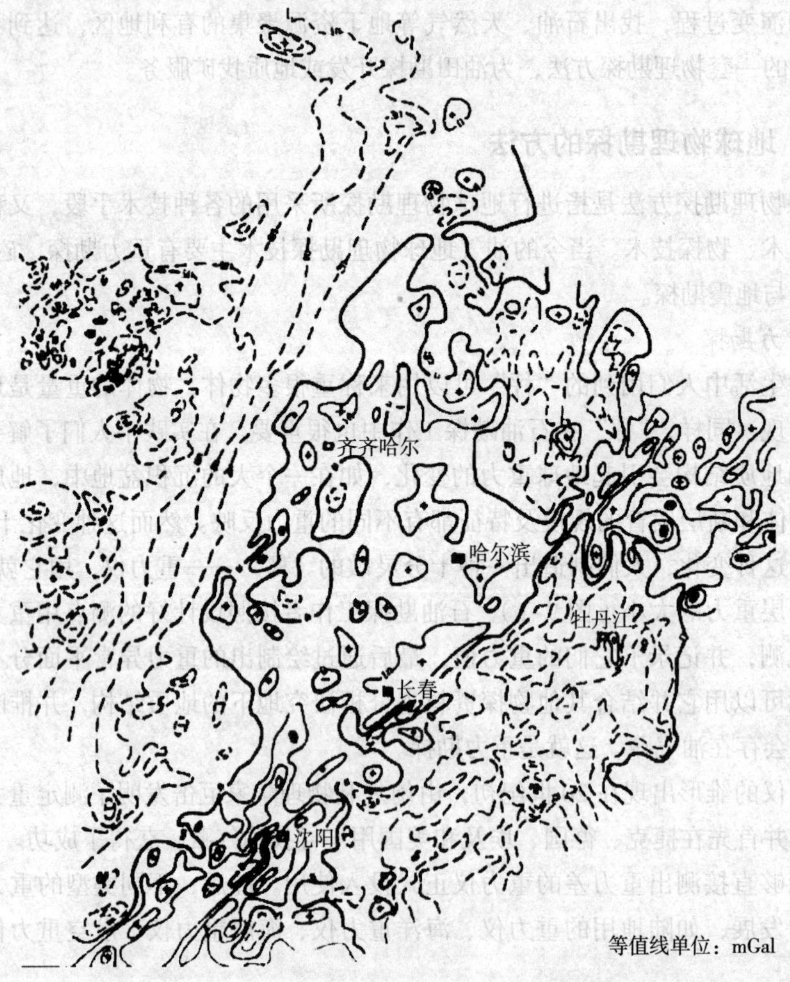


图 9-2　东北及邻区布格重力异常平面图（据大庆油田石油地质志编写组，1993）

2. *磁力勘探*

磁力和重力一样，在地磁场的作用下，由不同地层所形成的地质构造就会呈现出不同的磁性，并产生磁力作用，因而也就能用磁力仪（或磁秤）来测出不同地点的磁力值（图 9–3）。用它记录的数据也绘成各种图件，以此了解地下岩石的情况，并同重力异常图配合使用，对寻找油气藏起到相辅相成的作用，这就是磁力勘探。

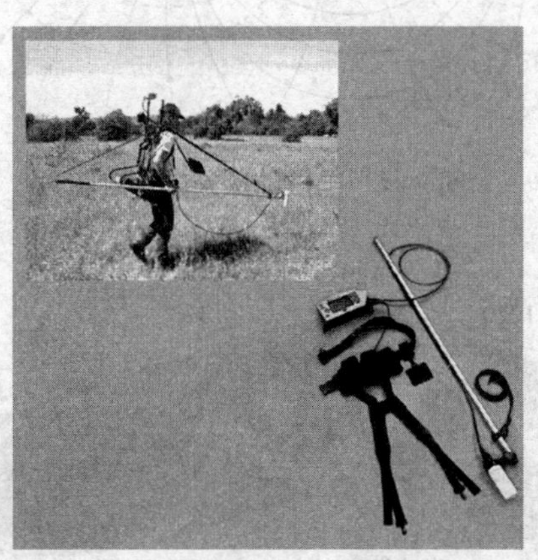

**图 9–3　国产 858 专业磁力仪**

早在 1870 年，瑞典人泰朗和铁贝尔就制成了寻找铁矿的万能磁力仪（罗盘仪）。1915 年，法国人施密特制成了磁秤，并在圈定火成岩体与探测油气藏方面得到广泛的应用。随着科学技术的不断发展，人们又陆续研制出精度高、重量轻，甚至能自动记录的重力、磁力仪器，并可适用于不同的工作环境。例如，在复杂的山地、林区，可以把仪器装在飞机上进行空中测量；在浩瀚的大海上，也可把仪器装在轮船上进行勘探，甚至可以把仪器放到海底和钻井中进行观测。尽管工作场所不同，但它都能探测出埋藏在地下的地质构造，为人类社会发展找到了更多更丰富的油气藏与其他矿藏。

3. *电法勘探*

地下的岩石是导电的，由于岩石的类型不同或含有的流体性质不同，它们的导电能力也不相同，即电阻率不同。如果在地面上设定电极进行人为供电，地下就会形成一个电场（图 9–4），若地下岩石的导电性是均匀的，电流线的分布就是规则的；而若地下埋藏着导电性与周围岩石不同的矿体，电场就会发生扭曲。借助于岩石的这种特性，人们通过分析地下电场的变化或测量地下岩石电阻率的变化，就可以发现矿体的存在（图 9–5），这就是人工电法勘探的基本思想。

电法勘探历史久远。20 世纪 20 年代，法国科学家什柳姆别尔热等创立和发展了电法勘探的理论。1924 年，在苏联著名地球物理学家彼德罗夫斯基领导下，组成了世界上第一个电法勘探队，并开展了多种电法勘探的试验和研究，他们为推动电法勘探做出了重要贡献。

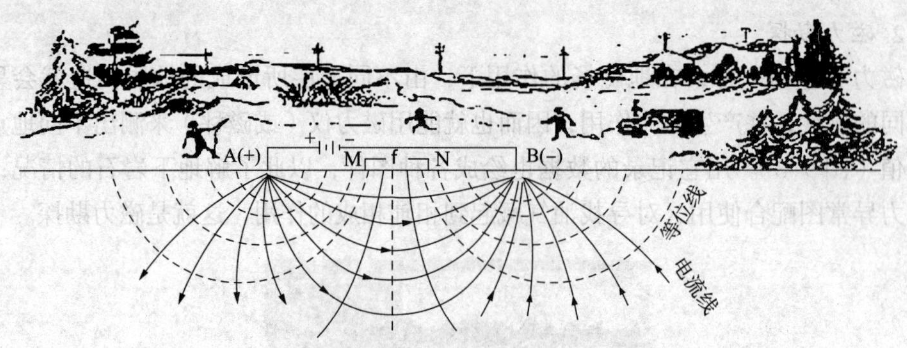


图 9–4　电法勘探施工示意图

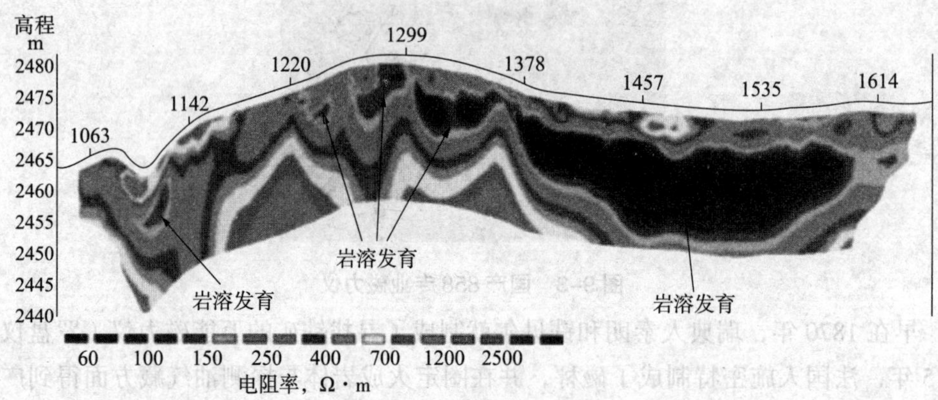


图 9–5　电法勘探成果剖面

重力勘探、磁力勘探、电法勘探主要应用在石油地质盆地普查阶段，应用重力勘探、磁力勘探、电法勘探可以快速找到沉积盆地，查清盆地结构，快速划定沉积盆地的边界，提供盆地内的沉积岩分布及厚度等基本地质信息，而且还能概略地指出含油气有利区带以及对油气资源进行初步评价，为下一步勘探做好向导。但是要想准确找到储油气构造，这些还远远不够，需要开展精度更高的地震勘探工作，才能清晰地确定油气构造形态、埋藏深度、岩石性质等，为井位设计和最终钻探提供强有力的信息保障。

4. 地震勘探

所谓地震勘探，是指通过人工手段激发地震波（如使用炸药爆炸），并根据地震波在地下各类岩石中传播的速度变化及其他特征来研究地下构造、地质体甚至其内流体的一种物探方法。

到目前为止，世界上的墨西哥湾油田、中东油田、里海油田等许多大中型油田都是依靠地震资料提供的构造找到的。在我国，自大庆油田发现以来，绝大多数新油田的发现也是如此。大量实践证明：地震勘探是最有效的勘探方法。可以不夸张地说，如果没有地震勘探，现代油气勘探找油找气就很难进行。

1）地震勘探基本原理

地下沉积岩在沉积过程中是由老到新一层层沉积下来的，不同的岩层由于其沉积时代、岩层松软程度、岩石孔隙内所含流体（油、气、水）不同等，使各岩层之间存在性质不同的岩性分界面。以后的构造运动又使这些分界面形成高低起伏的形态。由于深埋在地下，那么怎样才能了解并描绘出这些高高低低的起伏界面，从而找到含油气的构造呢？

众所周知，声波在传播的过程中如果遇到障碍物会发生反射。如人在山谷或在大厅里大喊一声，能听到回声，这就是声波在空气中传播遇到障碍物会发生反射的缘故。如果有多处障碍物且距离声源的距离各不相同，就可以听到多声错落有致的回声。利用声波反射现象，就可以测量出障碍物离我们所处位置的距离（图 9–6）。

图 9–6　不同距离山体产生的回声示意图

例如：已知声波在空气中传播的速度是 $v$=340m/s，如果测量出从呼喊开始到听见回声的时间 $t$=4s，那么障碍物离开我们的距离为：

$$s=\frac{1}{2}vt=\frac{1}{2}\times 340\times 4=680\ (\mathrm{m})$$

如果有多个远近不同的障碍物，那么我们听到的回声时间也会有不同。地震勘探的基本原理也是如此。

在地面某一条线上某点通过炸药爆炸形成人工震源（也称放炮），产生地震波向地下传播，地震波遇到不同岩层的分界面（称为波阻抗差界面。波阻抗是指岩石中的纵波速度与岩石密度的乘积）就会发生反射，另一部分能量继续向下传播，再遇到另一界面再继续发生反射。在放炮的同时，预先放置在地面上的检波器（检波器是检出波动信号中某种有用信息的装置，用于识别波、振荡或信号存在或变化的器件）及数字地震仪记录下来自各个地层分界面的反射波引起地面震动的情况以及反射波到达的时间 $t$，并换算成垂直入射反射时间 $t_0$，测得速度，就可以计算出地下各地层的埋藏深度。如果在一条条测线上观测，并对观测结果进行各种数字处理之后，就可以得到形象地反映地下岩层分界面埋藏深度起伏变化的资料——地震记录（剖面）图（图 9–7），再结合其他物探方法和地质、钻井等方面的资料，对地震剖面进行解释，就能查明地下千米深处高低起伏的形态及可能的储油气构造，确定钻探的井位。

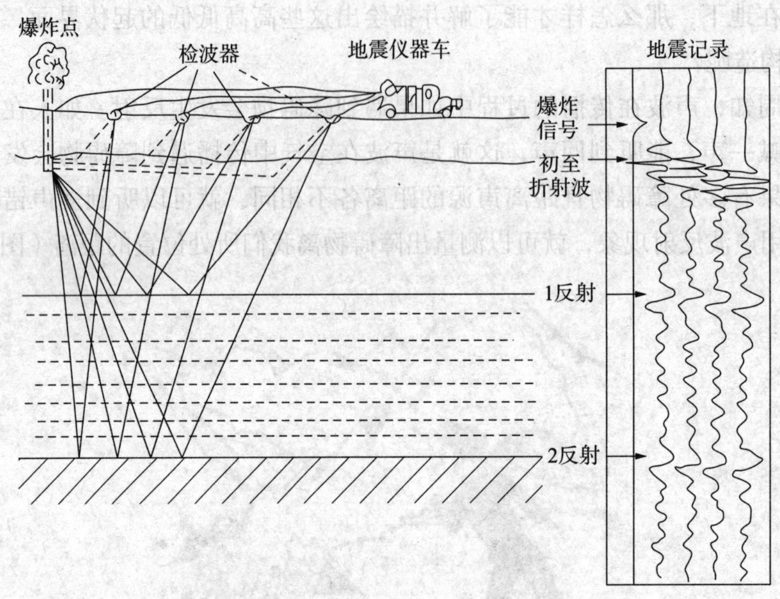


图 9–7　地震记录（剖面）示意图

海上和陆上地震勘探的目的相同，方法、原理和生产过程也一样。但由于海上没有任何标志物，而且地震波的传播和接收要穿透海水，所以海上地震勘探所使用的定位系统、激发和接收地震波的方法与陆上地震勘探也有所不同。

首先，在海上显然无法用经纬仪等手段定位，只能用先进的导航定位系统。目前，除依靠无线电导航定位设备外，主要是采用精度较高的卫星导航定位技术（GPS）。利用人造地球卫星发射的电磁波导航定位具有全球覆盖、全天候和精度高的优点，自 1968 年开始在海洋石油勘探中使用以来，很快得到广泛使用，可随时确定航船及其拖着的震源和检波器的精确位置。其次，在海上人工激发地震波与陆上也有所不同，在海上不能使用炸药作震源，炸药震源不仅会对海洋造成大量污染，破坏环境，使大量海洋生物死亡，而且在海水中爆炸容易产生气泡，造成冲击波，干扰有效波，使勘探失败。因此，针对海洋地震勘探特别发展了非炸药震源，主要是空气枪震源（图 9–8）。

海上接收地震波的设备也与陆上不同，接收地震波的海洋检波器（又称压电检波器或水听器）是密封在长拖缆中的，并放在水下一定深度上，由深度控制器保持其在记录时深度不变，由船拖着施工。现已发展成一套比较复杂、先进的接收系统（图 9–9）。

图 9–8 深水空气枪

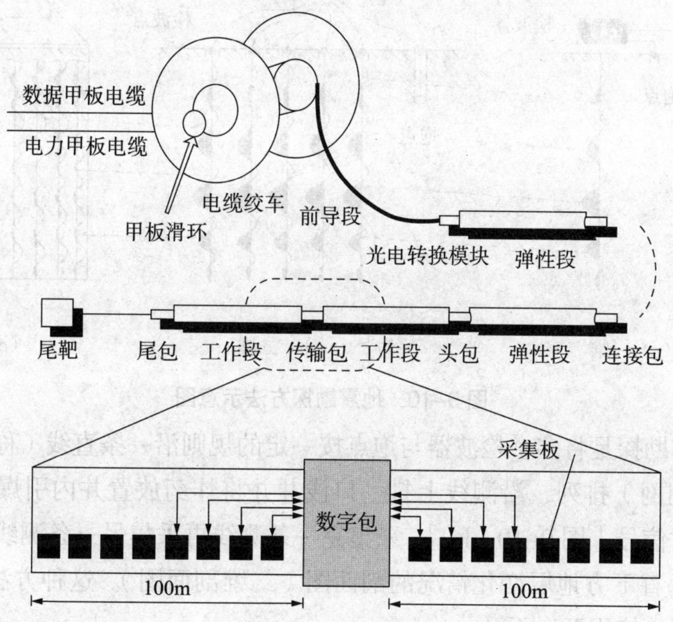


图 9–9 分布式拖缆接收系统

在海上寻找油气时，由船拖着震源和检波器连续航行作业，不需要为放炮而钻炮眼，又因海上没有障碍物，可以保持连续施工与测线均匀分布，全部地震设备都装在一条船上，内有精密的记录仪器和处理计算机系统，有生活供应品、娱乐场所及数据存储装置，船上设雷达和导航系统，无论白天、黑夜，也不论晴天、雨天，均能全天候地连续工作。因此，海上地震勘探工作速度快、成本低、质量好，便于找到海里的油气田。

2）地震勘探的生产过程

地震勘探根据地质任务和达到的目的不同，可划分为一维、二维、三维和四维地震勘探。

我们生活的空间有一维、二维、三维和多维之说，地震勘探也是如此。地震勘探中的一维勘探是观测一个点的地下情况；二维勘探是观测一条线下面的地下情况；

三维勘探是观测一块面积下面的地下情况；若在同一地区不同的时间重复做三维地震勘探，则可称为四维地震勘探，即观测同一块面积下面不同时间的地下变化情况。

根据地质任务和达到的目的不同，可采用不同维的地震勘探方法。

将检波器由深至浅放在井中不同深度，每改变一次深度就在井口放一炮，记录地震波由炮点直接传到检波器的时间［图 9-10（a）]，这种只在一口井中观测的方法就称一维地震勘探。它能测出该井孔中地层的地震波速度，借此可以确定各个地层的深度和厚度。

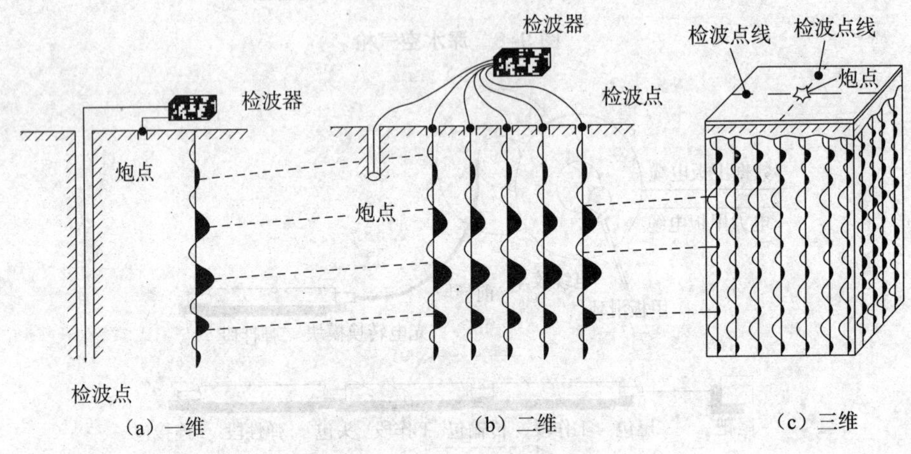


**图 9-10　地震勘探方法示意图**

二维地震勘探是将多个检波器与炮点按一定的规则沿一条直线（称测线，多条测线组合形成测网）排列，沿测线上打一口浅井并将炸药放置井内引爆，同时检波器接收声波反射信号［图 9-10（b）]。采集完一条测线再采集另一条测线。最后得出反映每条测线垂直下方地层变化情况的剖面图（二维剖面图）。这种方法从 20 世纪 20 年代初期已开始使用至今天。

如果想看地下物体真实的立体图像，就需要做三维地震勘探。它是由二维地震勘探发展而来的。三维地震勘探主要是在地下条件更复杂的地区或地表难以进行二维地震勘探的地区采用。另外，在已发现油田的地方，为了优化油田的勘探开发方案，可提出进行三维地震勘探，以获得更为精细的地震勘探资料。三维与二维地震勘探的主要差别是激发点与接收点的相对位置不同。二维地震勘探要求炮点和检波点沿同一直线；而三维地震勘探则是将多道（必要时可达上千道、上万道）检波器布成十字状、方格状、环状或线束状等，炮点与检波点在同一块面积上，形成面积形状接收由地下返回地面的地震波［图 9-10（c）]。其效果可以大大改善记录质量，提高信号的清晰度与分辨率，从而提高解决地质问题的能力，能把油气田的位置确定得更准确。由于三维地震勘探最后得到的是一组立体的数据，根据这个数据体就能给出地层的立体图像（三维立体图）。同时，也可给出由浅至深一层层的水平切片图，将这些图制成动画，人们就能像看电影一样来解释地下地质情况，既省时、省力，又精确。这种方法在 20 世纪 70 年代一经提出，就得到了广泛应用。

四维地震勘探始于 20 世纪 90 年代初，是三维地震勘探的延续。它要求在同一块工区不同时间（可能相隔几个月或几年，时间为第四维）用相同的采集和处理方法将所得到的三维地震勘探成果进行比较。犹如将人物传记的立体电影一帧帧放一遍，细看每帧之间的不同就可以看出人物的成长过程一样。用这种方法研究油气田开采前后三维资料之间的差异，就能得出油田的开采情况，找出尚未开采或漏采的剩余油区，以达到少钻井、低成本（因为钻一口井少则上百万元，多则几千万元，非常昂贵）、多采油的目的。这种方法给石油开采商们带来很大经济利益，因此他们都愿意开展四维地震观测。

整个地震勘探的生产工作基本上可分为以下 3 个环节。

（1）第一阶段：野外采集工作。

这一阶段是在地质工作和其他物探工作初步确定的有含油气希望的地区，按照设计好的施工方案布置测线（图 9-11），人工激发地震波，并用野外地震仪把地震波传播的情况记录下来。进行野外采集工作的组织形式是野外地震队。

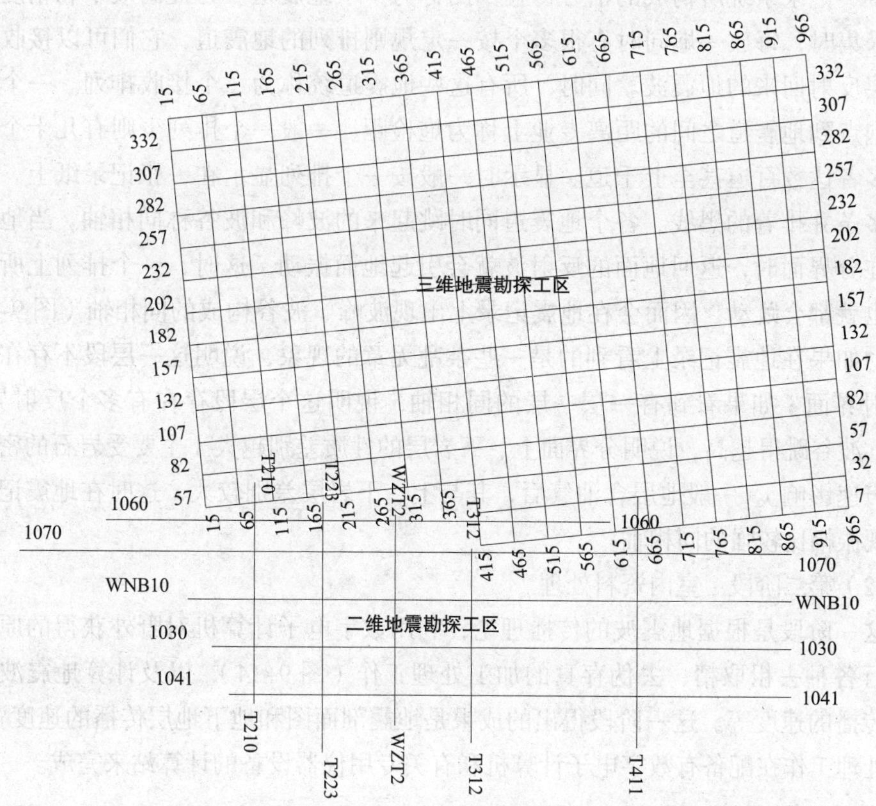


图 9-11 松辽盆地某区块二维地震勘探及三维地震勘探测线设计施工方案

整个地震资料采集的具体过程是：首先测量并确定好测线及震源爆炸点和接收点的位置［图 9-12(a)］。然后钻约几米到几十米深度的浅井并将震源炸药放置到井内［图 9-12(b)］。同时埋设检波器并连接电缆线至接收仪器车［图 9-12(c)］。最后点燃炸药爆炸后产生地震波，地震波在地下地层中进行传播，在遇到岩层界面后反射回来被检波器接收并传送到仪器车［图 9-12(d)］，仪器车将检波器传来的信号记录下来，这就获得了用以研究地下油气埋藏情况的地震记录。

（a）GPS 进行定点

（b）钻浅井

（c）埋设检波器

（d）仪器车接收地震波

**图 9-12　地震资料采集施工过程**

在地震勘探生产中，把测线上每一个测点的地震检波器与仪器上的一个放大器以及一个记录系统所构成的信号传输回路称为一个地震道。为提高效率和精度，在野外采集时，每放一炮同时有很多个按一定规则排列的地震道，它们可以接收从地下地层反射回来的地震波。同时，所有这些地震道统称为一个接收排列。一个排列上从炮点到地震道之间的距离专业上称为炮检距。一般一个排列少则有几十个地震道，多者达数百道甚至上千道。显示时一般按一个排列显示在一张记录纸上。这就形成多条并排着的黑线。各个地震道同时跳起来的波峰和波谷称同相轴。当地下岩层存在分界面时，返回地面的反射波就会引起地面振动，这时，一个排列上所有地震道也就都会跳动，因而会在地震记录上出现波峰、波谷构成的同相轴（图 9-13）。因此，如果在地震记录上看到的是一些杂乱无章的现象，说明这一层段不存在明显的反射界面；如果看到有一层一层的同相轴，说明这个层段存在有多个反射界面，波峰、波谷跳得越高，说明分界面上、下岩层的性质差别越大（主要受岩石的密度和传播声速影响）。一般地层含油气后，其与上、下岩层差别较大，这时在地震记录上会出现振幅比较强的同相轴。

（2）第二阶段：室内资料处理。

这一阶段是根据地震波的传播理论，利用数字电子计算机对野外获得的原始资料进行各种去粗取精、去伪存真的加工处理工作（图 9-14），以及计算地震波在地层内传播的速度等。这一阶段得出的成果是地震剖面图和地下地层传播的速度资料。资料处理工作在配备有数字电子计算机和有关专用仪器设备的计算站来完成。

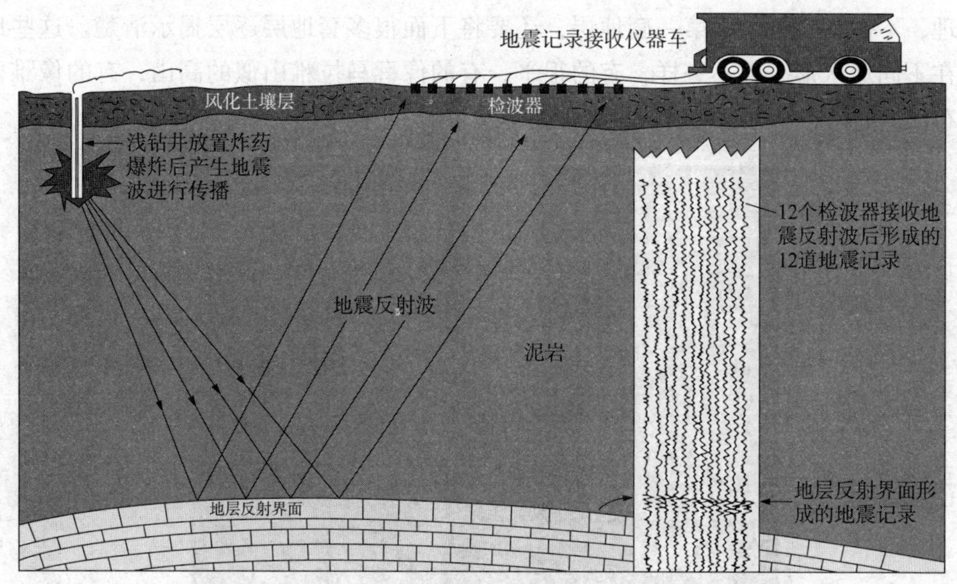


图 9–13 地震资料采集示意图

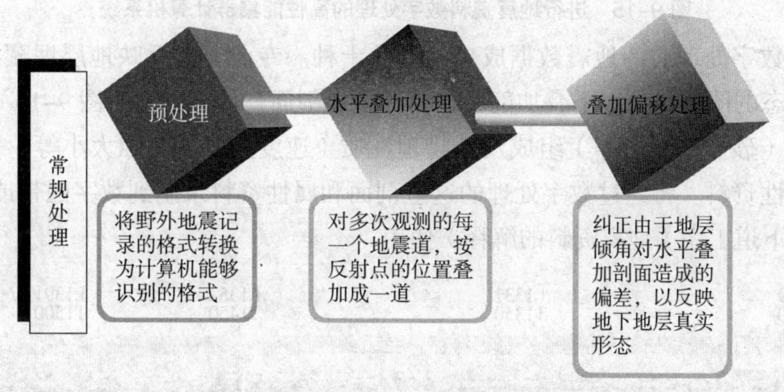


图 9–14 常规地震资料数字处理流程

野外采集的地震记录仅仅是把来自地下地层的各种信息以数码形式记录在磁带上或光盘上，还不能直接反映出地下地层的埋藏深度及起伏变化情况，需要将地震记录拿到室内输入到运算速度非常快、存储量非常大、专业功能非常强的计算机系统中（图 9–15），在专家的指令下进行反复计算和分析，才能获得直接反映地下地层真实情况的数据和图像，专业上把这一过程称为地震资料数字处理。这个过程有点像生活中使用的数码照相机（或数码摄像机）的显像过程，将数码照相机拍摄到的图像输入到室内的电脑上，根据需要对显示在屏幕上的影像进行修改、调整、增加、删减，满意后可通过屏幕拷贝、彩色打印输出图片来，也可以录制到光盘上存储以供调用，这个过程称为编辑，也称为处理。不过地震资料数字处理所用的硬件、软件则要复杂得多。因为数码相机拍摄到的图像仅是几米到几十米远的景物，而地震资料数字处理要对从地面开始到地下五六千米甚至上万米深范围内的地震数据进行处理，不仅是只将上面第一套地层，还要将下面很多套地层逐层揭示清楚。这些地层在不同地区形态都不一样，有的很平，有的像喜马拉雅山似的高山，有的像雅鲁藏布江似的河谷。可见地震数字处理是非常难的一门学科。

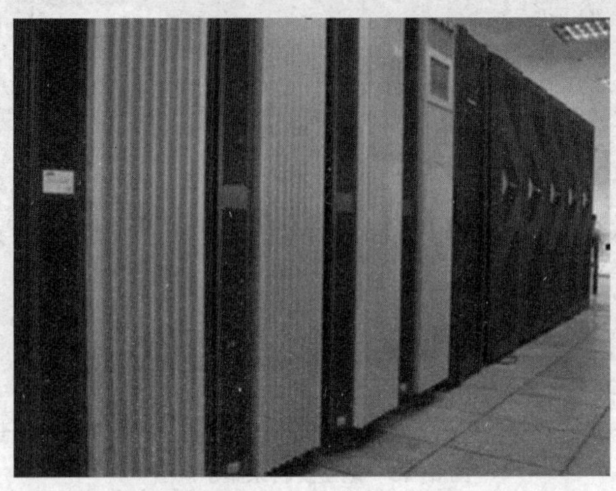

图 9–15　进行地震资料数字处理的高性能集群计算机系统

经过数字处理后的地震数据成果有好几十种。专业上把反映地层埋藏深度、厚度以及形态的图件称为水平叠加剖面，简称叠加剖面、偏移剖面（图 9–16）。把反映地层岩石（砂岩、泥岩等）组成及其物理性质（速度高低、孔隙大小等）等的成果称为震属性资料。将经过数字处理的这些剖面和属性资料录制到数字磁带或光盘上，可提供给下道工序（地震资料的解释）使用。

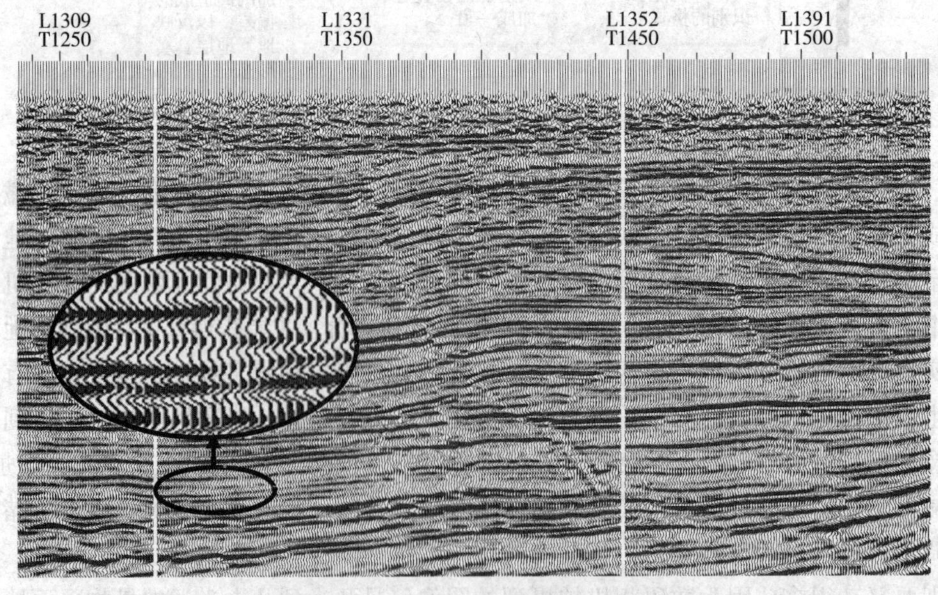


图 9–16　经过数字处理后得到的地震剖面

（3）第三阶段：地震资料的解释。

经过处理后的地震资料（每一条测线对应一张地震剖面）能基本反映出地下地质构造的特点。但是地下的情况是很复杂的，地震剖面上的许多现象既可能反映地下的真实情况，也可能有某些假象。在地震剖面上只能看出地层沿剖面方向的起伏形态，而没有一个完整的立体概念。地震资料的解释工作，就是要综合地质、测井、钻井及其他物探资料，对地震剖面进行深入的分析研究，对各反射层相当于什么地质层位作出正确判断，对地下地质构造的特点进行说明，并绘制出反映某些主要层位完整的起伏形态的图件（构造图），提供钻探井位。这一过程又称地震构造解释，大体可分为3个阶段：

①地震剖面对比阶段。对地震剖面上的反射波（或称反射层）进行分析对比，确定这些反射波的地质层位，将全区许多剖面上能反映主要地质层位的反射波经过对比加以识别和确定，这些工作就称对比。这个阶段十分重要，对比工作的正确与否决定着地震构造解释的质量。

②地震剖面地质解释阶段。对地震剖面进行地质解释，首先要利用钻井的地质分层标定剖面上各反射层相当的地质层位（图9–17）；其次要分析追踪剖面上反映的各种地质现象，如剖面上反映的隆起、地层逐渐消失、断层等（图9–18）。

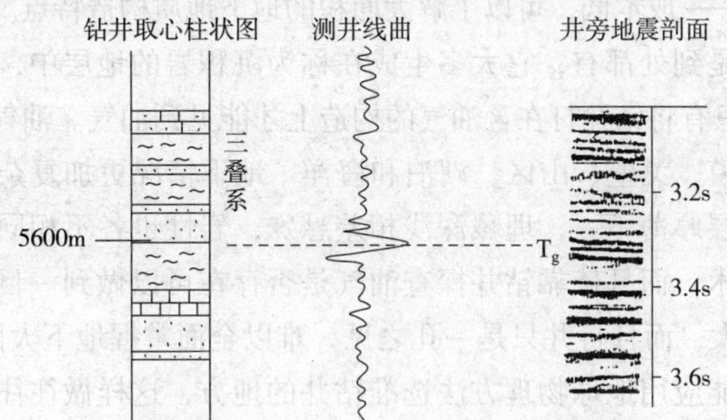


图9–17　井一震结合进行层位标定

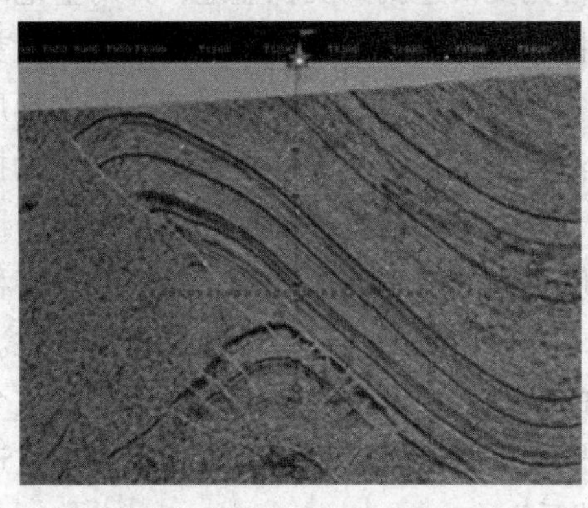

图9–18　地震解释获得的克拉2大气田剖面构造形态

③地震成果绘图阶段。在剖面对比和地震剖面地质解释的基础上，作出能反映地下地质层位形态变化及地质现象的平面图或立体图（图 9-19）。然后再根据该区石油地质资料推断含油气的可能性，提供钻探井位。

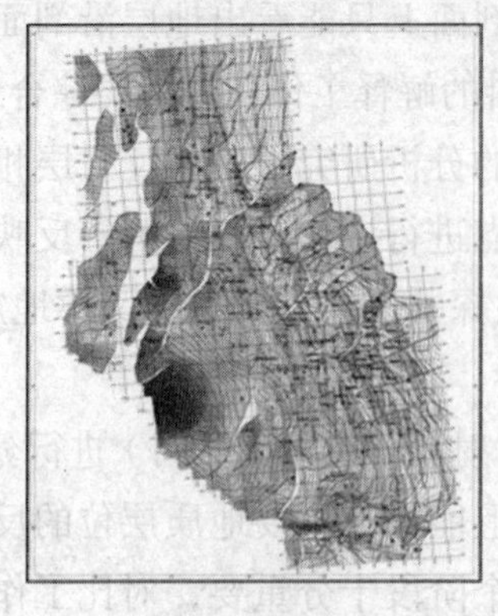
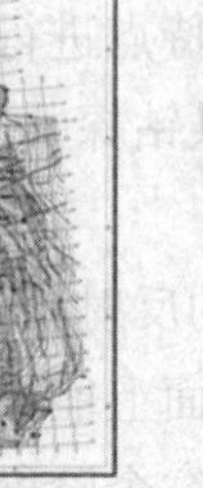

(a) 平面图

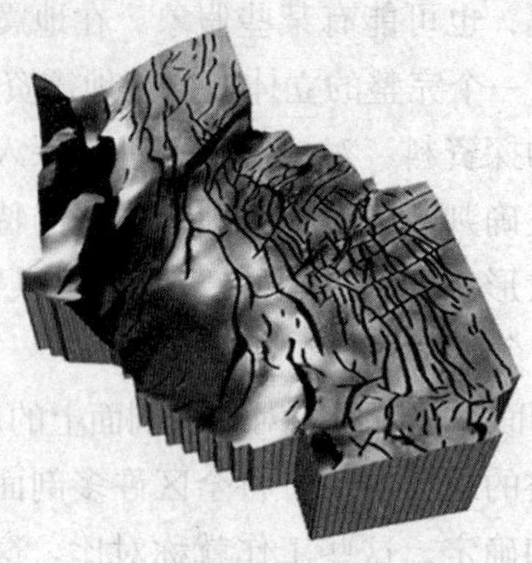

(b) 立体图

图 9-19 海拉尔盆地乌尔逊凹陷某层位构造图

3）地震勘探的优点

地震勘探与其他物探法（重力勘探、磁力勘探、电法勘探）相比较——精度高；而与钻探法比较——成本低，可以了解大面积的地下地质构造特点。

地下油气不是到处都有，它大多生成在称为沉积岩的地层中，储存于有利的构造（圈闭）内，只有将钻井打在含油气的构造上才能见到油气。油气田的地表多种多样，有平原、沙漠、戈壁、山区、湖泊和海洋；地下情况更加复杂多变，地层有起有伏，含油气地层厚薄不一，埋藏深浅相差悬殊，岩性也各不相同。尽管古代人早就发明了钻井技术，而且依靠钻井探查油气是否存在可以做到一目了然，但钻井成本太高，花费很大，而且打井只是一孔之见，难以全面掌握地下大面积的地质情况。在钻井之前，如能应用地球物理方法选准钻井的地方，这样做往往能比较快、比较省、比较好地解决这一难题。

对一个地区来讲，首先要快速找到沉积盆地，并对盆地的地质结构有一个总体的了解，这方面重力勘探、磁力勘探与电法勘探有明显的优势，它不仅能快速划定沉积盆地的边界，提供盆地内的沉积岩分布及厚度等基本地质信息，还能概略地指出含油气有利区带并对油气资源进行初步评价，为下一步勘探做好向导。但是要想找到油气仅凭重力勘探、磁力勘探与电法勘探成果还不够，还需要对盆地进行详细勘查。这就需要开展精度更高的地震勘探工作。最后应用多种地球物理信息进行综合分析，进一步查明地下地质情况的细节，为钻探提供井位。从石油勘探到建成油气田，是一个较长时间的调查研究、反复认识的过程。在这个系统工程中，地球物理勘探作用很大，在勘探油气的诸多工种中地球物理勘探这道工序最靠前，因此被称为“主力军”和“排头兵”。

大庆油田的发现充分地说明了这一勘探过程。大庆油田位于松辽盆地，对它的勘探始于1955年。在对盆地的周边进行地质调查的基础上，首先开展了全盆地的地球物理勘探工作，通过多种资料的综合解释，对盆地的结构有了初步了解，发现盆地中央有一个大型的构造带（图9–20）。经反复论证，确认该构造带是储存油气的有利场所，并选择构造带上最有利的部位部署了松基3井，钻探结果完全证实了物探工作的推断。松基3井的喷油，宣告了大庆油田的发现。大庆油田的开发，从根本上改变了中国石油工业的面貌，促进了石油工业的全面发展。尔后，在华北、环渤海湾以及西部诸多油气田等几乎所有油气田的发现和开发中，地球物理勘探工作都起到了“主力军”和“排头兵”的作用。

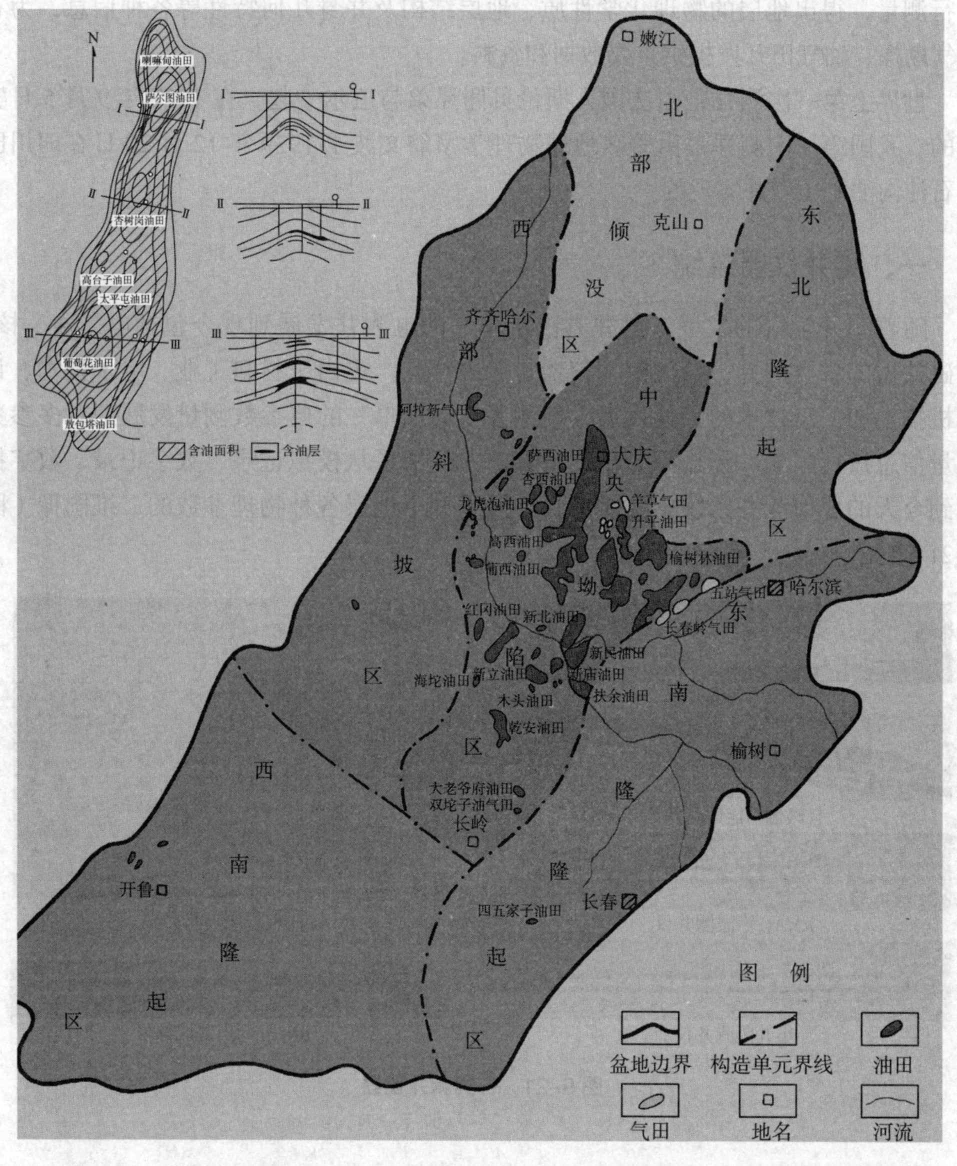


图9–20 松辽盆地构造特征及油气田分布（据大庆油田石油地质志编写组，1993）

## 第三节　地球物理测井

井下地层是由各类岩石组成的，不同的岩石具有不同的物理化学性质。为了研究各类岩石的物理性质及井下地层是否含有石油、天然气和其他有用矿产，建立了一门应用物理学原理解决地质和工程问题的边缘性技术学科——地球物理测井。

地球物理测井，简称“测井”，它以地质学、物理学、数学为理论基础，采用计算机信息技术、电子技术及传感器技术，设计出专门的测井仪器，沿着钻好的井身进行测量，得出地层的物理化学性质、地层结构及井身几何特性等各种信息，为石油气勘探、油气田开发提供重要数据和资料。

世界上第一次测井是由法国人斯伦贝谢兄弟与道尔一起，在1927年9月5日实现的。我国第一次测井是由著名地球物理学家翁文波于1939年12月20日在四川巴县石油沟油矿1号井实现的。

### 一、测井仪器系统

随着测井学科的发展，测井方法从单一的电测井发展到现今包括电、声、核、核磁共振的各类测井，各类测井仪器也趋多样化。更由于材料工业、电子技术、计算机技术和信息技术的飞速发展，使测井仪器从单一的单参数测量发展到对多参数大量信息进行采集、传输到处理、解释，并经历了从模拟记录、数字记录、数字控制到今天的成像测井系统，实时地自动展现井下地层各种物理参数的二维图像（图9-21）。

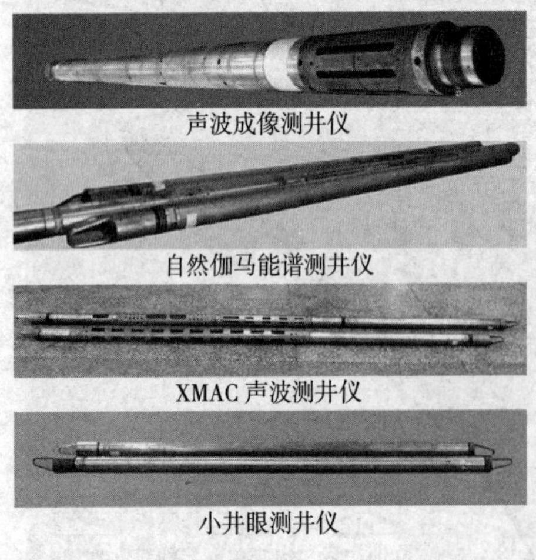

声波成像测井仪

自然伽马能谱测井仪

XMAC 声波测井仪

小井眼测井仪

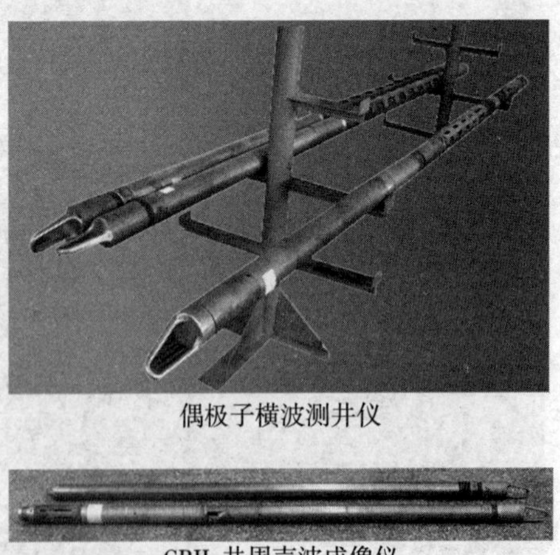

偶极子横波测井仪

CBIL 井周声波成像仪

图 9-21　各类测井仪器

由于钻探好的井筒直径一般仅 15~20cm，且井内充满钻井液，井深和井内的温度、压力都很高，因此，下井仪器都制作成细长形状，在狭窄的空间内放置对所测物理参数敏感的传感器和其他电子线路，其钢外壳要承受高温、高压，连接处和导线引出处要密封绝缘不受钻井液侵入。

1. 测井仪器系统组成

测井仪器系统主要由 3 部分组成，即下井仪器、地面仪器以及连接两者的电缆（图 9–22）。

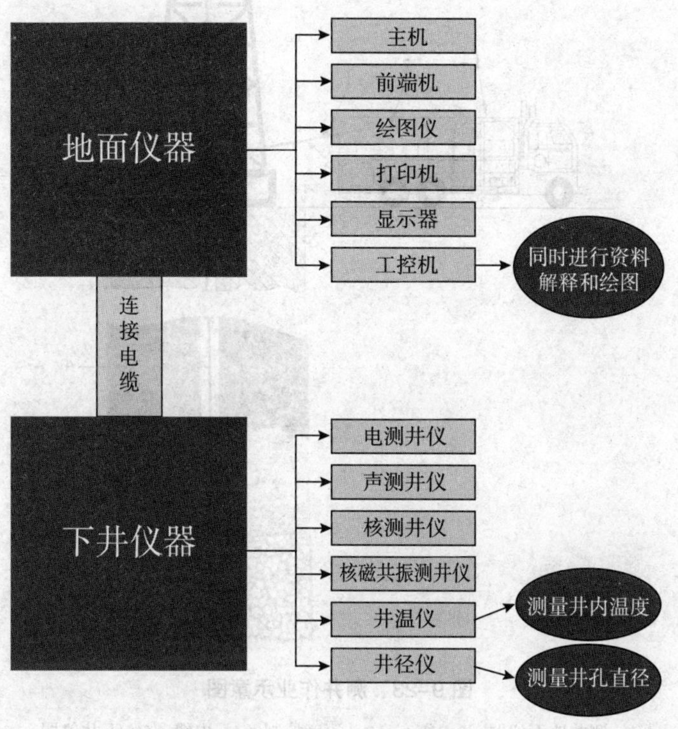

图 9–22 测井仪器系统组成

下井仪器包括电测井仪、声测井仪、核测井仪、核磁共振测井仪以及测量井内温度、井孔直径的井温仪和井径仪等。每种下井仪器都装有对被测物理参数敏感的传感器以及对被测信号进行放大、处理的电子器件。

地面仪器则由主机和前端机以及绘图仪、打印机、显示器等构成，某些测井系统还增添了同时进行资料解释和绘图的工控机。前端机控制各类数据通道（模拟道、数字道、脉冲道、遥测道等），实现对下井仪器所发送数据的实时采集；主机完成对整个系统的控制和数据处理，并将测量结果以曲线或图像形式显示、打印出来。主机和前端机之间的数据和命令通信通过总线或以太网实现。计算机间形成局域网，共享打印机、绘图仪、文件、数据等硬件资源。

电缆连接下井仪器和地面仪器，实现测量数据的传输。

2. 测井作业过程

在进行测井作业时，要根据油气田的地质特点选择需要测量的物理参数，将相应的下井仪器挂接在电缆末端先放入几千米深的井中。然后绞车使电缆以匀速上提，此时操作人员操作计算机，启动测井系统程序，按时序发出命令，通过电缆传送给井下仪器，控制井下仪器的工作流程（图 9–23）。

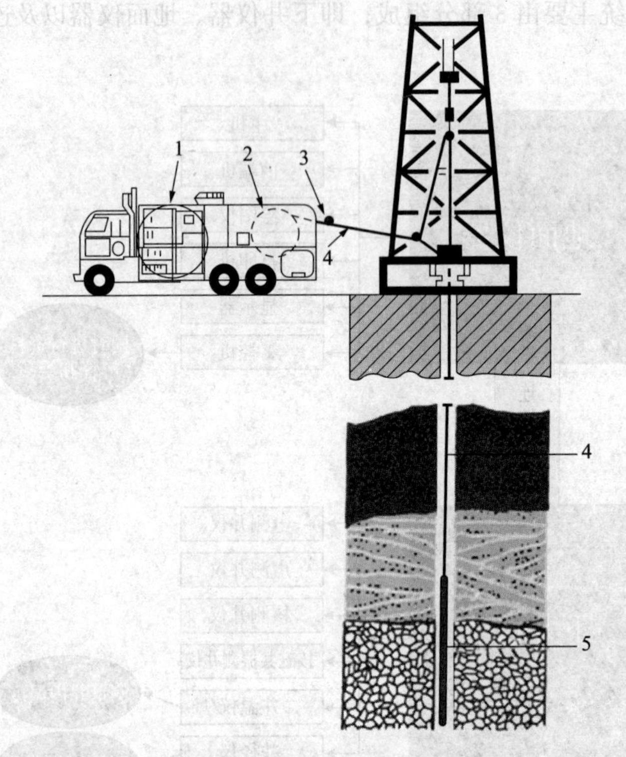


图 9–23　测井作业示意图

1—测井地面仪器；2—绞车；3—深度控制；4—电缆；5—下井仪器

井下仪器测得的数据经放大、简单处理和编码后，按帧通过电缆发送到地面，并同时记录深度位置信息。地面计算机系统对数据进行一系列处理后，输出按深度变化的测井曲线或图像，有经验的测井工程师可根据曲线或图像的变化初步确定哪些深度的地层含有油气。对于地质特征复杂的地层或是对含油气地层要做量的计算，则必须把测量得到的所有数据送计算中心做进一步的处理、分析和地质解释。

## 二、主要测井方法简介

测井方法众多，电法测井、声波测井、核测井是 3 种最基本的测井方法（图 9–24），其他特殊方法还有电缆地层测试、地层倾角测井、成像测井、核磁共振测井等。

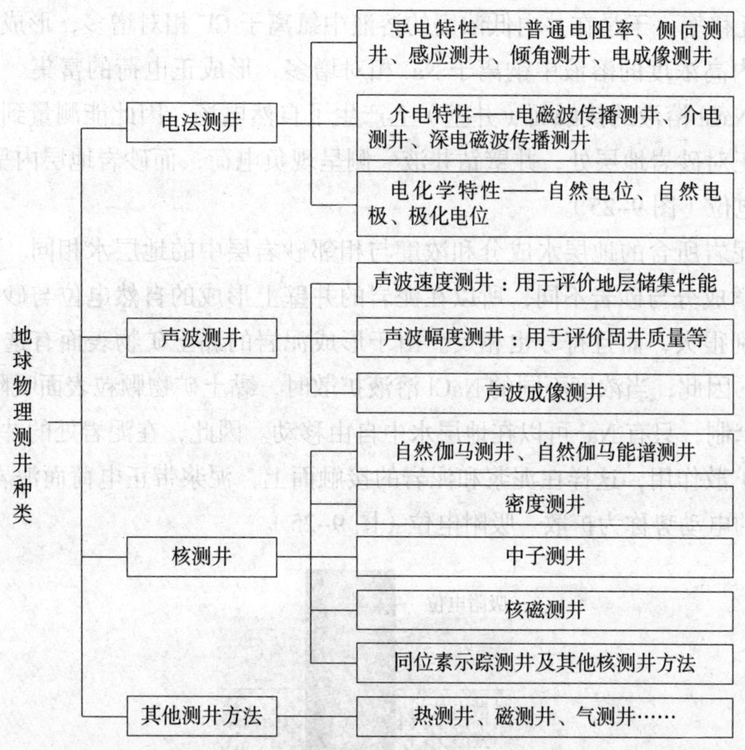


图 9–24 各种测井方法及其主要用途

1. 电法测井简介

电法测井是研究地层电学性质和电化学性质的各种测井方法的总称，主要是根据岩层电学性质的差别，测量地层的电阻率、电导率或介电常数等电学参数，用来研究地质剖面，判断岩性，划分油气水层，研究储层的含油性、渗透性和孔隙性以及其他性质的测井方法。

电法测井的种类很多，有自然电位测井、普通电阻率测井、侧向（聚焦）测井、感应测井、介电（电磁波传播）测井等，下面介绍两种最为常用的电法测井方法。

1）自然电位测井

（1）自然电位测井原理。

从化学实验中知道，当浓度不同的氯化钠盐水用渗透性膜隔开时，会发生扩散，即高浓度盐水的离子穿过渗透膜移向低浓度一侧。然而钠离子和氯离子的迁移率是不同的，氯离子的迁移率大于钠离子。于是，在渗透膜的低浓度一侧负离子增多，呈现负电荷；而高浓度一侧正离子增多，呈现正电荷。此时若把连接电位计的两个电极分别放到高浓度和低浓度溶液中，就可以观察到电位计指针的变化。这种由于扩散作用产生的自然电位称为扩散电位。在油气井中，砂岩地层孔隙中通常饱含盐水，其氯化钠浓度常常高于井内钻井液的盐浓度，由于氯离子 $Cl^-$ 的迁移率大于钠离

子 $Na^+$ 的迁移率，于是在井内低浓度的溶液中氯离子 $Cl^-$ 相对增多，形成负电荷的富集；砂岩内高浓度的溶液中钠离子 $Na^+$ 相对增多，形成正电荷的富集。从而在两种不同浓度 NaCl 溶液的接触面（井壁）上产生了自然电场，因此能测量到电位差。这样在井内正对砂岩地层处，井壁钻井液一侧呈现负电荷，而砂岩地层内呈现正电荷，形成扩散电位（图 9–25）。

假定泥岩所含的地层水成分和浓度与相邻砂岩层中的地层水相同。由于泥岩的结构和化学成分与砂岩不同，所以在泥岩的井壁上形成的自然电位与砂岩相比，不但数值差别很大，而且符号也相反。由于形成泥岩的黏土矿物表面有选择吸附负离子的能力，因此，当浓度不同的 NaCl 溶液扩散时，黏土矿物颗粒表面吸附 $Cl^-$，使其扩散受到牵制，只有 $Na^+$ 可以在地层水中自由移动。因此，在泥岩处的井壁上主要是钠离子的扩散作用，这样在泥浆和泥岩的接触面上，泥浆带正电荷而泥岩带负电荷，这时形成的电动势称为扩散—吸附电位（图 9–25）。

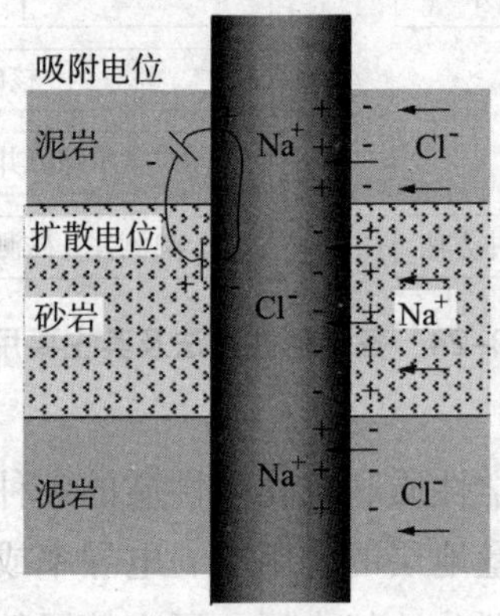


图 9–25　扩散—吸附电位形成原理示意图

在井中，井壁附近产生的上述电化学过程形成自然电动势，产生自然电场。如果使用测井仪器对井筒内不同位置的地层进行电动势测量，就会得到一条曲折起伏的曲线，称为自然电位（SP）曲线。测得的泥岩层的自然电位为“正”，砂岩层的自然电位为“负”。如果以泥岩的自然电位为基线，则砂岩的自然电位向负偏，且砂岩的渗透性越好，其自然电位相对泥岩越“负”（图 9–26）。由于油、气、水都是贮藏在孔隙性好、渗透性好的砂岩中，因此用自然电位测井曲线找出渗透性地层，然后再配合其他测井曲线，就可以分辨出油、气、水层。

（2）自然电位测井的用途。

① 划分岩层界面。

自然电位测井获得的自然电位曲线可以反映地下岩层的特征。在岩层顶部界面处，自然电位变化最大（图 9–27）。当地层较厚时，可用曲线半幅点确定地层界面。

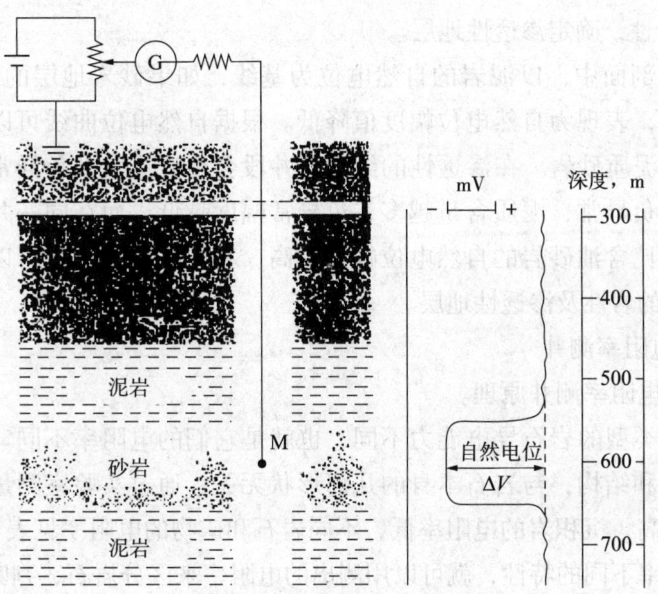


图 9-26 自然电位测井示意图

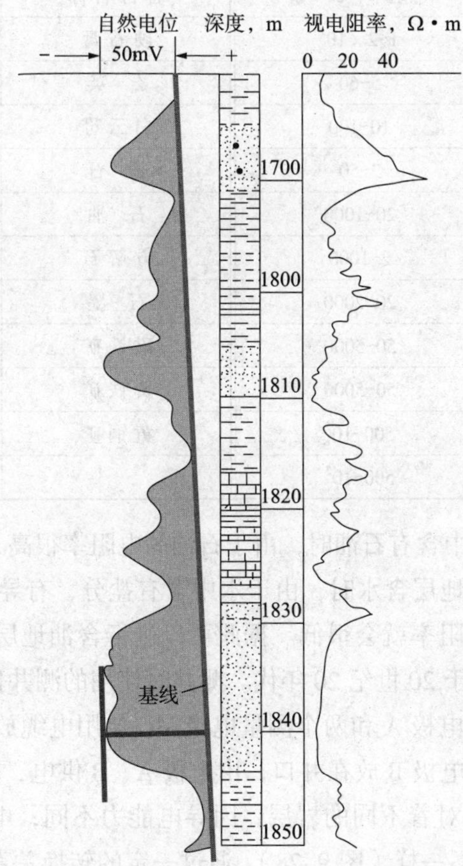


图 9-27 自然电位曲线与岩层界面及渗透性地层的对应关系

② 判断岩性，确定渗透性地层。

在砂泥质剖面中，以泥岩的自然电位为基线，如果砂岩地层的岩性由粗变细，泥质含量增加，表现为自然电位幅度值降低。根据自然电位曲线可以清楚地划分出泥岩、砂岩、泥质砂岩。在渗透性的纯砂岩井段会出现最大的负异常，含泥砂岩层则具有较低的负异常，泥质含量越多，负异常幅度越低。而在同一井中含水砂岩的自然电位幅度比含油砂岩的自然电位幅度要高。利用这些特征就可以判断并划分出井内不同层段的岩性及渗透性地层。

2）普通电阻率测井

（1）普通电阻率测井原理。

地下不同类型的岩石导电能力不同，也就是它们的电阻率不同。岩石的电阻率取决于其成分和结构，与岩石本身的几何形状无关。通过实验室测量结果表明，火成岩的电阻率高，沉积岩的电阻率低，不同岩石和矿物的电阻率见表 9–1。根据这种不同岩石电阻率不同的特性，就可以用测出的电阻率来区分岩石，判断岩性。

**表 9–1　主要岩石、矿物的电阻率**

| 岩石名称 | 电阻率，Ω · m | 岩石名称 | 电阻率，Ω · m |
|---|---|---|---|
| 黏　土 | $1\sim2\times10^{2}$ | 硬石膏 | $10^{4}\sim10^{6}$ |
| 泥　岩 | 5~60 | 石　英 | $10^{12}\sim10^{14}$ |
| 页　岩 | 10~100 | 白云母 | $4\times10^{11}$ |
| 疏松砂岩 | 2~50 | 长　石 | $4\times10^{11}$ |
| 致密砂岩 | 20~1000 | 石　油 | $10^{9}\sim10^{16}$ |
| 含油气砂岩 | 2~1000 | 方解石 | $5\times10^{3}\sim5\times10^{12}$ |
| 贝壳灰岩 | 20~2000 | 石　墨 | $10^{-6}\sim3\times10^{-4}$ |
| 石灰岩 | 50~5000 | 磁铁矿 | $10^{-4}\sim6\times10^{-3}$ |
| 白云岩 | 50~5000 | 黄铁矿 | $10^{-4}$ |
| 玄武岩 | $500\sim10^{5}$ | 黄铜矿 | $10^{-3}$ |
| 花岗岩 | $500\sim10^{5}$ | | |

另外，当砂岩地层中含有石油时，由于石油的电阻率很高，含油砂岩地层的电阻率也会很高；但当砂岩地层含水时，由于水中含有盐分，有导电离子，导电性能好，所以含水砂岩地层的电阻率就会很低。据此可以进行含油地层和含水地层的划分。

电阻率法测井出现于 20 世纪 20 年代。测井时使用的测井仪器类似于一个特殊的万用表，即把一个供电电极 A 和两个测量电极 M、N 用电缆放到井下，A、M、N 称为电极系，另一个供电电极 B 放在井口，由电极 A、B 供电，用电极 M、N（类似于万用表的表笔）测量，对着不同的岩层，因导电能力不同，电场分布不一样，电极 M、N 测得的电位值也不一样（图 9–28）。通过一定的转换关系，即可得出地层的电阻率，测出沿井深变化的电阻率曲线（图 9–29）。

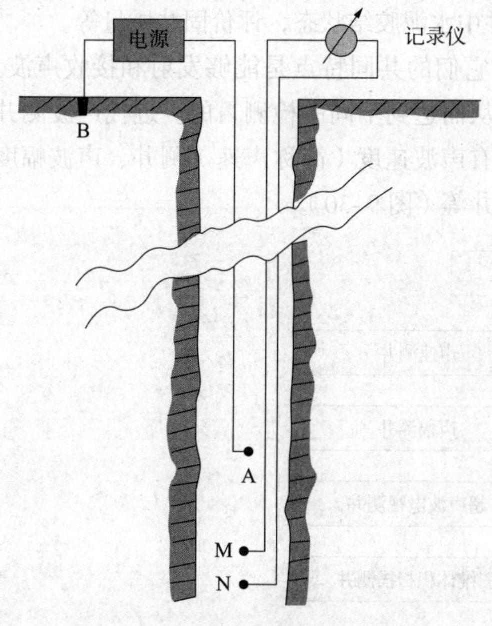

图 9-28 电阻率法测井示意图

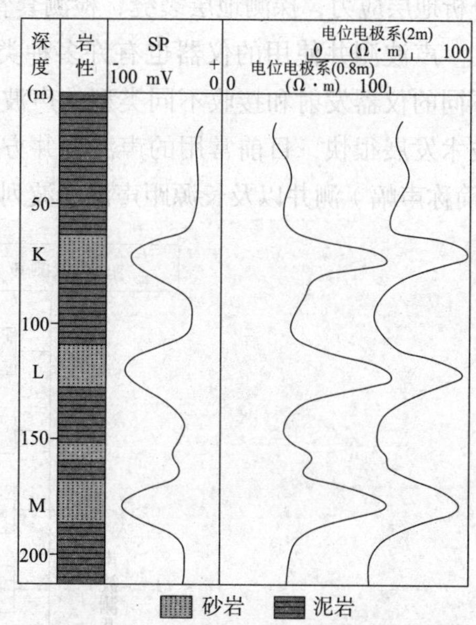

图 9-29 测井获得的电阻率曲线

（2）普通电阻率测井的用途。

①确定岩性，划分岩层界面。

电阻率曲线是电极系沿井身移动过程中测量出来的。测量得到的电阻率值的大小与岩层真电阻率有着密切关系。在岩层界面上，电阻率曲线将发生变化，这些变化的特征就是划分岩层的依据。通常采用曲线上的极大值分别确定高阻岩层的顶界面和底界面的深度。

②定性分析储层含油性。

含油储层电阻率会非常高，而含水储层电阻率很低。这样就可以用电阻率曲线的幅度差直观判断油（气）、水层。对油（气）层，电阻率曲线出现正幅度差（或称正差异）；而水层的电阻率曲线出现负幅度差（或叫负差异）。当然，在应用电阻率测井资料时，不能单凭正负幅度差的大小来划分油（气）、水层，要结合其他测井资料，进行综合分析判断，才能得出正确结论。

2. 声波测井简介

声波测井就是利用声波在不同介质中传播时速度、幅度及频率的变化等声学特性的不同，测量出井壁不同地层的声学性质，来研究钻井的地质剖面，判断固井质量的一种测井方法。

声波在不同介质中传播时，它的传播速度有很大的差别，而且它的幅度衰减、频率变化等声学特性也是不同的。现代测井技术正是通过测量地层和井孔的上述几种声学参数，并结合电法和放射性等其他测井方法，估计井外地层的性质，如地层厚度，孔隙度，含油、水、气饱和度，渗透率等。此外，还可以利用声波测井资料分析地层应力，探测地层裂缝，检测套管井中水泥胶结状态，评价固井质量等。

声波测井使用的仪器也有许多种类，它们的共同特点是能够发射和接收声波。不同的仪器发射和接收不同类型的声波，从而达到不同的检测目的。近代声波测井技术发展很快，目前常用的声波测井方法有声波速度（简称声速）测井、声波幅度（简称声幅）测井以及长源距声波全波列测井等（图 9–30）。

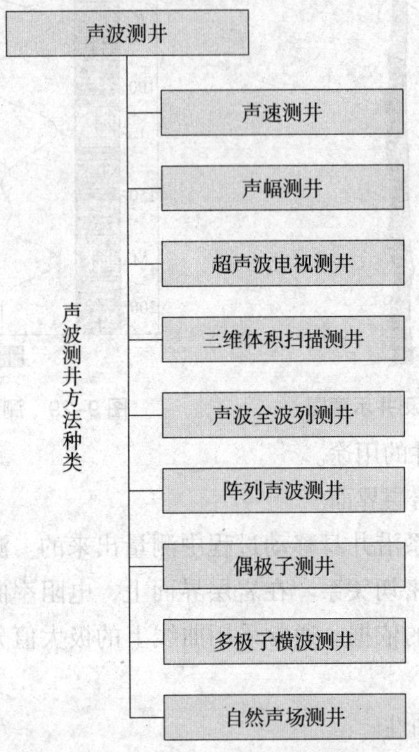


**图 9–30　声波测井方法种类**

1）声波速度测井原理

声波在不同岩性的岩石中传播速度是不相同的。这是因为不同岩性岩石的弹性和密度不同。一般来说，声波速度随岩石密度的增大而增大（表 9–2）。

**表 9–2　常见介质与沉积岩石的纵波速度与声波时差**

| 介质 | 声速，m/s | 时差，μs/m | 介质 | 声速，m/s | 时差，μs/m |
|---|---|---|---|---|---|
| 空气（0℃，1atm） | 330 | 3000 | 泥质砂岩 | 5638 | 177 |
| 甲烷（0℃，1atm） | 442 | 2260 | 泥质灰岩 | 3050~6400 | 330~154 |
| 石油（0℃，1atm） | 1070~1320 | 985~757 | 盐岩 | 4600~5200 | 217~193 |
| 水，一般钻井液，滤饼 | 1530~1620 | 655~620 | 无水石膏 | 6100~6250 | 164~163 |
| 疏松黏土 | 1830~2440 | 548~410 | 致密石灰岩 | 7000 | 141 |
| 泥　岩 | 1830~3962 | 548~252 | 致密白云岩 | 7900 | 125 |
| 渗透性砂岩 | 2500~4500 | 400~220 | 套管（钢） | 5340 | 187 |

在井下的岩层中，有些岩石如用来做建筑材料的大理石和白云石，它们的纵波声速甚至比钢轨还高（达 7000m/s 以上）；有些岩石，如地面以下较浅处的黏土或泥岩，其纵波声速约 1800m/s，仅略高于水（1450m/s）；砂岩（最可能储集石油天然气或水的岩石）的纵波声速可在 3000~5000m/s 之间。这样在井下可以通过测量记录岩石的纵波声速来判断岩石的种类或性质。测量方法是在井下放置一个发射声波信号的探头，并在固定的距离上再放置一个或几个接收声波信号的探头，测量记录在固定距离上各种岩石中纵波信号到达声波接收探头的时间，根据在不同岩层中声波纵波信号到达接收探头时间的早晚，可计算出岩石的纵波速度。通常，在固定距离（如 1m）上，纵波信号最先到达接收探头的是速度快的岩石，如大理岩、白云岩、花岗岩等致密（密度大）的岩石，最后到达的则是速度慢的、疏松（密度小）的泥质岩石。这样，通过对井下岩石声速的测量记录，就可以将不同种类的岩石区分开来：声速快的是致密坚硬的大理岩、白云岩、花岗岩等岩石；而声速慢的则是泥岩、页岩等疏松的岩石。

声波速度测井就是通过测量井下岩层的声波传播速度（实际中记录的是声波时差值，即声波通过单位距离所需的时间，即声速的倒数。时差的单位一般记为 μs/m 或 μs/ft），研究井外地层的岩性、物性，估算地层孔隙度的一种测井方法。它是目前常规声波测井中的主要方法之一。

声波速度测井仪是先由人工产生一种声音，然后再接收经过井壁地层传播后的声音。声波测井中有用的声音是在地层与井内之间的界面上折射后再传过来的（图 9-31）。图中两个方形框代表仪器中发出声音和接收声音的两个装置，称为换能器，因为它们是通过能量转换实现发声和接听的。上面的换能器发出的声波要在井内和地层的分界面上发生折射，然后折射的声波要在地层里穿行一段距离后再次发生一次折射，被下面的换能器接收到。为什么上面发射出的声波不能直接传播到下面被接收呢？这是因为要想了解地层的信息，必须是在地层里传播的声音，携带了地层的信息才能有用，而这种直接来的声波就是一种干扰信号了。上、下两个换能器之间的距离一般在 1m 以上。所以声波仪器的样子也是一个圆管，换能器放在钢制的管里。为了消除直接传播过来的声波干扰，在钢管上刻了很多互相垂直的沟槽，让它们在传播时衰减掉。声波速度测井就是测量声波在两个接收换能器之间的时间差，即声波时差。仪器的深度记录点即是两个接收换能器的中点。测量时，由地面仪器把时间差转变成与其成比例的电位差加以记录。仪器在井中移动，就得到一条声速测井仪测量的地层声波时差随深度变化的关系曲线（图 9-32）。

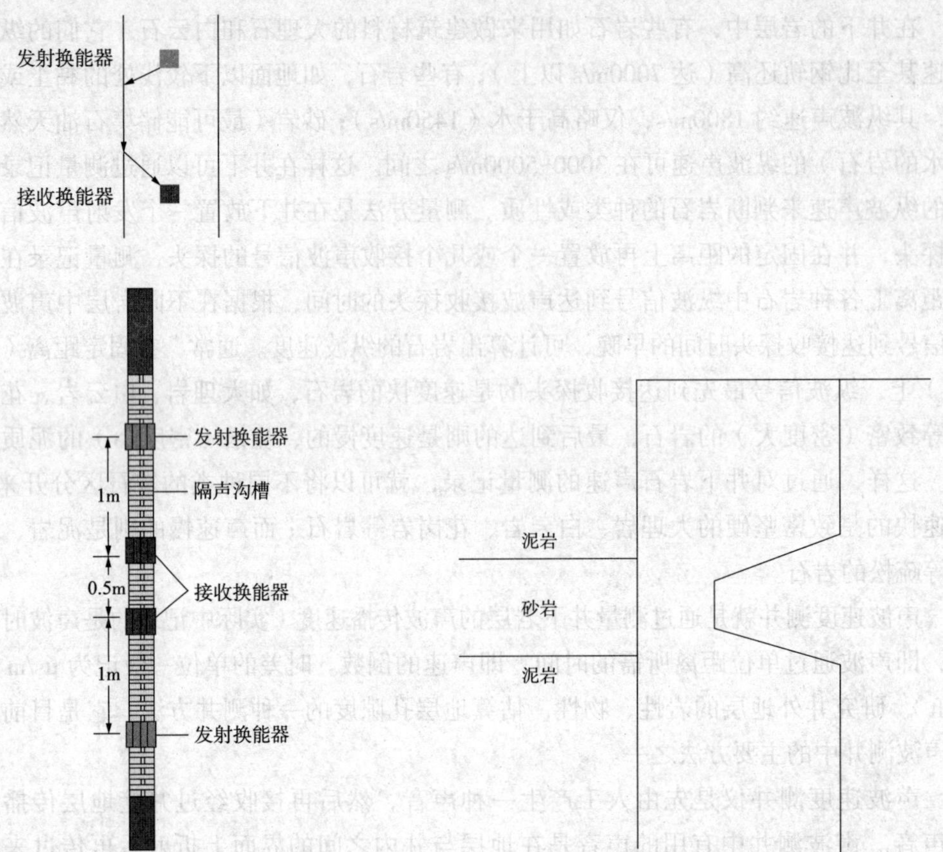


图 9–31　声波速度测井仪示意图　　图 9–32　声波时差曲线示意图

2）声波速度测井的用途

（1）划分地层。

由于不同岩石的声波传播速度不同，所以根据声波时差曲线可以划分不同岩性的地层。

在砂泥岩剖面中，一般砂岩声速较大，声波时差曲线显示低值（图 9–33）。砂岩的胶结物性质和含量也影响声波时差的大小，通常钙质胶结砂岩比泥质胶结砂岩的声波时差值低，并且随着钙质含量增多，砂岩声波时差下降，而随着泥质含量增多，砂岩声波时差升高。泥岩声速较小，声波时差曲线显示高值。页岩的声波时差值介于砂岩和泥岩的声波时差值之间。砾岩声波时差较低，并且越致密声波时差越低。

在碳酸盐岩剖面中，致密石灰岩和白云岩时差最低，如果含有泥质，声波时差稍微有所增大；如果是孔隙性和裂缝性石灰岩与白云岩，则声波时差明显增大，裂缝发育会出现周波跳跃，而泥岩、泥灰岩声波时差较高。因此可以利用声波速度测井曲线划分出孔隙性或裂缝性石灰岩、白云岩储层。

总之，声波时差的高低在一定程度上反映岩石的致密程度，常用它区分渗透性砂岩和致密砂岩。

（2）判断气层。

在常温常压下，天然气声波时差比油和水时差大得多，但由于气体受温度和压力的影响很大，在高温高压下，其时差会发生明显减小。一般来说，在地层中天然气的时差要大于同样条件下的油和水的时差（图 9–33）。另外，在含气层段上，声波时差曲线往往会产生周波跳跃。因此，在岩性确定的情况下，可以用这一现象来指示气层的存在。

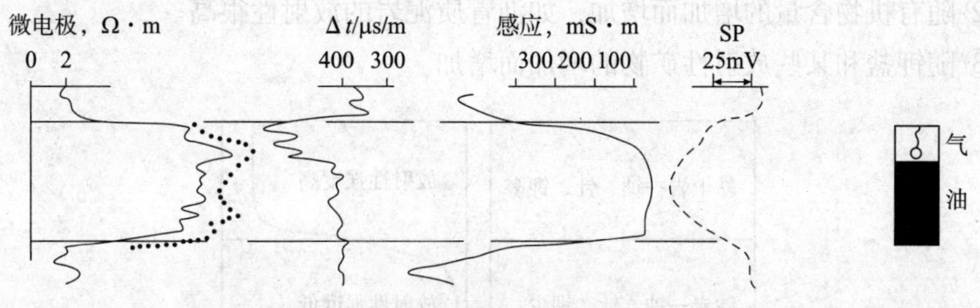


图 9–33 气层在声波速度测井曲线上的显示

（3）确定地层孔隙度。

地层岩石的声速除与造岩矿物的成分、弹性、密度有关外，还与岩石的孔隙度、孔隙流体种类和相态等有关。在孔隙性地层中，关于声波速度与岩石物性参数的关系，已经做了大量实验测量和理论模型分析研究。20 世纪 50 年代中期，怀利（Wylie）在总结实验测量结果的基础上，提出了时间平均公式，并可据之推导出孔隙计算公式为：

$$\phi = \frac{\Delta t_c - \Delta t_{ma}}{\Delta t_f - \Delta t_{ma}} \tag{9-1}$$

式中 $\phi$——孔隙度；

$\Delta t_c$——测井直接测得的声波时差，s/ft；

$\Delta t_f$——孔隙中流体的声波时差，s/ft；

$\Delta t_{ma}$——地层岩石骨架的声波时差，s/ft。

3. 放射性测井简介

放射性测井是通过测量岩石和介质的核物理参数，研究钻井地质剖面，寻找油气藏以及研究油井工程的地球物理方法。放射性测井方法可分为两大类，即以研究伽马射线与物质相互作用为基础的伽马测井法以及以研究中子与物质相互作用为基础的中子测井法。下面介绍两大类测井方法中最为常用的两种。

1）自然伽马测井

（1）自然伽马测井原理。

世界上的任何物质都具有放射性，放射性是物质的普遍特性。木材、蔬菜、粮食，以及我们的身体内都含有碳和钾，而碳的同位素碳 -14（14C），钾的同位素钾 -40（40K）都是放射性元素。地下岩石中含有天然放射性元素铀（$U_{92}^{238}$）、钍（$Th_{90}^{232}$）、锕（$Ac_{80}^{227}$）及其衰变物和钾的放射性同位素$K_{19}^{40}$，由于含有这些元素的原子核在衰变过程中能放出大量的α、β、γ 射线，因此具有天然放射性，只是放射性的水平有高有低，如每吨纯石英砂岩含铀不到 0.5g；而每吨铝土含铀可高达 30g。黏土岩和花岗岩中含有较多的铀、钍和钾，具有较高的放射性（图 9-34）。根据实验和统计，沉积岩的自然放射性一般有以下变化规律：

① 随泥质含量的增加而增加。

② 随有机物含量的增加而增加，如沥青质泥岩的放射性很高。

③ 随钾盐和某些放射性矿物的增加而增加。

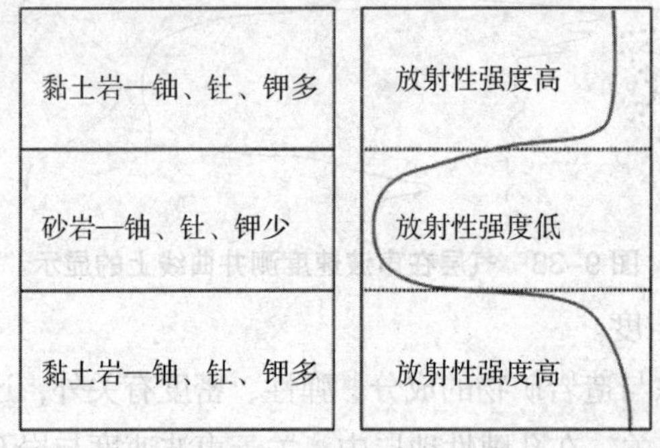


**图 9-34　砂岩和黏土岩放射性强度高低示意图**

把仪器放到井下，测量地层自然伽马射线强度的方法称为自然伽马测井（Gamma Ray Log）。井壁岩层内的自然伽马射线穿过钻井液、测井仪器外壳进入探测器，探测器将γ射线转化为电脉冲信号，经放大器把电脉冲放大后由电缆送到地面仪器进行记录，测量出地层放射性强度随深度变化的曲线，就称为自然伽马曲线 (*GR*)。

（2）自然伽马测井的用途。

① 划分岩性。

根据不同的岩石具有不同的自然伽马射线强度，可以利用自然伽马曲线来划分岩性。在砂泥岩剖面中，纯砂岩的 *GR* 值最低，黏土岩和泥岩的 *GR* 值最高，泥质砂岩的 *GR* 值较低，泥质粉砂岩和砂质泥岩的 *GR* 值较高，即 *GR* 值随泥质含量的增加而升高（图 9-35）。

在碳酸盐岩剖面中，纯白云岩、石灰岩的 *GR* 值最低，黏土岩、泥岩和页岩的 *GR* 值最高，泥灰岩的 *GR* 值较高，泥质石灰岩、泥质白云岩的 *GR* 值介于它们之间，也是随泥质含量的增加而 *GR* 值升高。一般裂缝发育的纯白云岩、石灰岩层是储层。

在膏岩剖面中，盐岩、石膏层的 *GR* 值最低，泥岩的 *GR* 值最高。

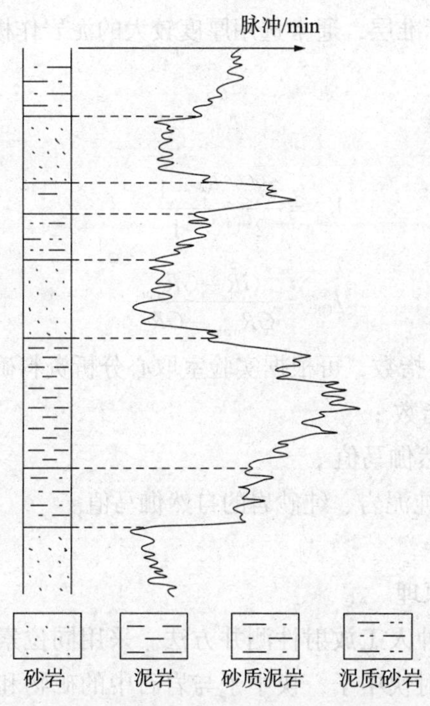


**图 9-35 砂泥岩剖面自然伽马测井曲线**

② 地层对比。

以单井划分岩性为基础，可在构造面上用几口井的 *GR* 曲线进行地层对比（图 9-36）。自然伽马曲线进行地层对比具有以下优点：

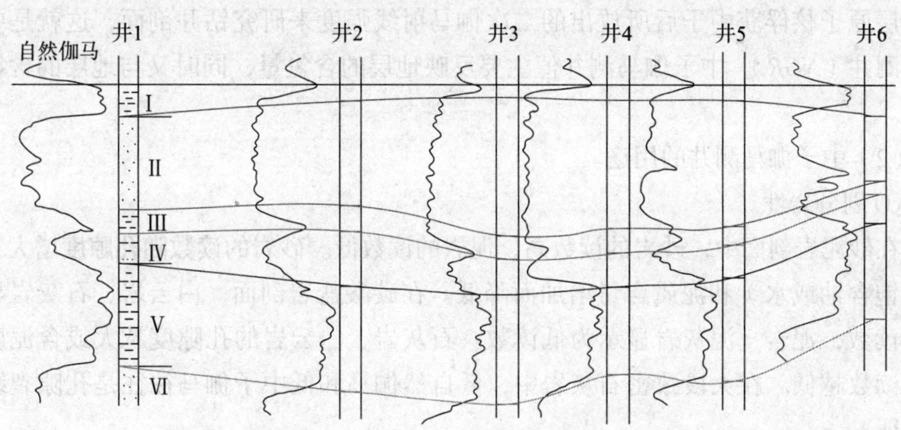


**图 9-36 利用 *GR* 曲线进行地层对比**

a. *GR* 曲线幅值大小与地层中所含流体性质（油、水或气）无关，储层含油、含水或含气对 *GR* 曲线影响不大，或根本没有什么影响。

b. *GR* 曲线幅值大小与地层水和钻井液矿化度无关，其幅度主要取决于地层中的放射性物质，通常对于不同岩性其幅度较为稳定。

c. 很容易识别对比标准层，通常选用厚度较大的泥岩作标准层进行油田范围或区域范围内的地层对比。

③确定地层泥质含量。

$$V_{\text{sh}} = \frac{2^{GCUR \cdot I_{GR}} - 1}{2^{GCUR} - 1} \tag{9-2}$$

$$I_{\text{GR}} = \frac{GR - GR_{\min}}{GR_{\max} - GR_{\min}} \tag{9-3}$$

式中 $GCUR$——Hilchie 指数，可根据实验室取心分析资料确定；

$I_{\text{GR}}$——泥质含量指数；

$GR$——目的层自然伽马值；

$GR_{\max}$、$GR_{\min}$——纯泥岩、纯砂岩的自然伽马值。

2）中子伽马测井

（1）中子伽马测井原理。

中子伽马测井是一种人工放射性测井方法。采用同位素中子源，由装在下井仪器里的中子源向地层发射快中子，快中子与岩石中的矿物和岩石孔隙中流体的原子核碰撞后，经过多次弹性散射，中子损失能量，最后被原子核俘获。原子核俘获中子后，被激发成为激发状态的原子核，它由激发状态变为稳定状态时释放出伽马射线。岩石性质不同，放出的二次伽马射线强度也不同。中子伽马测井仪器在距中子源一定距离的地方装有伽马射线探测器，连续记录地层发射的中子伽马射线，并测量岩层原子核俘获中子后所放出的二次伽马射线强度来研究钻井剖面，这就是中子伽马测井（*NGR*）。中子伽马测井值主要反映地层的含氢量，同时又与地层的含氯量有关。

（2）中子伽马测井的用途。

① 划分岩性。

在砂泥岩剖面中，砂岩的读数高，泥岩的读数低。砂岩的读数随孔隙度增大（孔隙中饱含油或水）和泥质含量增加而降低。在碳酸盐岩剖面，白云岩、石灰岩显示为高读数，泥岩、泥灰岩显示为低读数。石灰岩、白云岩的孔隙度越大或含泥质越高，读数越低。在大段致密石灰岩中，低自然伽马和低中子伽马往往是孔隙裂缝带的特征。

② 判断气层。

天然气的含氢指数远小于水和油的含氢指数，气层的含氢指数低于油水层的含氢指数，故气层的中子伽马计数率为高值。

③ 分油、水界面。

对于岩性、孔隙度稳定的地层，水层的中子伽马计数率相对较高，用中子伽马测井可识别高矿化度水层，结合电测井信息可划分油、水界面。图 9–38 给出中子伽马测井识别油、水界面的实例。储层顶部电阻率为高值，中子伽马测井为低值，判别为油层；储层底部电阻率为低值，中子伽马测井为高值，判别为水层；储层中间部分为油水过渡带。

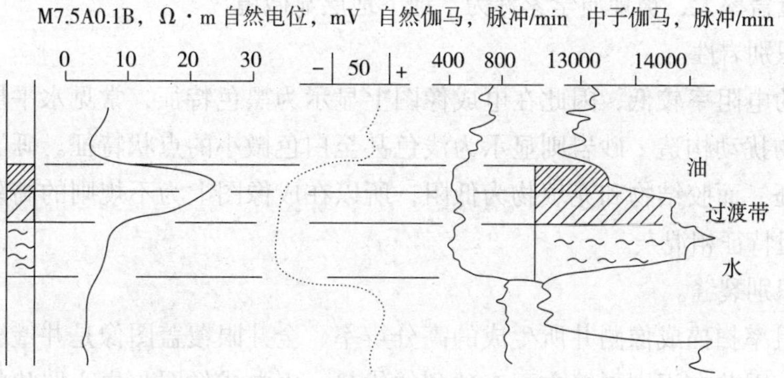

图 9–37 中子伽马测井识别油、水界面的实例

4. 成像测井简介

成像测井技术是美国率先推出的具有三维特征的测井技术，是当今世界上最新的测井技术。它是在井下采用传感器阵列扫描测量或旋转扫描测量，沿井眼纵向、周向或径向大量采集地层信息，传输到井上以后，通过图像处理技术得到井壁的二维图像或井眼周围某一探测深度以内的三维图像。因此，成像测井图像描述地层的方式比以往测井曲线表示地层一维信息的方式更精确、更直观、更方便。

成像测井方法主要包括井壁成像测井（微电阻率成像、声波井周成像）、方位电阻率测井、阵列感应测井、多极阵列声波测井及核磁共振测井等。下面以微电阻率扫描测井方法为例介绍该方法的原理与应用。

1）微电阻率扫描测井原理

微电阻率扫描测井主要反映井壁附近地层电阻率的变化。测井时，它利用测井仪器多极板上的多排纽扣状的小电极向井壁地层发射电流，在电压一定的情况下，遇有高电阻地层时电流强度小，遇有低电阻地层时电流强度大。通过测量电流强度的变化，即可得出地层电阻率的变化。目前美国斯伦贝谢公司研制的全井眼地层微电阻率扫描成像测井仪（FMI）有 8 个极板，每个极板上装有 2 排电极，每排 12 个电极，共有 192 个电极。这些电极与井壁 80% 的面积相接触，因此在井周 360° 范围内对每一深度处进行微电阻率扫描测量。根据测得的数据，经处理后得出井壁环形展开图，显示出地层的结构、岩性、裂缝及断裂等。

当井壁地层的岩性、结构发生变化，或地层内存在裂缝、溶洞时，电阻率将会发生变化。测井仪探测并记录这种变化后，经过处理把井壁上各点电阻率的微细差异转换成亮度不同的图像，直观反映井壁附近地层各种特征变化。图像颜色越浅，反映电阻率越高；图像颜色越深，则反映电阻率越低。

2）微电阻率扫描测井的用途

微电阻率扫描测井主要反映井壁附近地层电阻率的变化，使用测井图像可将沉积环境和地层内部结构、地层内裂缝、溶蚀孔洞显示出来。其测量精度高，图像清晰，井眼覆盖率大，被地质学家称为“地下地层显微镜”。

（1）识别岩性。

泥岩的电阻率较低，因此在电成像图上显示为黑色特征，常见水平层理、块状层理及生物扰动构造；砂岩则显示为浅色甚至白色微小的点状特征。砾岩由于表现为高阻特征，而胶结物和充填物为低阻，所以在成像图上为不规则的高阻白色与不规则的低阻特征相混杂。

（2）识别裂缝。

微电阻率扫描成像测井所生成的高分辨率、全井眼覆盖图像是井壁缝洞的直接成像结果，因此在识别裂缝方面有独到的优势。由电成像图与岩心照片的对比可以看出，电成像图与岩心照片非常接近。井壁上的天然裂缝和人工诱导缝由于成因不同，特征也不完全相同，所以在 FMI 图像上也有所差别：

① 天然裂缝面不规则，缝宽变化大，诱导缝反之。

② 诱导缝的延伸不大，深侧向电阻率下降不明显。

③ 诱导缝只与地应力有关，故排列整齐，规则性强，而天然裂缝受多期构造运动形成，又遭受地下水侵蚀，分布不规则。

（3）识别其他地质现象。

应用 FMI 图像还可以根据断层面处地层发生错动，相同厚度地层不连续的特征识别断层；根据地层界面常表现为一组相互平行或接近平行的电导率异常，而且异常的宽度窄而均匀的特征识别地层界面；根据缝合线一般平行于层界面，且两侧有近垂直的细微高电导异常特征识别缝合线等。

## 第四节　地质录井

地质录井简称录井 (Well Logging)，是在整个钻井过程中，直接和间接系统地收集、记录、分析来自井下的各种信息的工作，是所有录井工作的总称。它的目的是将直接和间接收集、记录的信息加以综合分析，弄清油气层的位置、厚度、流体性质等，为固井、试油、确定完钻深度等提供充分的依据（图 9–38）。

直接信息来源包括地下岩心、岩屑、油气显示和地球化学录井；间接信息来源包括钻井、钻速、钻井液性能变化，各种地球物理测井等。地质录井是配合钻井勘探油气的一种重要手段，是随着钻井过程利用多种资料和参数观察、检测、判断、分析地下岩石性质和含油气情况的一种方法。地质录井方法主要包括岩屑录井、岩心录井、钻时录井、荧光录井、钻井液录井及气测录井等。

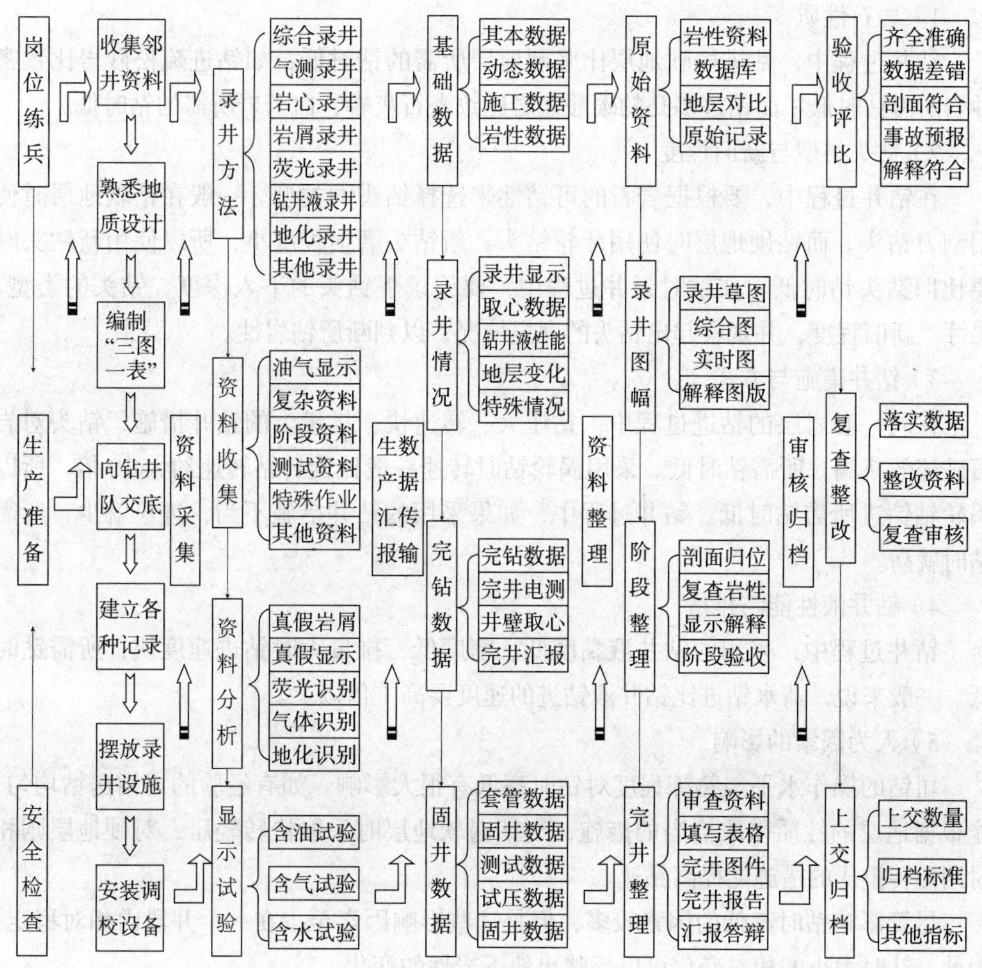


图 9–38 地质录井工作流程图

## 一、钻时录井

钻时是指在钻井过程中每钻进一定厚度的岩层所需要的时间，单位为 min/m。钻时是钻速（m/h）的倒数，钻速越快，钻时越小；钻速越慢，钻时越大。

钻进速度的快慢，一方面取决于地下岩石的可钻性；另一方面又要取决于钻井措施，如钻压、转速、排量的配合，钻井液性能、钻头类型及使用情况等。因此，根据钻时的大小，既可以帮助判断井下地层岩性变化和缝洞发育的情况，又能帮助工程人员掌握钻头使用情况，提高钻头利用率，改进钻进措施，提高钻速，降低成本。钻时录井特点是简便、及时。

在新的探区，一般是每米记录一次钻时，到达目的层则可加密到 0.5~0.25m 记录一次。

1. 影响钻时的因素

1）岩石性质

钻井过程中，钻进松软地层比坚硬地层所需的钻时低，如钻进疏松砂岩比致密砂岩所需钻时低；而钻进多孔的碳酸盐岩比致密石灰岩、白云岩所需的钻时低。

2）钻头类型与新旧程度

在钻井过程中，要根据岩石的可钻性来选择钻头的类型。一般在钻软地层时使用刮刀钻头，而钻硬地层时使用牙轮钻头。新钻头磨损程度小，所以使用新钻头时要比旧钻头钻时低。在钻时录井过程中，要记录下钻头的下入深度、钻头的类型、尺寸、新旧程度，并观察起出钻头的磨损情况，以判断所钻岩性。

3）钻井措施与方式

在同一套岩层的钻进过程中，钻压大、转速快、排量大的钻井措施，钻头对岩石破碎效率高，所需钻时低。采用涡轮钻时转速一般比旋转钻转速约大 10 倍，所以涡轮钻钻进所需钻时低。钻井过程中，如果采用的钻井措施不当，进尺就少，所需钻时就高。

4）钻井液性能与排量

钻井过程中，采用的钻井液黏度低、密度低、排量大时钻进速度快，所需钻时低。一般来说，清水钻进比钻井液钻进的速度要高 1 倍以上。

5）人为因素的影响

司钻的操作水平与熟练程度对钻时高低有很大影响。如有经验的司钻送钻均匀，能根据地层的性质采取恰当的措施，当钻遇软地层时采取快转轻压，对硬地层则相对用慢转重压的措施能提高钻速。

尽管影响钻时高低的因素较多，但是这些影响因素至少在一个井段内相对稳定，因此，钻时大小的相对变化可以反映出地下岩性的变化。

2. 钻时曲线的绘制与应用

1）钻时曲线的绘制

钻井过程中，以纵坐标代表井深，横坐标代表钻时，将每个钻时点按纵横比例尺点在图上，连接各点即成为钻时曲线（图 9–39）。纵向比例尺一般采用 1∶500，以便与测井标准曲线对比以及岩屑归位。为了便于解释，还需要在曲线旁用符号或文字在相应深度上标注接单根、起下钻、更换钻头位置等内容。

2）钻时曲线的应用

利用钻时曲线可以定性地判断岩性，解释地层剖面。

钻进过程中，当其他条件不变时，钻时的变化反映了岩性的差别。疏松含油砂岩钻时最低，普通砂岩较低，而泥岩、灰岩较高。对于碳酸盐岩地层，利用钻时曲线可以判断缝洞发育的井段。如果突然发生钻时变低、钻具放空的现象，说明井下可能遇到缝洞层。但应该指出的是，同一岩石类型，随着岩石埋藏深度和胶结程度等不同，反映在钻时曲线上也各不相同。

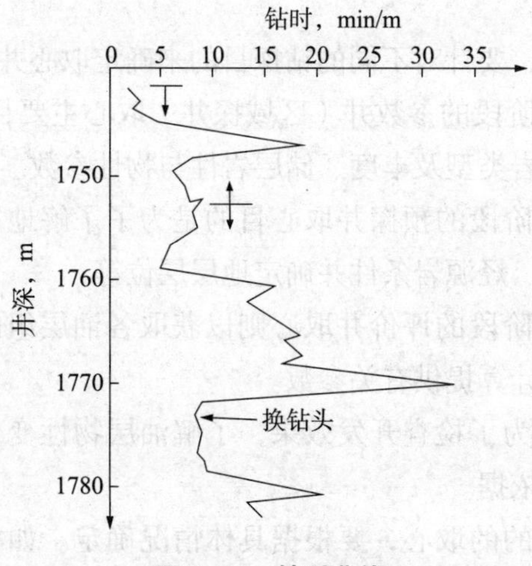


图 9–39 钻时曲线

在尚未进行测井的井段，还可以根据钻时曲线并结合录井剖面，进行初步的地层划分和对比工作。

## 二、岩心录井

在钻井过程中，用一种取心工具将井下的岩石完整地取上来，这种岩石就称为岩心（图 9–40）。岩心是最直观、最可靠地反映地下地质特征的第一性资料。

图 9–40 钻井取得的岩心

通过对取得的岩心进行分析，可以：

（1）考察古生物特征，确定地层时代，进行地层对比；

（2）研究储层岩性、物性、电性、含油性的关系；

（3）掌握生油特征及其地化指标；

（4）观察岩心岩性、沉积构造，判断沉积环境；

（5）了解构造和断层情况，如地层倾角、地层接触关系、断层位置；

（6）检查开发效果，了解开发过程中所必需的资料数据。

岩心录井包括按照设计要求卡准取心层位和井段、岩心出筒、整理、观察、描述及选送分析样品全过程的有关内容。

1. 取心原则

在石油钻探过程中，要针对不同的钻探目的来确定取心井段。

（1）初期区域勘探阶段的参数井（区域探井）取心主要目的是了解地层、构造、生储盖组合特征、烃源岩类型及丰度、储层岩性与物性参数。

（2）中期圈闭预探阶段的预探井取心目的是为了了解地层岩性、含油气层段的岩石物性、含油气情况、烃源岩条件并确定地层层位等。

（3）后期油藏评价阶段的评价井取心则以获取各油层组的岩性、物性、含油性等资料为目的，为储量计算提供有关参数。

（4）开发井取心是为了检查开发效果，了解油层物性变化及剩余油的分布，为研究油藏水驱效果提供依据。

（5）此外，特殊目的的取心，要根据具体情况确定。如构造取心，是为了解构造产状特征；断层取心，是为了解断层情况；地层取心，是为了解地层的岩性和时代。

2. 岩心整理

钻井取心时，要在下入井内钻柱的最下端接上一套特制的取心工具（图 9–41），取心钻头在垂直载荷和扭矩的联合作用下，对井底的岩石进行环形破碎，中间保留一段圆柱状的岩心进入岩心筒。当钻进取心到一定长度后，采用与工具相匹配的方法和措施，将钻头端部的岩心割断后起钻，取心工具与钻具一起提出地面后，即可取出岩心筒内的岩心。

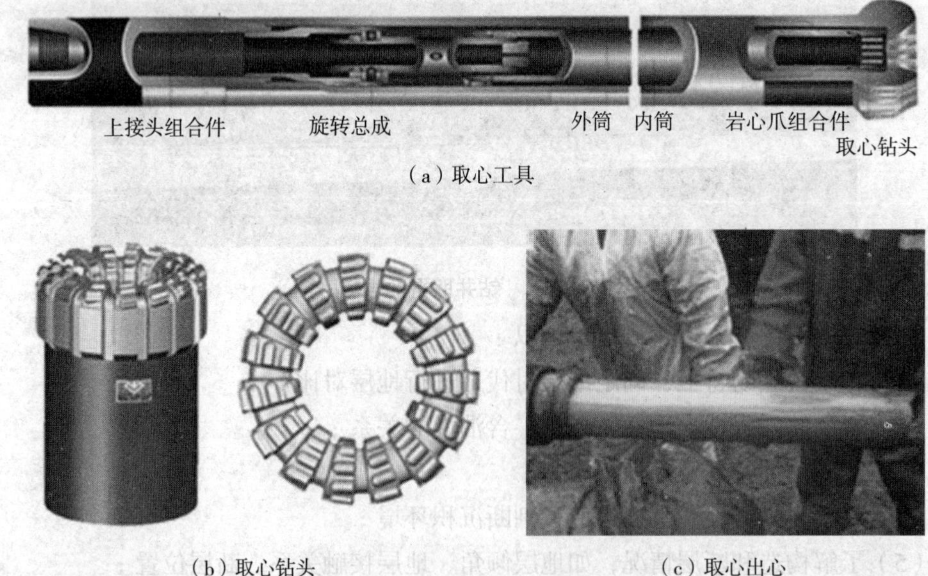


（a）取心工具

（b）取心钻头

（c）取心出心

图 9–41　取心工具及出心

1）岩心出筒

岩心出筒是将取得的岩心从取心筒中取出，关键是要保证岩心次序、排列不乱，并尽可能保证岩心的完整和原有特征。按照出筒顺序及时清洗岩心（常规水基钻井液取心可用水洗；油基钻井液取心只许用无水柴油清洗；密闭取心禁止用任何流体清洗，而采用竹、木片及棉纱清除岩心上的密闭液）。岩心出筒时，还要及时观察岩心出油、冒气、含水的情况，进行荧光直照、滴照和滴水试验，做好记录。对作含油饱和度分析的岩心禁用水洗，及时细描、蜡封，尽快送样分析。

2）岩心丈量

岩心出筒后，首先要清除“假岩心”（包括井壁岩石掉块及压缩滤饼等）。岩心清洗干净后，要对好断面使茬口吻合，磨光面和破碎岩心摆放要合理，由顶到底用尺子进行一次丈量，长度要读至厘米，还要自上而下作出累积的半米及整米记号，用红、黑铅笔划出两条平行线，箭头指向钻头位置（上为红线，下为黑线）。

然后要计算出岩心收获率，计算精度到小数点后一位。

$$岩心收获率=\frac{本筒岩心长度}{本筒取心进尺}\times 100\%$$

一口井按照取心设计可能取得有多筒岩心，在岩心取完后，还应计算出总的岩心收获率。

$$岩心总收获率=\frac{全井岩心总长}{全井岩心进尺}\times 100\%$$

3）岩心编号

将丈量完的岩心按井深自上而下、由左向右的顺序依次装入岩心盒内，然后进行涂漆编号。编号密度原则上储层按 20cm 一个，其他岩性按 40cm 一个，应在本筒的范围内，按自然断块自上而下逐块编号。编号采用带分数形式表示，如 $3\frac{2}{10}$ 表示第 3 次取心中共有 10 块岩心，此块为第 2 块（图 9–42）。

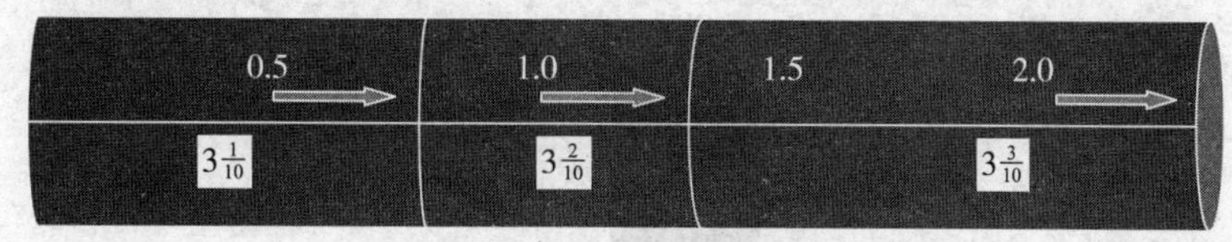


图 9–42 岩心编号

岩心盒内的岩心每筒次之间要用隔板隔开，并贴上岩心标签，以便区别和检查（图 9–43）。

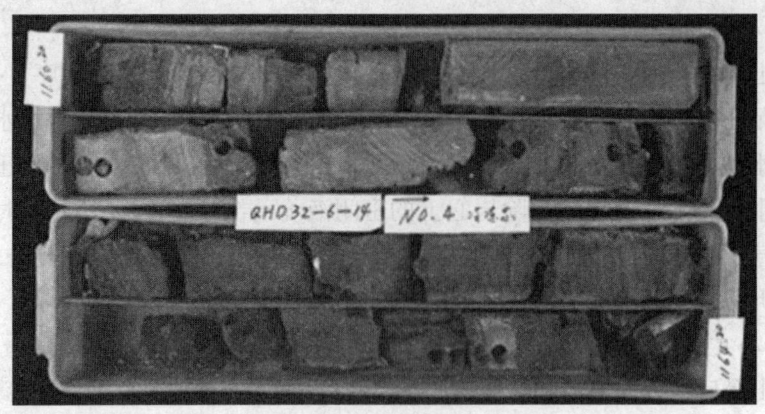


图 9–43 岩心装盒

3. 岩心观察描述

岩心观察描述是一项重要而细致的地质基础工作，既要全面观察，又要重点突出。对含油气岩心的观察描述，应及时进行，以免油气逸散挥发而漏失资料。

1）岩心油、气、水观察

岩心的油、气、水观察要从取心钻进开始，直到岩心描述结束。取心钻进时，要及时观察钻井液槽面的油气显示情况。岩心出筒时，当取心钻头一出井口，要立即观察从钻头内流出来的钻井液中油气显示特征，边出筒边观察油气在岩心表面的外渗情况，注意油气味。岩心清洗时，要边洗边做浸水试验。岩心描述时，对含油岩心除柱面、断面观察外，要特别注意观察剖开新鲜面含油情况。凡是储层岩心，无论见油与否，都要做荧光试验。

（1）含气试验。

清洗岩心时，将岩心浸入清水下约 20mm，观察岩心的含气冒泡情况（图 9–44），如气泡的大小、部位、连续性、持续时间、声响程度、与缝洞关系、有无 $H_2S$ 味等。凡是冒气泡的地方要用彩色笔圈出，凡能取到气样者，都要用针管抽吸法或排水取气法取样分析。

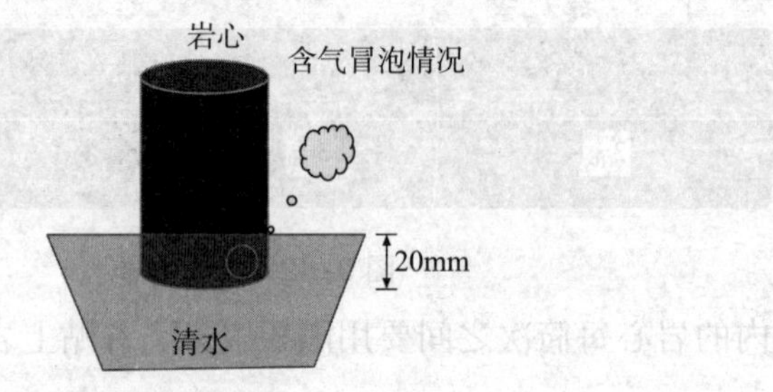


图 9–44 含气试验观测

（2）含水观察。

岩心的含水观察可直接观察岩心剖开新鲜面的湿润程度，分为以下 3 个级别：

①湿润：岩心明显含水，观察可见到水外渗。

②有潮感：岩心含水不明显，手触有潮感。

③干燥：岩心不见含水，手触无潮感。

（3）滴水试验。

滴水试验是用滴管滴一滴水在含油岩心平整的新鲜面上（滴时不宜过高），观察水滴的形状与渗入岩心的速度（图 9–45），以其在 1min 之内的变化为准将含油岩心划分为 4 级。

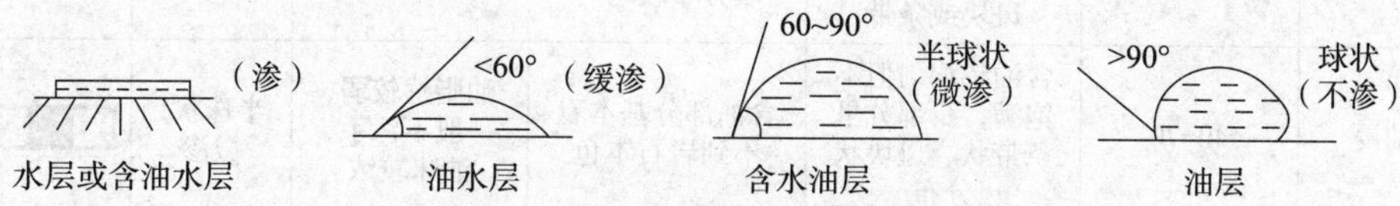


**图 9–45 滴水试验判断岩心含油情况**

①渗：水滴保不住，滴水即渗，判断是含油水层。

②缓渗：水滴呈凸透镜状，浸润角小于 60°，扩散渗入慢，判断是油水层。

③半珠状：水滴呈半珠状，浸润角为 60° ~90°，不见渗入，判断是含水油层。

④珠状：水滴不渗，呈圆珠状，浸润角大于 90°，判断是油层。

（4）荧光试验。

沉积岩中的沥青和原油等在紫外光照射下有不同的发光现象（图 9–46），因此采用荧光照射岩心，观察它的发光程度，并和荧光标准参照值对比来判断岩心的含油气情况。

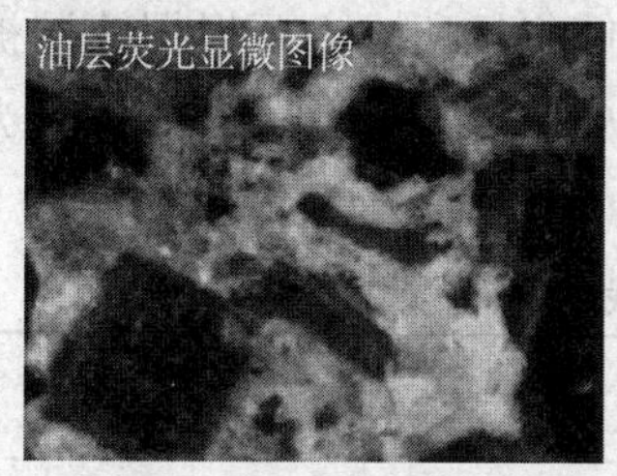

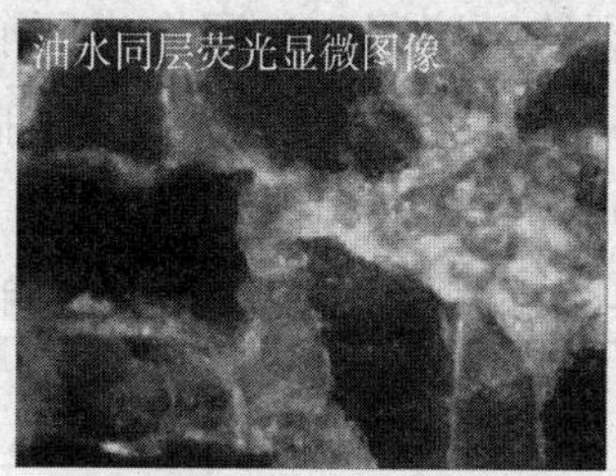

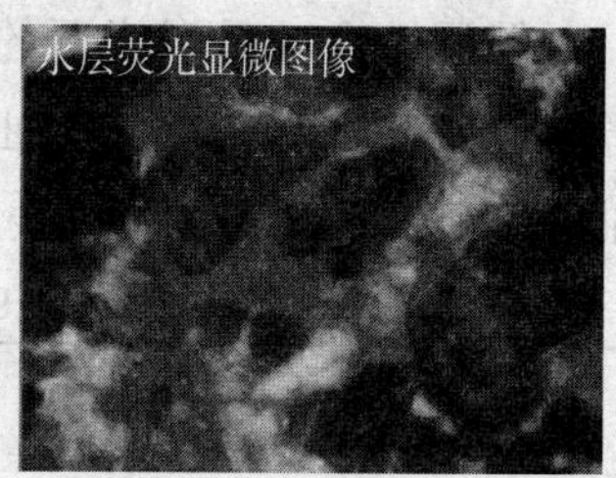


**图 9–46 岩心荧光显微图像**

2）岩心含油级别的确定

含油级别是岩心中含油多少的直观标志。根据储层储油特性不同，可以分为孔隙性含油与缝洞性含油，并分别划分出含油级别。

（1）孔隙性含油。

孔隙性含油是以岩石颗粒骨架间分散孔隙为原油储集场所，含油级别可根据岩石新鲜面含油面积、含油饱满程度、含油颜色、油脂感等划分为饱含油、富含油、油浸、油斑、油迹、荧光 6 级（表 9–3）。

**表 9–3　孔隙性岩心（石）含油级别划分**

| 含油级别 | 含油面积，% | 含油饱满程度 | 颜色及均一性 | 油脂感及油味 | 滴水 | 符号 |
|---|---|---|---|---|---|---|
| 饱含油 | ＞95 | 含油均匀饱满，常见原油外渗，仅局部见不含油斑块 | 看不到岩石本色，原油多为黄色或棕褐色，分布均匀 | 油脂感强，可染手，油味很浓 | 珠状，不渗 | |
| 富含油 | 70~95 | 含油均匀较饱满，新鲜面有时见原油外渗，含较多的不含油的斑块或条带 | 难以看到岩石本色，多为浅棕—黄褐色，原油充填分布较均匀 | 油脂感较强，可染手，油味浓 | 珠状或半珠状，基本不渗 | |
| 油浸 | 40~70 | 含油较均匀但不饱满，少部分呈条带状、斑块状分布 | 含油部分基本看不到岩石本色 | 油脂感较弱，一般不污手，油味较浓 | 半珠状，微渗 | |
| 油斑 | 5~40 | 含油不饱满，不均匀，多呈斑块状、条带状分布 | 可见岩石本色，仅含油部分呈灰褐色、深褐色 | 无油脂感，不污手，油味淡 | 含油处半珠状，缓渗 | |
| 油迹 | ＜5 | 肉眼可见零星状含油痕迹，氯仿浸泡及滴照荧光明显 | 基本为岩石本色，仅局部油迹处呈浅灰褐色 | 无油脂感，不污手，可闻到油味 | 滴水缓渗—渗 | |
| 荧光 | 无法估计 | 肉眼观察无含油痕迹，滴照有荧光显示，浸泡定级≥7级 | 全为岩石本色 | 无油脂感，不污手，一般闻不到油味 | 除凝析油外，基本都渗 | |

（据《地质监督与录井手册》编委会，2001）

（2）缝洞性含油。

缝洞性含油是以岩石的裂缝、溶洞、晶洞作为原油储集场所，主要根据缝洞被原油浸染的百分比表示含油程度，结合含油产状、油脂感、颜色及油味情况划分为油浸、油斑、荧光 3 级（表 9–4）。

**表 9–4　缝洞性岩心（石）含油级别划分**

| 含油级别 | 缝洞被原油浸染 % | 缝洞壁及充填物含油产状 | 油脂感 | 颜色及油味 |
|---|---|---|---|---|
| 油浸 | ＞40 | 缝洞壁见岩石及充填物本色部分较少 | 油脂感强，污手 | 含油色较深，油味较浓 |
| 油斑 | ＜40 | 缝洞壁绝大部分可见岩石及充填物本色 | 油脂感弱或较弱，微污手或不污手 | 含油色较浅，油味较淡或无油味 |
| 荧光 | 肉眼观察无含油痕迹，干照、滴照可见荧光显示，浸泡定级≥7级 | 缝洞壁岩石及充填物本色清晰可见 | 油脂感无，不污手 | 无油味 |

（据《地质监督与录井手册》编委会，2001）

3）岩心描述内容

岩心描述通常包括描述岩石的颜色、矿物成分、结构、含有物、胶结类型、层理构造、地层倾角、接触关系以及含油、气、水情况等，并要确定岩石名称。

4. 井壁取心

用井壁取心器按指定的位置在井壁上取出地层岩心的方法称为井壁取心。井壁取心的目的是为了证实地层的岩性、含油性和电性的关系，以及为了满足地质方面的特殊要求。一般使用测井电缆将取心器下入井中，用炸药将取心器打入井壁，取下小块岩石来获取岩心。

1）井壁取心原则

（1）证实油气层段及可疑油气层段。

（2）岩性电性关系有矛盾井段。

（3）钻井取心收获率低，需要进一步落实岩性、油气显示的井段。

（4）相邻井有油气显示而本井未见显示的井段。

（5）地层分界、风化壳上下或特殊岩性段。

（6）其他专项要求和分析化验要求的井段。

2）井壁取心描述

井壁取心描述内容基本上与钻井取心相同，在录井图上用特殊的符号表示（图9–47）。

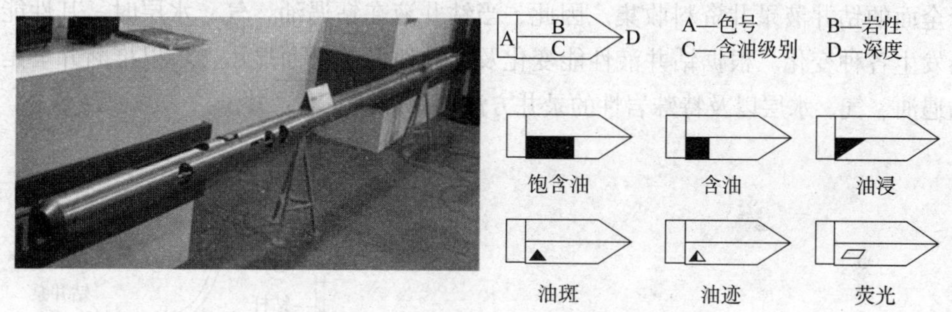


图 9–47　国产 HH–1 型钻进式井壁取心器及录井图示

## 三、钻井液录井

普通钻井液是由黏土、水和一些无机或有机化学处理剂搅拌而成的悬浮液和胶体溶液的混合物，其中黏土呈分散相，水是分散物质，组成固液分散体系（图9–48）。

钻井液根据具体用途不同可以分为很多种，常见的有以下两种类型：

（1）水基钻井液：一般用黏土与水搅拌而成，是钻井中使用最广泛的一种钻井液。

（2）油基钻井液：以柴油（约占 90%）为分散剂，加入乳化剂、黏土等配成。这种钻井液失水量少，成本高，配制条件严格，一般很少使用，主要用于取心分析原始含油饱和度。

图 9-48　钻井液池

在钻进时，钻井液不停地进行循环（图 9-49），当钻井液在井中与各种不同的岩层及油、气、水层接触时，钻井液性能就会发生变化，因此可以大致推断地层性质及含油、气、水情况。当地下的地层压力大于钻井液液柱压力时，地层中的流体就会进入钻井液，并随钻井液循环返出井口，且呈现不同的状态和特点，这就要求进行全面的钻井液录井资料收集。因此，当钻井液在钻遇油、气、水层时，其性能就会发生各种变化。根据钻井液性能变化及返到地面的槽面显示，可以推断井下是否钻遇油、气、水层以及特殊岩性的录井方法，称为钻井液录井。

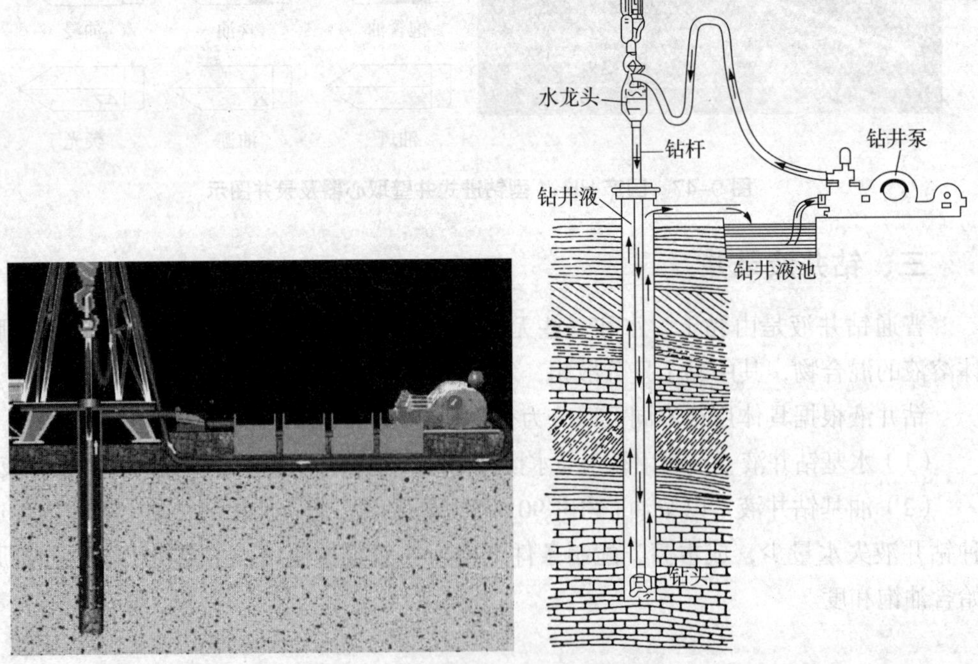


图 9-49　钻井液循环过程示意图

1. 钻井液的用途

钻井液是钻井施工中十分重要的组成部分，钻井液性能的优劣对钻井速度、钻井安全和油井投产后产量的高低起着至关重要的作用。钻井过程中若失去钻井液的循环，钻井工作就无法进行，故人们常用“泥浆是钻井的血液”来形象地比喻钻井液在钻井中的重要地位。

钻井液主要有 6 项功能：

（1）携带和悬浮井筒中的岩屑。

钻井液是一种胶状流体，在钻进循环时能将井底钻头破碎的岩屑带出地面，在钻井泵不能工作或起下钻的过程中，钻井液还可将岩屑悬浮在井筒内不至于下沉到井底。

（2）平衡井下的地层压力，防止井喷、井漏。

地层中油、气、水层的压力是不同的，因此要求使用有一定密度的钻井液，用来平衡地层流体的压力以防止发生井喷。

（3）冷却、润滑钻头和钻具。

钻头和钻具在井下工作时与地层摩擦发热，钻井液在不断循环的过程中可吸收并带走热量，冷却钻头和钻具，而且钻井液从井内返出流到地面后，可以自行放出钻井液中吸收的热量，形成循环冷却。同时，钻井液还对钻头和钻具有润滑的作用。

（4）保护井壁，防止地层垮塌。

井下地层岩石中有孔隙和裂缝，在压力下钻井液中的自由水会向地层内渗透，而钻井液中固相颗粒则黏附在井壁上形成薄而坚韧的滤饼，可以保护井壁不垮不塌。

（5）保护油气层。

钻井过程中使用优质钻井液可以减小钻井液液柱压力与井下油气产层的压差，在井筒的井壁上形成优质的滤饼，防止钻井液中的水和微细颗粒进入地层，这些方法和措施都可有效地保护油气层。

（6）提高钻井速度。

在喷射钻井过程中，钻井液的高压射流可以协助破碎岩石，并清除井底钻头破碎地层处的垫层，大大加快钻头的钻进速度。

2. 钻井液录井资料的收集

1）钻井液油、气、水显示的分类

油花、气泡：油花或气泡占槽面 30% 以下。

油气侵：油花或气泡占槽面 30% 以上，钻井液性能变化明显。

井涌：钻井液涌出至转盘面以上，但不超过 1m。

井喷：钻井液喷出转盘面 1m 以上，喷高超过二层平台称强烈井喷（图 9–50）。

井漏：钻井液量明显减少（图 9–51）。

图 9–50　井喷现场

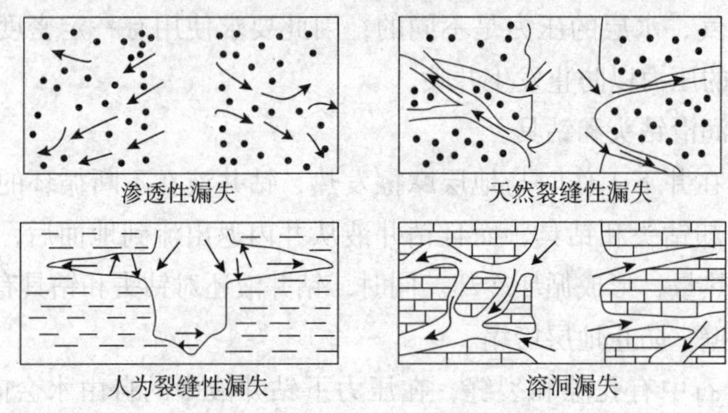


图 9–51　钻井井漏原因

2）资料录取内容

（1）槽面显示资料录取。

①连续监测钻井液性能及气测值的变化。

②记录油气显示时间及相应井深。

③观察记录油气显示的产状及随时间的变化情况。内容包括：油花或原油的颜色、产状（如片状、条带状、星点状或不规则状等）；气泡大小及分布特点；油气显示占槽面面积的百分比；油气味或硫化氢味的浓度；槽面上涨、外溢情况及外溢量；钻井液性能的相应变化。

④估算油气显示深度和层位。

⑤槽面见油、气、水显示时，必须取样进行分析。

（2）井漏、井涌等复杂情况资料收集。

①井漏时应观察记录：漏失井段、岩性、时间、漏失量及漏失前后的泵压、排量和钻井液性能、体积的变化；井口返出情况，包括返出量，有无油、气、水显示；井漏处理情况，包括堵漏时间，堵漏物，泵入数量，堵漏时钻井液性能，有无返出物；井漏原因分析。

②井涌、井喷时应收集：井涌、井喷的井段、层位、时间、岩性；大钩负荷变化情况；井涌、井喷前及井涌、井喷过程中含油、气、水情况与气体组分的变化情况，泵压和钻井液性能的变化情况；井涌、井喷时，如有条件，应连续取样分析；井涌、井喷原因分析，如异常压力的出现、放空井涌、起钻抽吸等。

最后，由录井公司综合分析后，集典型测井曲线、地层分层、岩性、测井解释、气测解释、综合解释为一体，形成录井综合图（图 9–52），供后续油气地质研究工作参考使用。

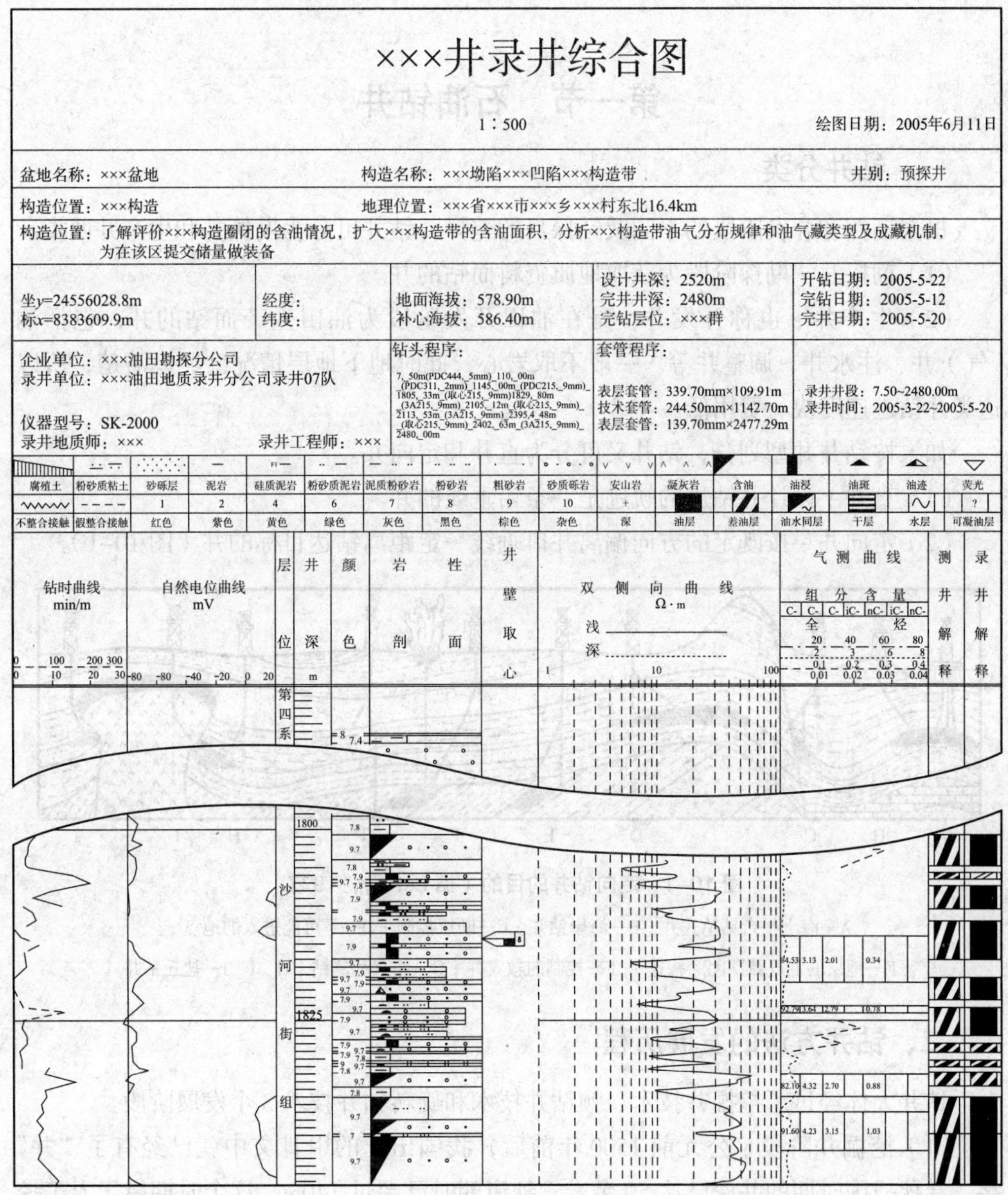


图 9–52　录井综合图

# 第十章　油气田开发

## 第一节　石油钻井

### 一、钻井分类

根据勘探和开发阶段的不同及钻探目的差异，钻井可分为勘探井和生产井两类。

（1）勘探井：勘探阶段为获取地质资料而钻的井。

（2）生产井：也称开发井，是在油田开发阶段为油田生产而钻的井，包括油（气）井、注水井、调整井等。一般不取岩心，此时地下地层情况已经摸清楚，所以这类井钻进速度快、费用低。

如果按钻井井型划分，钻井又可分为直井和定向井。

（1）直井：设计并钻进的轨迹是一条铅垂线的井。

（2）定向井：按既定的方向偏离井口垂线一定距离钻达目标的井（图 10-1）。

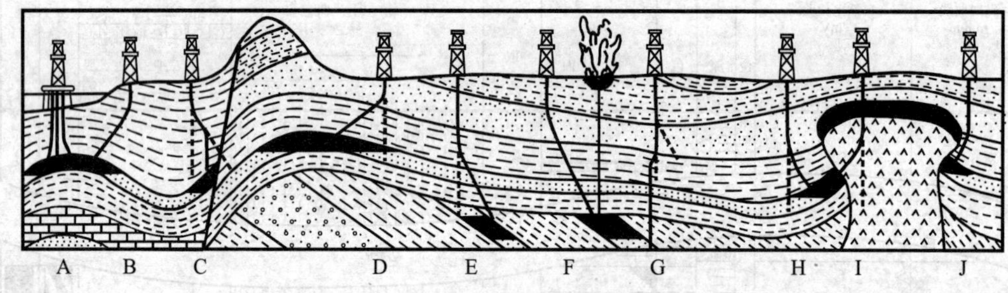


图 10-1　定向钻井的目的（据 LeRoy，1977）

A—海上平台钻丛式井；B—海岸钻井；C—断层控制；D—不可能进入的地点；

E—地层的油气藏圈闭（构造）；F—控制的救灾井；G—纠直和侧钻；H、I、J—盐丘钻井

### 二、钻井方法的发展历程

钻井大体经过了挖掘井技术、顿钻井技术和旋转钻井技术 3 个发展阶段。

（1）挖掘井阶段：公元前 1500 年前后，我国出土的甲骨文中就已经有了“井”字，春秋战国时期的井深已达 50 余米，到唐朝时已超过 140m。这个时期属于人工挖

掘井阶段，依靠人工手持工具进行挖掘，井的直径大约为1.5m，人可以从井筒下到井底。

（2）顿钻井阶段：北宋庆历年间（公元1041—1048年），我国古代钻井技术有了新的发展，出现了顿钻钻井技术，开创了世界近代“绳式顿钻”钻井技术的先河。钻井井筒直径有碗口大小，井深可达130m左右，古称“卓筒井”。它是一种用直立粗大的竹筒用竹片当绳索从地下捞取卤水的盐井。卓筒井的施工很像古代的舂米，所不同的是，它的锥头下吊着一种特殊的圆銼，里面有一把直刃。圆銼的直径与南方的楠竹相当，因此卓筒井的井孔呈圆形。在人力作用下，銼不断地被高高吊起，然后依靠自身的重力不断地冲击地下的泥土和岩石。圆銼每冲击一次之后就换个角度，以便銼内的直刃把井底的岩石击碎（图10–2）。这种钻井方式称为“冲击式顿钻”。

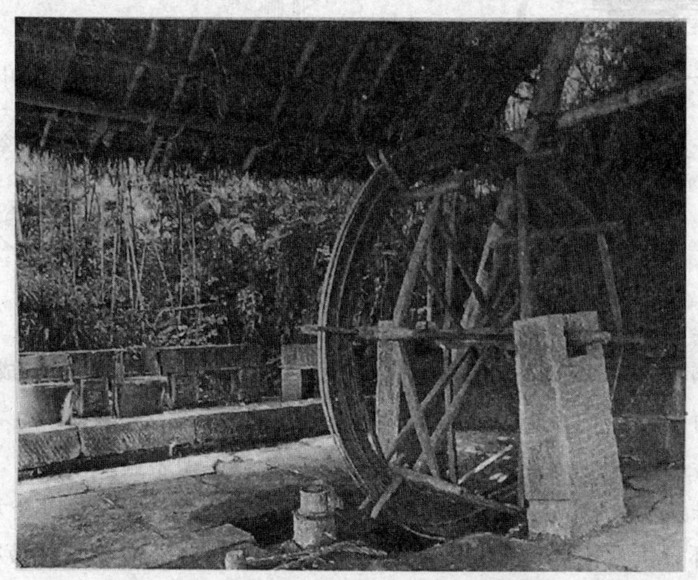

图10–2 中国古代“冲击式顿钻”

（3）旋转钻井阶段：旋转钻井技术出现于19世纪末期，是利用安放在钻台上的转盘来带动钻柱钻头旋转的钻井方法，又称转盘钻井。

## 三、旋转（转盘）钻井设备

当今世界各国广泛采用旋转钻井方法，要求钻机有一套可旋转、提升的井下钻具并能够维持钻井液循环的设备及提供动力的系统。因此，旋转钻井设备主要由地面设备和井下钻具组成（图10–3）。

### 1. 地面设备

地面设备包括动力系统、旋转系统、起升系统及循环系统（图10–4）。

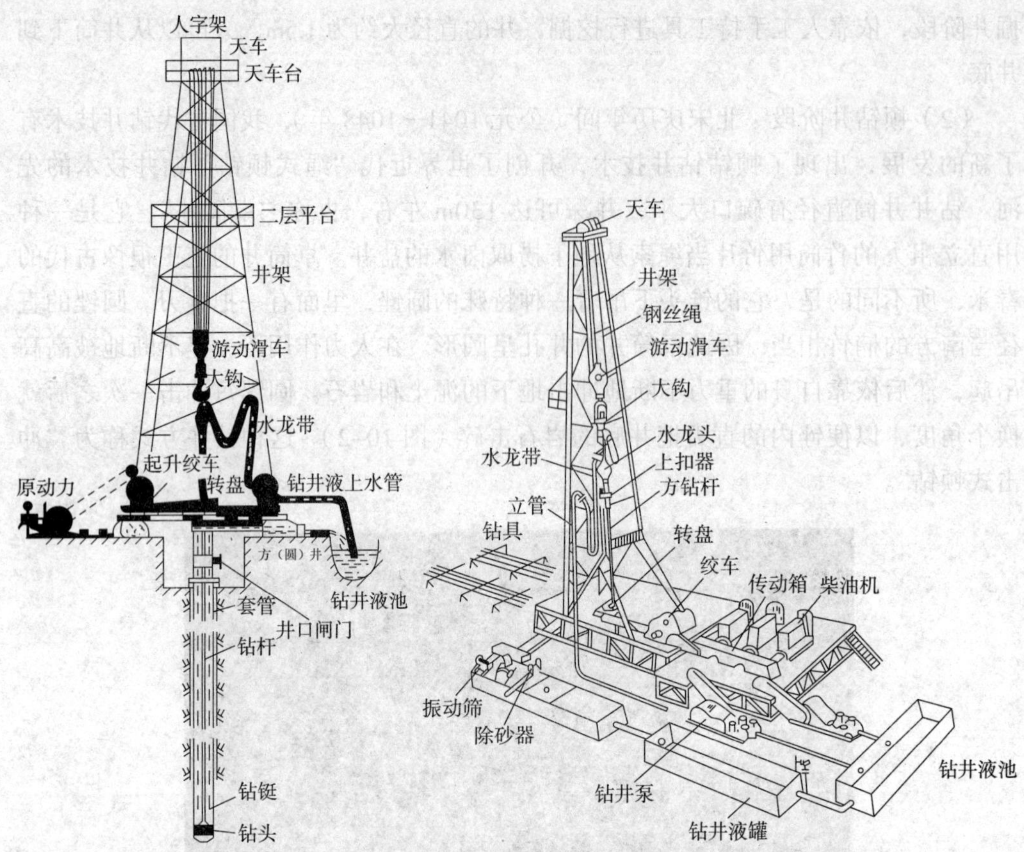


**图 10–3 旋转钻井地面与地下设备** **图 10–4 旋转钻井地面设备组成**

（1）动力系统：传递动力，包括原动机和传动装置。

（2）旋转系统：旋转钻杆，包括转盘、水龙头及传动装置。

（3）起升系统：起下井内钻具，包括井架、天车、滑车、绞车以及大钩。

（4）循环系统：循环钻井液，冲洗井底，包括钻井液池、钻井液槽、振动器、除砂器、除泥器、离心机等。

2. 井下钻具

井下钻具自下向上主要包括钻头、钻铤及钻杆。

（1）钻头：用来破碎岩石。钻头的种类有多种，在石油旋转钻井中，广泛应用的钻头是刮刀钻头、牙轮钻头和金刚石钻头（图 10–5）。

刮刀钻头是旋转钻井中最早使用的一种钻头［图 10–5(a)］。刮刀钻头结构简单、制造方便，在软地层中一般可获得较快的速度和较多的进尺。

牙轮钻头是石油钻井中应用最多的一类钻头［图 10–5(b)］。牙轮钻头在旋转时具有冲击、压碎和剪切破碎地层岩石的作用，所以牙轮钻头能够适应软、中、硬各种地层。

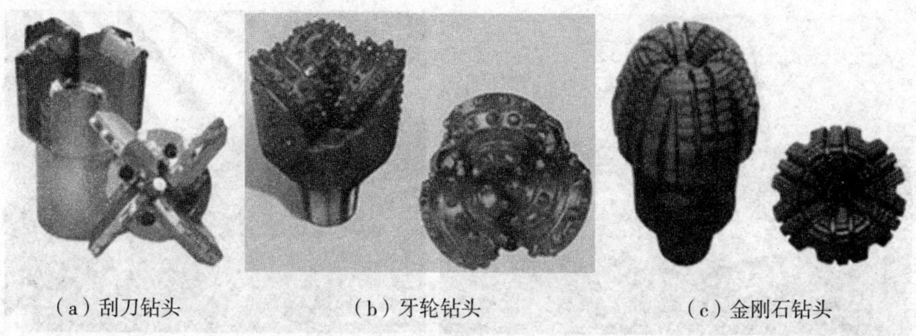

（a）刮刀钻头　（b）牙轮钻头　（c）金刚石钻头

图 10–5 常用钻头类型

金刚石钻头使用金刚石复合片用作切削刃［图 10–5(c)］。这类钻头属一体式钻头，整个钻头没有活动的零部件，结构比较简单，具有高强度、高耐磨和抗冲击的能力，是 20 世纪 80 年代世界钻井三大新技术之一。现场使用证明，金刚石钻头在地层中钻进时，有速度快、进尺多、寿命长、工作平稳、井下事故少、井身质量好等优点。

一只下井新钻头钻井进尺的多少主要取决于钻头的尺寸、类型、地层的软硬以及钻进参数的配合。一般来说，钻头尺寸越大、地层越硬，进尺越少；钻头尺寸越小、地层越软，钻头进尺就越多。

（2）钻铤：用来加重钻头压力，连接钻头和钻杆。

钻铤的位置在钻杆之下、钻头之上，也是空心的（图 10–6）。它的作用是给钻头提供钻进时的压力（俗称钻压），同时使钻具的下部组合有较大的刚度，保持井底钻头工作时的稳定性，有利于防止和克服钻井井斜。钻铤的壁厚大，一般为钻杆的 4~6 倍。

图 10–6 钻铤

（3）钻杆：作用是传递扭力和循环洗井液。

钻杆是井下钻柱的基本部分，一根钻杆就像一根圆形空心的钢柱，一般长 10m 左右（图 10–7）。这些钻杆接在方钻杆以下、钻铤之上的位置，主要作用是传递扭矩和输送钻井液，并用不断连接钻杆的办法来达到加深井眼的目的。

图 10-7　钻杆

## 四、钻井及完井过程

1. 钻前准备

钻前准备工作主要包括：确定设计好的井位，修公路运输钻井设备和器材，平井场，打基础，接通水电及通信联络，安装井架设备准备钻进（图 10-8）。这一套钻进之前的准备工作又称为钻前工程。

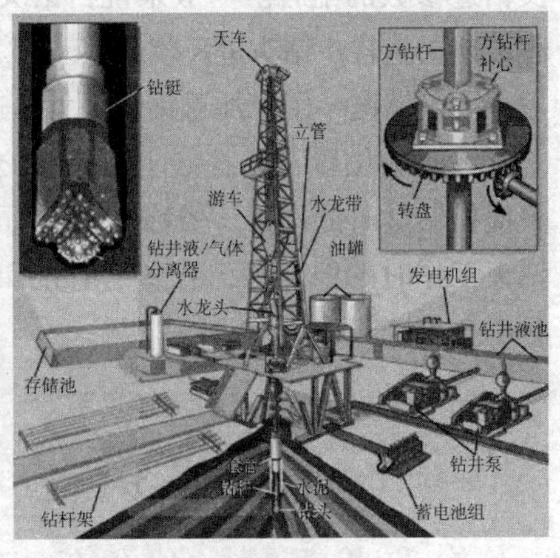


图 10-8　井架及钻井设备

2. 钻进过程

钻进过程是指开始钻井后所涉及的一系列工作。

（1）钻井参数的设定：如泵排量、泵压，钻井液喷射速度，钻压，钻具转速等。

（2）钻头选择：根据地层性质选择刮刀钻头、牙轮钻头、金刚石钻头等。

（3）钻具选择：包括方钻杆、钻杆、钻铤等设备的钻井液。

（4）钻井液选择：配比钻井过程中使用的合适钻井液。

（5）钻井取心：根据钻井目的进行井段取心。

（6）井下事故的预防和处理。如钻头事故（断刮刀片、掉牙轮和掉钻头等）、钻具事故（钻具刺坏、断钻具等）、套管事故（卡套管、断套管等）、井下落物事故（小工具等落入井内）、卡钻事故（钻具在井内不能上下活动或转动）、测井事故（测井电缆遇卡、遇阻或测井仪器落井等）、注水泥事故（固井时水泥浆在钻具内未替出、水泥浆返高不够，或将水泥浆全部替出环形空间等）以及井喷失控事故（不能人为控制的钻井井喷）等事故的预防与处理。

（7）固井：是指在已经打好的井眼内下入套管，并在套管与井壁之间注水泥封固的工作（图 10-9），包括下套管和注水泥两个工作内容。

固井的目的是封隔疏松、易塌、易漏的地层；封隔油、气、水层，防止互相窜通，形成油气通道；安装井口，控制油气流，以利于钻进和生产。

①下套管：套管用于钻井过程中和完井后对井壁的支撑，以保证钻井过程的进行以及完井后整个油井的正常运行，由钢管制成。根据功能不同，又分为表层套管、技术套管和油层套管。

表层套管是油气井套管程序里最外层的套管。在钻井开孔后钻到表土层以下的基岩，或钻达一定深度，下入表层套管。主要作用是：隔离上部含水层，不使地面水和表层地下水渗入井筒；保护井口，加固表土层井段的井壁；对于继续钻下去会遇到高压油气层的，在表层套管上安装防喷器预防井喷。表层套管的深度最少要下 100m。

技术套管是套管程序中间一层或两层的套管。对于井深较大的情况，对井眼中间井段的易塌、易漏、高压、含盐等地层起到隔离地层和保护井身的作用。下入技术套管可以保证对下部井眼顺利地钻进，也能保证钻进油气层的安全；技术套管上安装有套管头、四通防喷器，可以预防井喷。

油层套管又称生产套管，是油气井套管程序里的最后一层套管，从井口一直下到穿过油气层以下。油层套管下入的深度基本就是钻井的深度。油层套管的作用是形成油气到地面的通道，把油气与全部地层隔绝，保证油气压力不泄漏。油层套管在油气井转入生产之后，其质量要保证能够维持一定的开采年限。

②注水泥：在套管下入油井之后，要用水泥车将水泥浆自套管泵入井内，使其从套管鞋返回到套管与井壁之间的环形空间，并达到一定高度，这种作业即为注水泥。注水泥的目的是保证套管与井壁之间的固定，隔绝油、气、水层或者隔绝易坍塌及易漏地层。

表层套管与井壁之间的间隙全部要用水泥封堵，即固井注水泥时，水泥浆需返出井口，才能起到隔离地层和保护井壁的作用；技术套管与井壁间隙水泥封堵的高度，在被隔离的地层以上至少 200m；油层套管与井壁之间间隙的水泥封堵高度，在油气层以上至少 500m，或直至上一层套管内 200m。

（8）完井及试油：完井是钻井工程的最后环节，指一口井按地质设计的要求钻达目的层和设计井深以后直到交井之前所进行的一系列工作。工艺过程包括钻开生产层，确定完井井底结构，安装井底，使井眼与产层连通并安装井口装置等。

套管射孔完井（图 10–10），是先钻进穿透油层直至达到设计井深，然后下油层套管到油层的底部后注水泥固井，最后下入射孔枪射孔（图 10–11）。射孔弹射穿油层套管、水泥环并穿透油层一定的深度，从而建立起油流流向井筒内的通道。

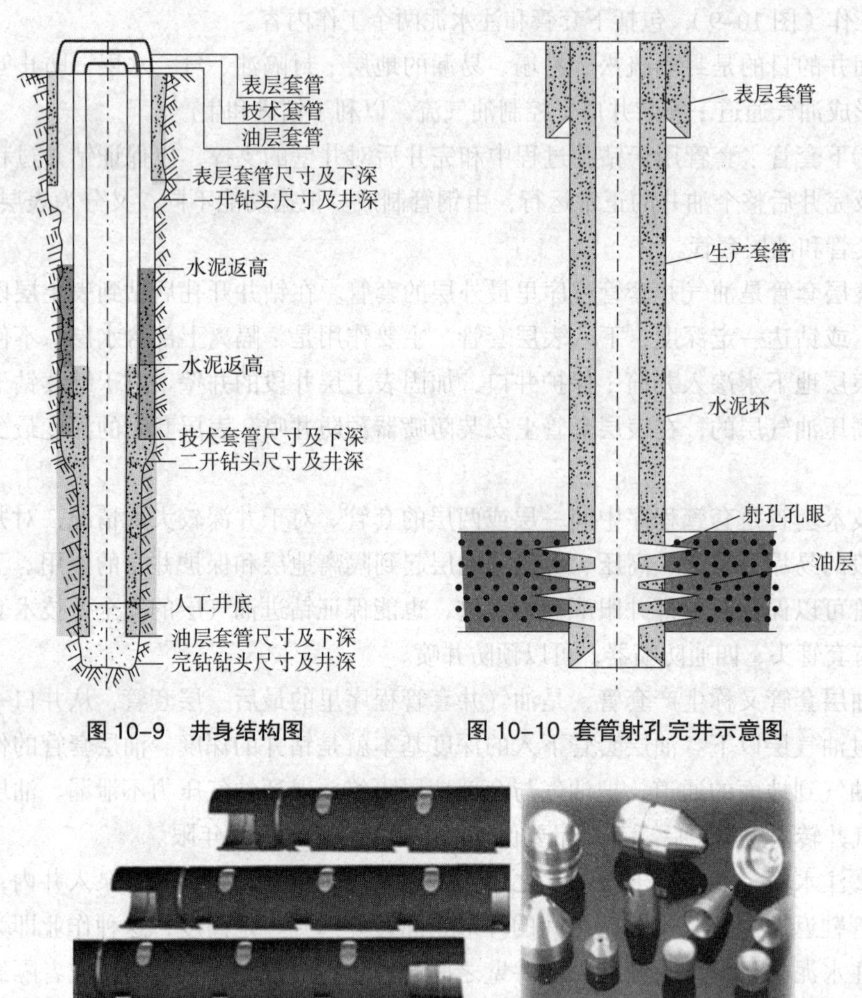


图 10–9　井身结构图　　图 10–10　套管射孔完井示意图

图 10–11　射孔枪与射孔弹

完井试油则是在完井之后，利用一套专用的设备和方法对井下油、气、水层进行直接测试（图 10–12），并取得有关地下油、气、水层产能、压力、温度和油、气、水样物性等资料和有关参数，为最终提交油气储量所做工作的全过程。试油工作可获取的各类资料包括产量资料、压力资料、产能资料、井温资料、高压物性资料以及地面条件下原油性质、天然气性质的资料、地层水性质等，可为后续油气田的开发提供可靠的科学依据。

图 10–12　试油现场

# 第二节　油气的开采与开发

## 一、采油方法

采油方法，就是指把地下四周油层内流到井底的原油采到地面所使用的方法，一般包括自喷采油和机械采油两种。

1. 自喷采油

自喷采油是指依靠油藏本身的能量使原油喷到地面的采油方法。

一口油井用钻井的方法钻孔、下入套管连通到油层后，原油就会像喷泉那样沿着油井的套管自动向地面喷射出来（图 10–13）。油层内的压力越大，喷出来的油就越快越多。这种靠油层自身的能量将原油举升到地面的能力，称为自喷，用这种办法采油就称为自喷采油。这种采油方法常发生在油井开发初期。

油井在油藏开发初期为什么会自喷呢？石油和天然气深埋于地下封闭的岩石孔隙中，在上覆地层的重压下，它们与岩石一起受到压缩，从而集聚了大量的弹性能量，形成高温高压区。当油层通过油井与地面连通后，在弹性能量的驱动下，石油、天然气必然向处于低压区的井筒和井口流动。这就像一个充足气的汽车轮胎一样，当拔掉气门芯后，被压缩的空气将喷射而出。油层与油井的沟通一般情况下靠射孔完成，射孔一旦完成，就像拔掉了封闭油层的气门芯，油气将通过油井喷射到地面。

自喷井的产量一般来说都是比较高的。例如，中东地区有些油井每口油井日产油可高达（1~2）$\times 10^4$t。我国华北油田开发初期，很多油井日产千吨以上，大庆油田的高产井日产 200~300t。据统计，目前世界有 50%~60% 的原油是靠自喷方法开采出来的，特别是中东地区，大多数油井有旺盛的自喷能力。这种方法不需要复杂昂贵的设备（图 10-14），油井管理也比较方便，是一种高效益的采油方法。因此，在油田开发过程中，人们都设法尽可能地保持油井长期自喷。但到了油藏开发的中后期，油层的压力会逐渐减小，不足以再将地层内的原油驱替到井底并举升到地面，这时就需要给油层补充能量，如注入水或注入天然气等，增加油层的压力，以此延长油井的自喷期。

图 10-13　长庆油田马岭庆 1 井自喷场面

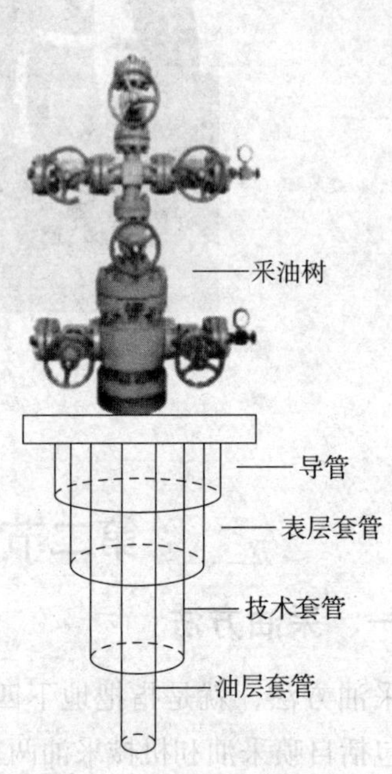


图 10-14　自喷井井口装置

2. 机械采油

机械采油指借助外界能量将原油采到地面的方法，又称为人工举升采油方法。

随着油田的不断开发，地下地层能量逐渐消耗，油井最终会停止自喷。由于地层的地质特点，有的油井一开始就不能自喷。对于上述不能自喷的油井，必须使用人工举升的方法给油流补充能量，才能将井底的原油采到地面上来。于是人们采用特殊的机械装置将原油从井底抽吸出来，这就是机械采油方法。

很早以前，人们用最简单的提捞方式开采原油，就像用吊桶在水井中提水一样，用绞车把原油从油井中提取上来。但这种方法只适用于油层非常浅、压力很小、产量很低的油井。例如，1907 年中国延长油矿的延 1 井，井深 81m，日产油 1~1.5t；1911 年打的延 2 井，井深 157m，日产油 100kg。当时都是用转盘绞车把原油从油井中提捞上来的。

随着石油工业的发展，越来越多产量高、油层埋藏很深的油田被发现，原来那套人工提捞的方法无法在这些油井上使用，所以逐渐被淘汰，目前主要使用抽油法将原油从井底举升到地面。抽油法主要是使用深井泵采油，可分为有杆泵采油和无杆泵采油两大类。

1）有杆泵采油

有杆泵采油是指抽油机通过下入井中的抽油杆带动井下抽油泵的活塞做上下往复运动，把油抽吸到地面的人工举升采油方法（图 10–15）。这种方法使用量最多，最普遍，大约占世界人工举升采油总井数的 80%~90%。

在油田，放眼望去，无数台抽油机不紧不慢地上下运动，像是无数高大的毛驴在十分吃力地负重前行，驴头不停地上下摆动，类似作揖磕头，于是人们给它起了个形象的俗名称“磕头机”。在国内外油田，有 80% 的非自喷井都是用抽油机来采油的。其实仅仅有抽油机不能采油，还必须配备井下抽油泵及连接抽油泵和抽油机的抽油杆。

磕头机、抽油泵、抽油杆组合起来称有杆泵抽油系统，这是最传统、最典型的人工举升采油方法。抽油机主要由底盘、减速箱、曲柄、平衡块、连杆、横梁、支架、驴头、悬绳器及刹车装置、电动机、电路控制装置组成（图 10–16）。它的工作原理是由电动机供给动力，经传动皮带将电动机的高速旋转运动传递给减速器，经两级减速后变为低速转动，并由四连杆机构将旋转运动变为驴头悬点的上下直线往复运动。抽油杆一头用钢丝绳悬挂在驴头悬点上，另一头与井下抽油泵连接，带动下入井中的抽油泵工作，将井液抽吸到地面。

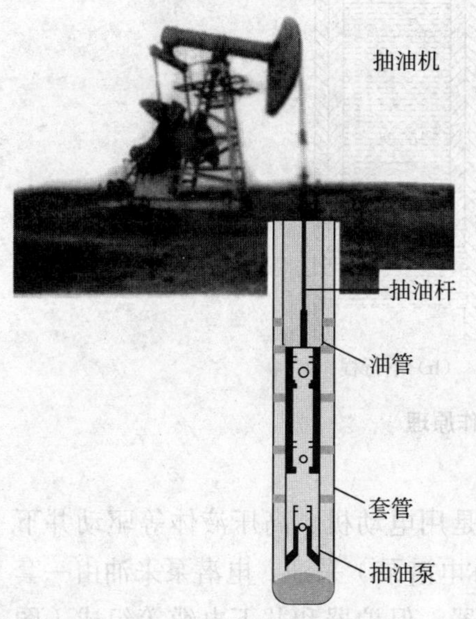


图 10–15 抽油机采油示意图

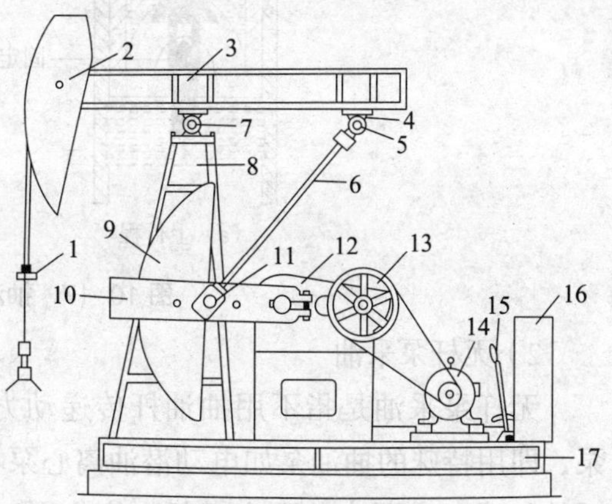


图 10–16 抽油机结构示意图

1—悬绳器；2—驴头；3—游梁；4—横梁；5—横梁轴；6—连杆；7—支架轴；8—支架；9—平衡块；10—曲柄；11—曲柄销轴承；12—减速箱；13—减速箱皮带轮；14—电动机；15—刹车装置；16—电路控制装置；17—底座

抽油泵的原理和水井的手压式抽水泵相似（图 10–17），有工作筒和活塞。工作筒接在油管下部，工作筒下部有固定阀门，下到井筒液面以下。活塞是空心的，上面有游动阀，它是用抽油杆下到工作筒里去的。抽油杆带动活塞上下运动，当活塞在磕头机和抽油杆的带动下向上运动时，游动阀在液体压力下关闭，这时活塞上面的原油就从工作筒内提升到上面的油管里去，再流到地面管道中。同时，工作筒内下腔室的压力降低，油管外的原油就依靠地层压力顶开固定阀流入工作筒内。同样，当活塞在磕头机和抽油杆的带动下向下运动时，工作筒内下腔室压力升高，固定阀关闭，工作筒内的原油就顶开游动阀排到活塞上面去，此时，油管外的原油不能进入工作筒内。这样，深井泵活塞上下往复运动，井里的原油就被源源不断地抽到油管里去，并不断地从油管排到地面。

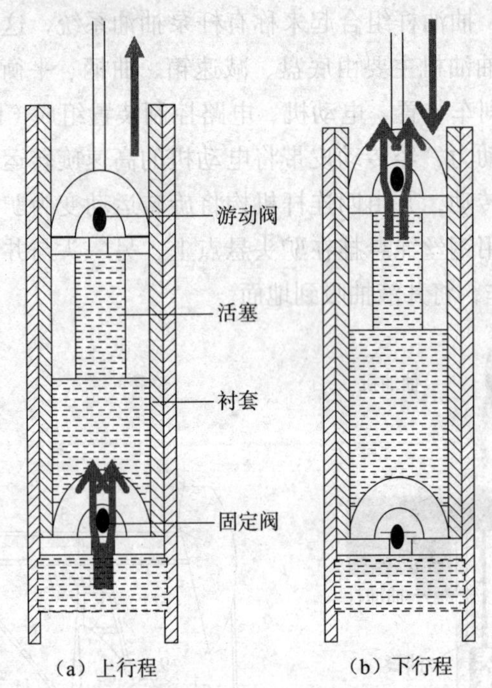


图 10–17　抽油泵工作原理

2）无杆泵采油

无杆泵采油是指不用抽油杆传递动力，而是用电动机、高压液体等驱动井下泵，即用特殊的抽油泵如电动潜油离心泵（简称电潜泵）采油。电潜泵采油由一套系统组成，主要由井下电动机、离心泵、分离器、保护器和井下电缆等组成（图 10–18）。电动机装在井下，直接带动离心泵。潜油电动机的工作原理和地面电动机的工作原理一样，但它的外形和地面电动机不同，因为它要下到井下，在具有一定压力和温度的原油里工作，所以要把它制造得细且长，并具有良好的密封性。电潜泵和普通农用抽水机一样，是通过叶轮的高速旋转增加液体的能量，不过抽水机旋转叶轮级数少，而电潜泵的叶轮是多级的，且外形也制造成细长杆状，以利于下入井中。

电动机下到几百米甚至上千米的油井里，从井口下一根特殊电缆接在潜油电动机上。当电缆供电后，潜油电动机旋转带动潜油离心泵的多级叶轮转动，每一级叶轮都给井底原油增加一定的能量，就如同抽水机给水增加压力一样。当原油经过多级叶轮转动后，压力会升得很高，于是油就从井底举到井口。

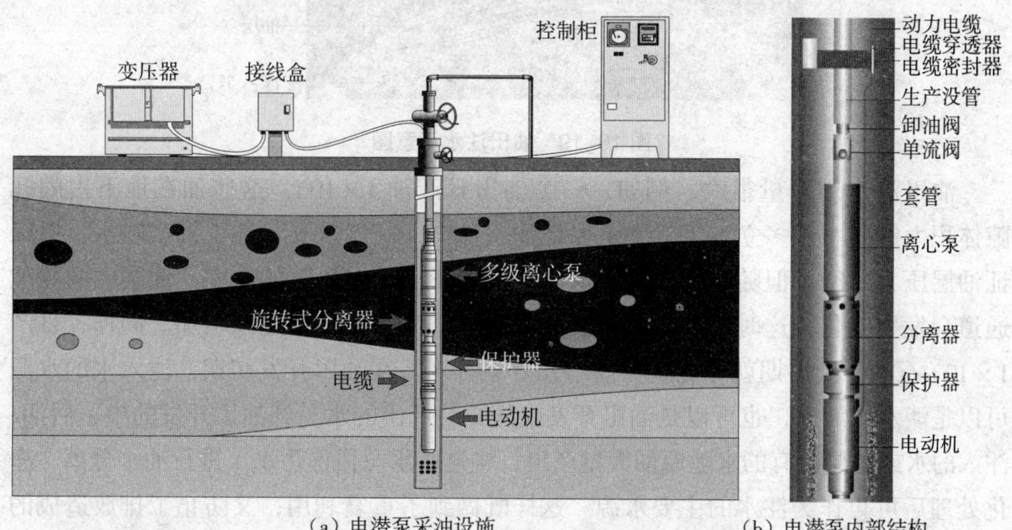


（a）电潜泵采油设施　（b）电潜泵内部结构

**图 10–18　电潜泵采油设施及其内部结构示意图**

## 二、油水井增产、增注措施

1. 注水

注水指通过注水井向油层注水补充能量，以保持地层压力的方法。

一个油田在开采初期，大多数油藏能依靠油层原始地层压力驱动原油和天然气通过油井自己喷到地面上来。但生产到一定时期，由于地层内部的压力逐渐降低，地下能量不足以再把原油举升到地面上来，油井即停止喷油。这时，如果在油田的边部或油层低部位或油井相间的位置打一些注水井，通过高压注水泵把合格的水注入与油井出油层相同的地层中（图 10–19），一方面用水来占据原先储存油气的位置，使原油不断被水挤推到油井井底并喷流到地面，另一方面可补充油气流出后造成的地下压力损失，这种方法称为油田注水。

油田注水是国内外都在采用的一种保持油井稳定生产，并最大限度地把原油从地下驱替到地面上来的有效办法。大庆油田采用早期注水技术，即当油井开始生产时，同时开始注水，使得油田保持稳产 30a，在世界上都享有较高的声誉。

图 10-19　油田注水示意图

油田注水用水量很大，例如，一个油田日产油 $1 \times 10^4$t，这些油在地下占的孔隙体积大约是 1 万多立方米，为了保证油田稳产，一般就要日注 1 万多吨水，以保证油层压力平衡。但随着开发时间的延长，由于流体对孔隙的冲刷，油层中的孔隙通道会发生变化，这时部分注入水会无效循环，注水量还要逐渐增加。同样，日产 $1 \times 10^4$t 石油，到后期就可能是日注水几万立方米。在油田开发初期，注入水的水源可以是淡水或海水，也可以是油田开发中随原油产出的水。到油田开发的中、后期，注入的水或地层原有的水随原油大量产出，将这些水（俗称污水）进行油水分离、净化处理后可再作为注水的主要水源。这样既做到了重复利用，又防止了排放造成的环境污染。

为了把水注入油层里，油田需要建立一套完整的注水系统。这个系统包括水源、水处理站（供水站）、注水站、配水间以及注水井（图 10-20）。天然水和污水都要先进入到水处理站，经过各种专用设备进行沉淀、过滤、除氧、杀菌（污水还要进行除油处理）后才能作为注入水储存在供水站。供水站把处理好的水输送到注水泵站，注水泵站用高压泵按照各配水间需要的压力和水量，经过高压管道把水送到配水间。配水间的作用是把高压水分配到各注水井（图 10-21），并用流量计对来水和分配到各注水井的水进行计量。注水井通过封隔器、配水器等装置，根据需求将水科学地分配到各个油层。

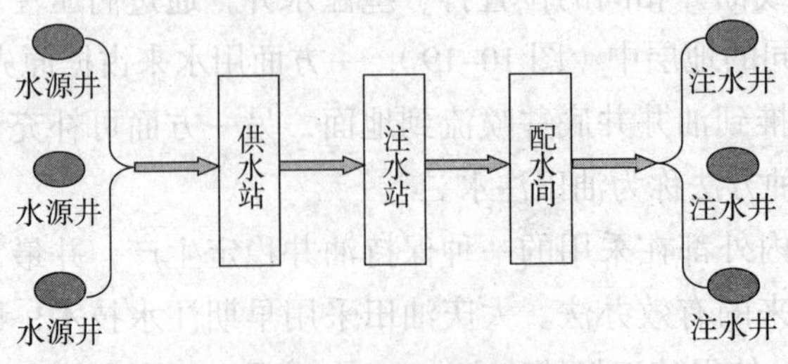


图 10-20　油田注水流程

图 10-21　配水间

2. 压裂

使用地面高压泵组将带有支撑剂的液体注入地下岩层压开的裂缝中，形成具有一定长度、宽度及高度的填砂裂缝的采油工艺称为压裂。

人们在地面排水时通常采用挖沟开渠的方法，沟渠越深、越宽，排水能力就越强。而在几千米深的地下怎样增强排油能力，提高油井产量呢？人们发明的压裂工艺技术就是方法之一。压裂是人为地使地层产生撑开裂缝，地下的这些裂缝就相当于地面的沟渠，可大大改善油在地下的流动环境，使油井产量增加。

水力压裂，是靠地面高压泵车车组将流体高速注入井中，借助井底憋起的高压使油层岩石破裂产生裂缝。为了防止泵车停止工作后压力下降，裂缝又自行合拢，人们在地层破裂后的注入液体中混入比地层砂大数倍的核桃壳、石英砂、玻璃球、金属球或陶瓷颗粒等支撑剂（图 10-22），同流体一并压入裂缝，并永久停留在裂缝中，支撑裂缝长期处于开启状态，从而保持高导流能力，使油气畅通，油流环境长期得以改善（图 10-23）。当前水力压裂技术已经非常成熟，油井增产效果明显，早已成为人们首选的常用技术。特别对于油流通道很小，也就是渗透率很低的油层增产效果特别突出。

(a) 陶粒　(b) 石英砂　(c) 树脂砂　(d) 核桃壳

图 10-22　各类水力压裂支撑剂

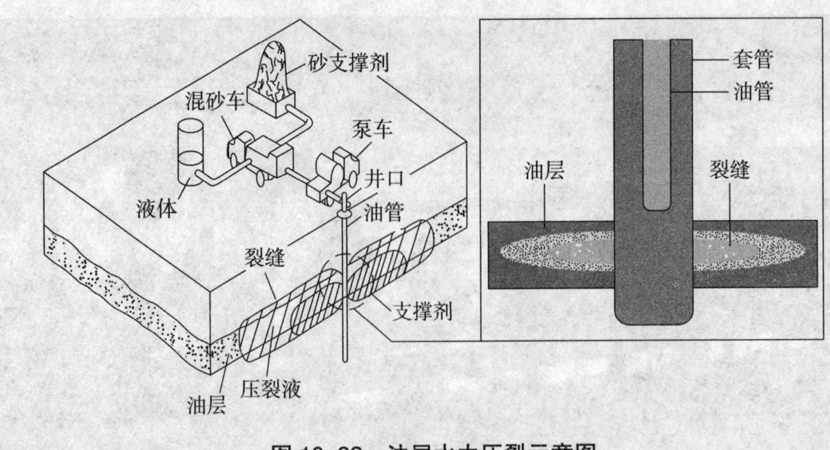

图 10-23　油层水力压裂示意图

3. 酸化

通过酸液对岩石胶结物或地层孔隙、裂缝内堵塞物等的溶解和溶蚀作用，恢复或提高地层孔隙和裂缝渗透性能的工艺措施称为酸化。

酸化按照工艺不同可分为酸洗、基质酸化和压裂酸化（也称酸压）。酸洗是将少量酸液注入井筒内，清除井筒孔眼中酸溶性颗粒和钻屑及垢等，并疏通射孔孔眼。基质酸化是在低于岩石破裂压力下将酸注入地层，依靠酸液的溶蚀作用恢复或提高井筒附近较大范围内油层的渗透性。压裂酸化是在高于岩石破裂压力下将酸注入地层，在地层内形成裂缝，通过酸液对裂缝壁面物质的不均匀溶蚀形成高导流能力的裂缝。

酸化靠酸液溶蚀地层的岩石，改善油流通道，提高油井产量。地层的岩石不同，使用的酸液也不同。例如，盐酸对石灰岩的处理效果好，土酸对砂岩的处理效果好。

酸化施工时使用诸如水泥车、泵车一类的施工车辆，将酸性水溶液（如盐酸、氢氟酸、有机酸）注入地层（图 10-24）。注入的酸液会溶解地层岩石或胶结物，从而增加地层渗透率，使油气的产出、驱替水注入更加方便。

图 10-24　油田酸化施工现场

4. 稠油开采

以相对密度为主要指标，以黏度为辅助指标，国际上把相对密度大于 0.934，在油层温度下脱气原油黏度大于 100~10000mPa·s 的原油称为稠油，而中国将脱气原油黏度大于 150mPa·s，相对密度大于 0.92 的原油称为稠油。例如，我国辽宁省的沈阳油田是我国最大的高凝稠油油田，其原油的最高凝点达 67℃，油稠得可以用来做雕塑（图 10–25），被人们称为“不会流动的油”。

(a) 稠油样品

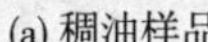

(b) 盘锦辽河油田稠油油塑作品

图 10–25 稠油

稠油流动阻力大，从油层流入井筒或从井筒举升到地面都很困难。目前对于已流到井筒中的稠油，采用降黏法或稀释法开采，而对于油层中的稠油一般采取热力开采法，如蒸汽吞吐法与电热法。

（1）降黏法：在水中加入一定量的水溶性环氧乙烷、环氧丙烷、十二醇醚、烷基苯磺酸钠等活性剂配成活性水溶液，然后按一定的比例注入井内，靠机械作用使活性水溶液与井内的稠油混合，形成不稳定的、黏度较低的水包油乳状液，再用常规方法开采。

（2）稀释法：向井内注入一定量的稀油与井筒内的稠油互溶，降低稠油黏度，即可用常规方法开采。

（3）蒸汽吞吐法：利用地面设备产生高温高压蒸汽，然后向稠油层注入，高温蒸汽使得稠油黏度降低，增加了稠油的流动能力，便于开采（图 10–26）。这种方法是开采稠油的有效方法。从 20 世纪 50 年代开始注蒸汽试验，现已发展到工业应用阶段。

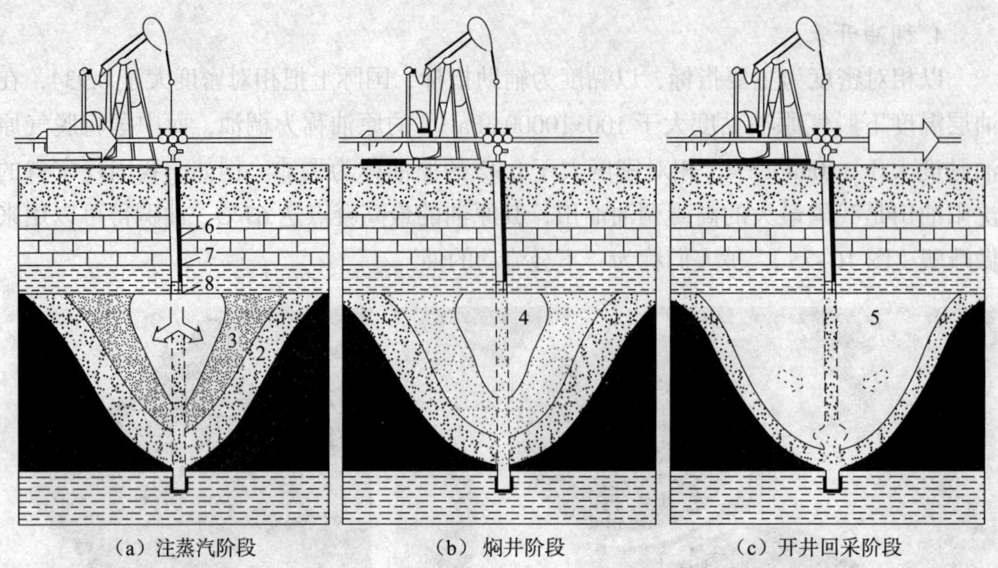


图 10-26 蒸汽吞吐法开采原油示意图

1—冷原油；2—加热带；3—蒸汽凝结带；4—蒸汽带；5—流动原油及蒸汽凝结水；6—套管；7—隔热油管；8—隔热封隔器

注蒸汽阶段：将高温蒸汽快速注入油层中，注入量一般在千吨当量水以上，注入时间一般为几天到十几天。

焖井阶段：在注汽完成后立即关井，便于蒸汽携带的热量在油层中有效交换，从而加热油层。关井时间一般 2~5d。

开井回采阶段：因高温高压注汽时井底附近压力较高，为油井自喷提供能量。自喷阶段一般维持几天到数十天。此时主要产出物为油井周围的冷凝水和大量加热过的原油。当井底压力与地层压力接近时，转入抽油阶段，该阶段持续时间长达几个月到一年以上不等，是原油产出的主要时期。

（4）电热法：用下入井下的电炉加热油层来降低稠油黏度。这种方法耗电量太大，加温井筒周围地层的范围有限，工艺复杂，仅可用于稠油试油或不具备其他开采方法的地区。

（5）层内燃烧法：俗称火烧油层，是将点火器下入井底，将油层面加热到原油燃点以上，并逐渐注入空气，原油中的重质部分即被点燃，温度升高后使稠油黏度降低，便于开采。有时也只用注入的空气与原油氧化，使原油在油藏中自燃来升温降黏。

## 三、设计和制定油气田合理开发方案

### 1. 进行油藏描述

困扰着石油生产的许多尚未解决的问题，除了它内在的复杂性外，莫过于油藏的非均质性（Morris Muskat，1949）。油气藏是油气储集之场所，它的结构、特性、类型、状态等千姿百态，变化多端。油气田的“开发”，目的是合理开采能源，实现经济效益最大化。这要求对油藏的解剖和认识更细、更深刻，这样才能最大化地采多、采净油藏内的原油。

那么石油地质人员如何去解剖油藏呢？说来很简单，就是把油藏的结构、特性、类型、状态等因素细细地进行描述，这称为油藏描述。当把每一个因素描述清楚之后，把所有的信息变成数字、图表，再将之输入计算机，利用计算机技术就可以对地下的油藏进行数字化“克隆”，建立一个人们认识中的油藏地质模型，这称为地质建模。地质模型建立之后，二维、三维储层空间就会豁然开朗（图 10-27），我们看不到摸不着的地下油藏在计算机屏幕上也会栩栩如生地模拟显现出来。

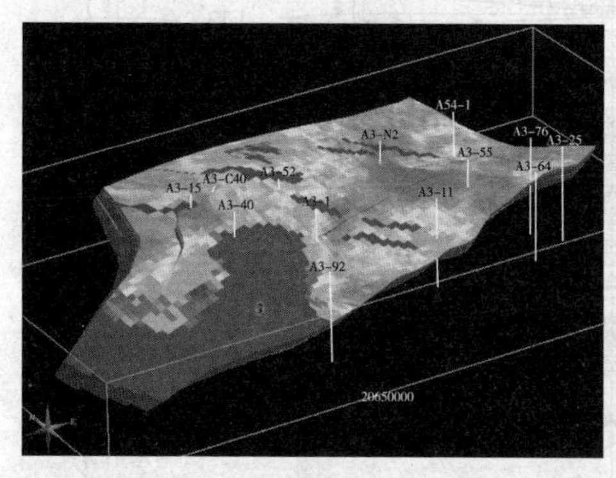


(a) 平面分布图

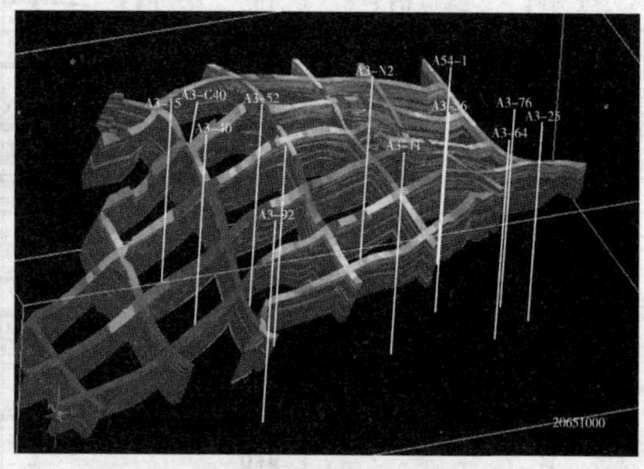


(b) 栅状分布图

**图 10-27 某油田含油饱和度分布图**

油藏的描述内容主要沿 3 条线进行，即储层的构造和构筑格架、储层的空间和物理性质分布、储层内流体分布及其性质。

1）储层的构造和构筑格架描述

储层是储存油气的地层，是油、气、水储集的空间，是由一个或多个储集体构成的，以一定的构造形态存在于地下，如背斜构造形态、断裂构造系统的三维空间形态等。圈定这些储层复杂连通体的外部边界，描述其几何形体和产状，这就是储层构筑格架描述。

2）储层的空间和物理性质分布描述

储层一般是孔隙性砂岩或者是具有缝缝洞洞的石灰岩，因其内孔隙或缝洞发育，油、气、水才能够栖身其中。非储层一般是十分致密的岩体，缺少这些孔隙和缝洞。储层之间和储层本身内部往往会有非储层存在，起到分隔储层的作用，称为隔层和夹层。如果这些隔层、夹层将储层分隔得连续性很差，油气分布也会相互不连续，在开采时就不能顺畅地汇聚在一起，且很难被驱替采净。因此，储层的非均质性和各向异性极大地影响着油气藏的开发效果。储层连续性描述的基础工作就是层组划分和精细对比。经过细分对比，就可以了解储层的沉积年代、储层的空间分布及其连续性（图 10-28）。

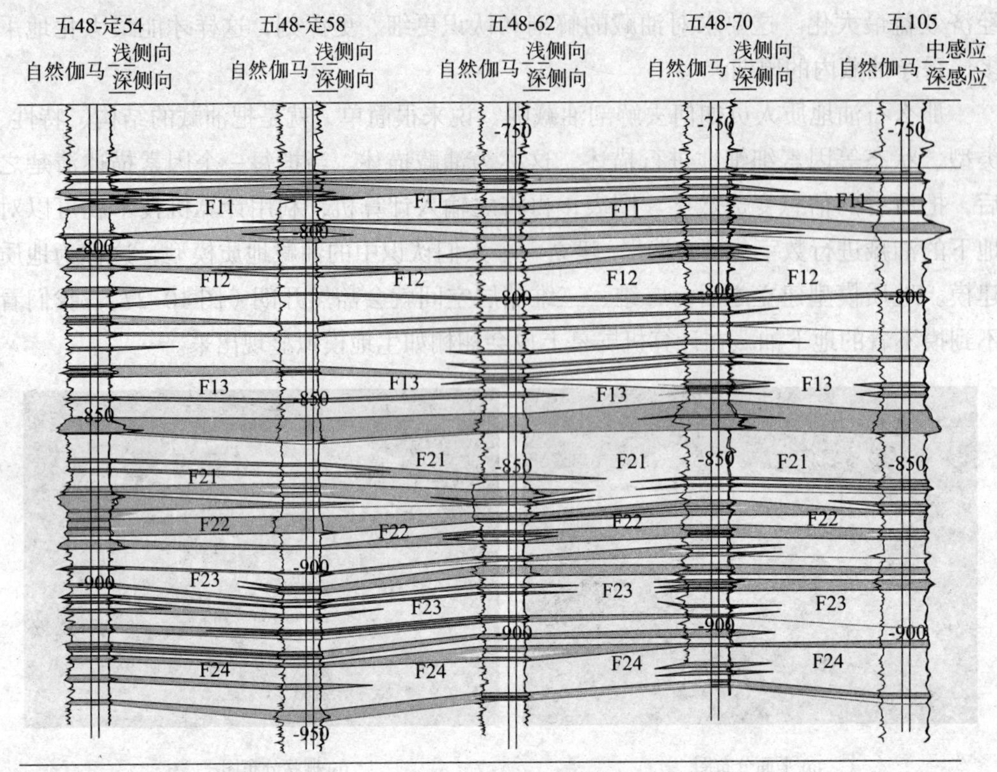


图 10–28 某油田储层分布精细对比图

储层的物理性质描述可反映储层的质量，例如，储层是砂岩层还是石灰岩层，厚度如何变化，砂岩构成的碎屑成分（如石英、长石、其他矿物及黏土等），它的组成、粒度、磨圆度、矿物的溶蚀和胶结如何？石灰岩层构成的成分（如石灰岩、泥灰岩、白云岩、生物碎屑等），它的组成、溶孔及缝洞发育如何？根据这些储层物性可以推断它的沉积环境和沉积来源。要了解地下储层的质量，看它是否坚固，将来开发时是否容易坍塌出砂，看它是否致密，将来开发时应采取什么工艺对它进行改造。描述参数主要包括岩石孔隙度、岩石渗透率、岩心流体饱和度等。

3）储层内流体分布及其性质描述

天然气、原油和水储集在储层内，由于它们的分布及其性质不同，形成了特性复杂和类型各异的油气藏，这对于选择开发方式影响很大。例如，要开发天然气或计算天然气的储量，必须掌握天然气的状态方程（式 10–1）；原油的描述要涉及原油的密度、地面脱气原油的相对密度、原油的黏度、含蜡量、含硫量等。

$$pV=ZnRT \tag{10–1}$$

式中 $p$—— 天然气气体压强，Pa；

$V$—— 天然气气体体积，$m^3$；

$Z$—— 天然气压缩因子，一般在 0.2~1.3 之间；

$n$—— 天然气气体的物质的量，mol；

$R$—— 气体常数，J/(mol·K)；

$T$—— 体系温度，K。

建立地质模型，高精度再现地下油藏风貌。油田地质人员取得上述的各项参数、信息和资料，把油藏诸多复杂性和非均质性描述清楚，最终目的是要建立地质模型，再现地下油藏风貌，以满足油田开发需要。

2. 计算地质储量

油气地质储量是油气田开发的资源基础，油田地质人员最后一项重要任务就是要把油气地质储量即油藏内油气的含量多少计算出来并对油气地质储量进行分类评价，从而来指导油气田的勘探开发，确定投资规模。

根据我国《石油天然气资源 / 储量分类》(GB/T 19492—2004)，地质储量是指在钻探发现油气后，根据地震、钻井、测井和测试等资料估算的已发现油气藏（田）中原始储藏的油气总量，又可细分为探明地质储量、控制地质储量和预测地质储量。

（1）探明地质储量：是指在油气藏评价阶段，经评价钻探证实油气藏（田）可提供开采并能获得经济效益后，估算求得、确定性很大的地质储量，其相对误差不超过 ±20%。

（2）控制地质储量：是指在圈闭预探阶段预探井获得工业油（气）流，并经过初步钻探认为可提供开采后，估算求得、确定性较大的地质储量，其相对误差不超过 ±50%。

（3）预测地质储量：是指在圈闭预探阶段预探井获得了油气流或综合解释有油气层存在时，对有进一步勘探价值、可能存在的油（气）藏（田），估算求得、确定性很低的地质储量。

油气地质储量通常用容积法来计算。

所谓容积法，就是将含油（或含气）面积乘以油层的平均有效厚度，再乘以储油层岩石的平均有效孔隙度，就得到储存油或气的孔隙体积。但整个孔隙空间并非为油气所独占，还必须将水占据的孔隙体积剔除，这就要再乘上含油饱和度，从而求出油（或气）真正占据的孔隙体积。计算的油气量是要知道地面条件（标准压力、标准温度条件）下的量，不是只了解油气在地下油气藏压力、温度条件下的体积，所以还必须乘上油气的密度并除以油或气的体积系数，这样才可以提交出地面条件下油气的实际地质储量。

1）石油地质储量的计算

$$N=100A\cdot h\cdot \phi_e(1-S_{wi})\rho_o/B_{oi} \tag{10-2}$$

式中 $N$—— 原油地质储量，$10^4$t；

$A$—— 含油面积（指具有工业性油流地区的面积），$km^2$；

$h$—— 有效厚度（指储层中具有工业性产油气能力的那一部分厚度），m；

$\phi_e$—— 有效孔隙度（指岩石中连通孔隙的体积占岩石总体积的百分数）；

$S_{wi}$—— 原始含水饱和度（指原始条件下储层中水的体积占有效孔隙体积的百分

数），$(1-S_{wi})$为原始含油饱和度；

$\rho_o$—— 地面脱气原油密度（指脱气后在0.1MPa、20℃时的原油密度），$t/m^3$；

$B_{oi}$—— 原油(原始)体积系数（指地层条件下原油体积与地面条件下脱气原油的体积之比）。

2）天然气地质储量的计算

$$G = 0.01A \cdot h \cdot \bar{\phi}_e (1 - S_{wi}) \frac{T_{sc} p_i}{p_{sc} \cdot T \cdot Z_i} \tag{10-3}$$

式中 $G$—— 气田原始地质储量，$10^8 m^3$；

$A$—— 含气面积，$km^2$；

$h$—— 平均有效厚度，m；

$\bar{\phi}_e$—— 平均有效孔隙度；

$S_{wi}$—— 平均原始含水饱和度；

$T$—— 气层温度，K；

$T_{sc}$—— 地面标准温度，K；

$p_{sc}$—— 地面标准压力，MPa；

$p_i$—— 气田原始地层压力，MPa；

$Z_i$—— 原始气体偏差系数。

3. 确定开发方式

油田的开采过程中采用不同的开发方式，效果会有天壤之别。归纳起来，油田开发有3种方式：

一种是利用油田的天然能量差开采，出于经济上考虑或者油藏不适合人工注水，就采用枯竭式开发方式，钻了井就采，通常采收率不到10%，但投资少。

第二种是天然能量强，可以满足在加快开发速度和提高采出储量方面的要求，最好是充分利用天然能力开采，这类油田一般有比较大的天然供水区。让天然水驱来驱赶储藏中的油，经济上最合算，采收率可以高达40%~50%。

第三种是人工注水或人工注气保持油层压力的开发方式。这是一种强化油层能量开采的开发方式，采用这种开发方式首先要决定往油层注水驱油还是注气驱油，如果要注水，往油层边外注还是边内注，什么时机注最好，注水井和采油井怎样部署，保持多大的压力水平，这一系列问题都要认真进行论证。如果注水措施采用得当，就可以达到较长时间高速开采，通常采收率可以达到30%~40%，普通稠油也会达到20%~25%。

4. 划分开发层系

一个油气田往往有很多油气层，在地下层层叠叠，每一层有许多孔隙互相连通，有的上下层还互相呈复式连通。这些互相连通的砂岩储层称为连通体，单个砂岩储层称为单砂体，层与层之间由不渗透的隔层（多为泥岩层）分隔。

同一储层或相近的一组储层，由于同一油气性质的油源以及同时代沉积，它们的储层物理性质、油气性质以及油气、油水界面与压力系统会很近似，这样的一组储层可以把它们组合为一个独立的开发单元，这个独立的开发单元称为层系，层系与层系之间被比较稳定的隔层隔开。

油田开发过程中，并非同一口井打开的油层越多出油就越多，因为油层之间存在着差异。油层被射开时，原油竞相流出，储层物性好、压力大，则原油流量大、流速快，其他物性差、压力低的油层就会被屏蔽而不见效果，这种情况称为层间干扰。更有甚者，射开一些低压层后，高压层油流却会侵入低压层，形成“层间倒灌”。实践证明，要把油田开发好，就要分层系开发，千万不可将那些储层物理性质、油气性质以及油气、油水界面与压力系统差异比较大的层系混在一起开发。

例如，山东胜坨油田曾经做过实验，如果不分层系开采，油井基本是渗透率比较高、原油黏度比较稀的层出油，其他层因受到干扰而没有发挥作用。注水过程亦是如此，要注好水，也要尽可能细分层系注水。这样，根据储层物理性质以及油气、油水界面与压力系统不同，对各种类型油气层分别投资，分别驱赶（水驱或气驱），让油气有序地开采出来，少让它们“困死”在地下，以实现更高的采收率。

5. 合理部署井网

开发层系确定之后，面临的问题就是对每一套层系如何部署井位钻开油层。井位部署就像张网捕鱼，每个井位就是一个网结，井与井之间的距离称为井距，井距越小，井网就越密，打的井也越多，钻开的油层也就越多。但要想把所有的油层都“一网打尽”是不可能的，而且井网越密，打的井多，投资也越多。因此，编织井网时一定要权衡投资与收益的经济界限，把主力油层控制住，抓大放小。

井网类型很多（图 10–29），要根据地下油藏中油气的具体分布规律与分布特征等进行选择。例如，五点井网布井，这种井网的注水井与采油井的比例为 1∶1，每口采油井受 4 口注水井影响，每口注水井与周围 4 口采油井相关联。这种布井方式是一种强采强注的开发井网，注水后油井见效快，采油速度高。

究竟什么样的井网才算合理，应综合考虑以下几点：

（1）对油藏控制能力强，主力油层不放过，同一层注水井和采油井对应率高，驱油效率高，储量损失少。

（2）在油田开发初期，由于对地下油层分布认识还有许多不确定性，因此井网部署一定要为以后的井网调整留有余地，有比较大的灵活性。

（3）油田开发初期的井网应最大限度利用已钻的探井及可以利用的其他井，使它们基本都能落到井网的网结上。

（4）在满足油田产油能力的条件下，权衡井网密度、采收率、经济效益三者之间的关系，实现经济效益最大化。

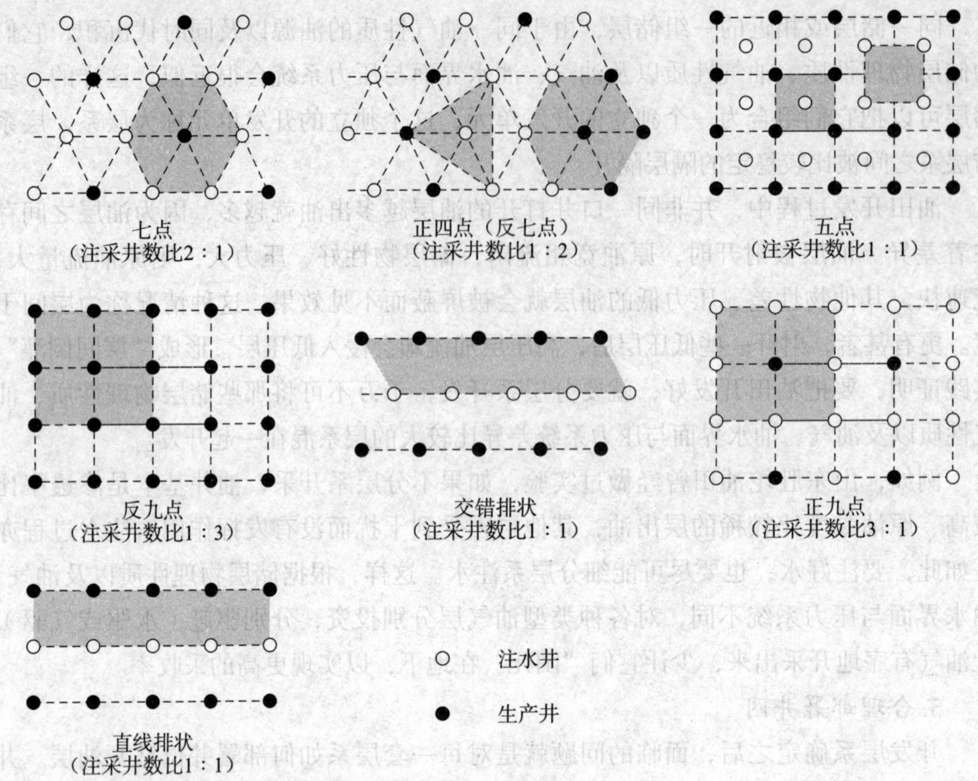


图 10-29 注采井网基本方式

6. 确定压力系统、生产能力，计算开发指标

油藏的孔隙压力是开采原油的驱动力，但随着油气不断开采，油藏的压力逐渐被消耗（图 10-30），油井的产量逐步降低，由喷油到抽油，一直到枯竭，期间可以通过人工注水补充油田能量的开采方式保持持续开采。

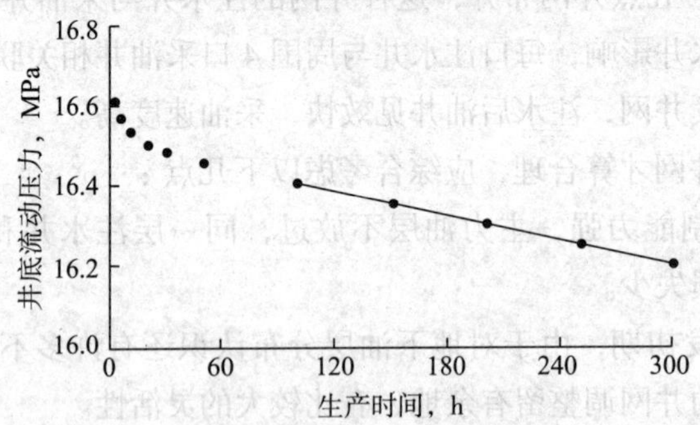


图 10-30 某油井压降曲线

一个油田投入开发初期，经过一段时间开采，通过了解其压降、产量大小以及采出总产量与理论弹性产量的比值大小，就可以对油藏的天然能量大小作出评价。基本原理是：如果油藏是一个封闭的弹性体，投入生产后，采出 1% 的储量时压力下

降快，采出的产量是靠压力下降挤出来的，它也就必然接近于理论计算出来的弹性量；如果油藏除了有弹性作用外，还有边底水能量补充，投入生产后，采出1%储量的压力下降值就比完全封闭性的油藏下降慢，累积的采出量比理论计算出的弹性量大。油藏外部边底水供给越大，压力下降越慢，开采效果就越好。

大庆人有一句简朴的话“压力是灵魂”，这句话含有深刻的意义。在油田开发的过程中，如果能善于利用天然能量，又能让油藏保持比较高的地层压力，油井就能保持比较旺盛的生产能力，油田就有可能获得比较高的采收率。

7. 开发年限与经济采收率

石油是社会经济发展的主要能源，是经济的命脉。

当发现了一个油气田，或者是对外投资经营起一个油气田后，最重要的任务就是应尽快最大限度地把储量动用起来，尽快高速投入开发，在短期内把投资收回来，并获得最大的经济效益。因此，如果可能，油田开发速度应当是越高越好。但速度并不是想要多高就有多高，不同类型油田可能达到的速度有高低之分。高速度是相对而言，要有它的可能性和合理性。

一个油田实现高速度开发的做法基本有两个：一是多打井，布置密井网、细分层系都属于这种做法。但井打密了，井间互相会受到干扰，从而降低油井的生产能力，不仅增加投资，产出也可能减少，投入产出比失去应有的平衡。二是建立比较大的生产压差或注采压差，下大排量泵、气举采油、注水或注气保持压力开采都属于这种做法。但过大的生产压差会破坏储层结构，导致油井出砂；过大的生产压差还会导致底水油藏过早水淹，裂缝性储层过快水窜或气窜。

在注采不平衡条件下，无论是打加密井还是放大生产压差实现高速开采都会加快油田压力和产量递减，一旦地层压力低于饱和压力，原油会变稠，生产井气油比会迅速升高，这都会降低油田采收率。所以说，虽然油田开发速度高可以取得高效益，但速度过高也会适得其反。因此，应当根据不同的油田、不同的开发阶段，分别确定尽可能大而又比较合理的采油速度，才能延长油田的开发年限并取得最大的经济采收率。

## 第三节 提高石油采收率

油田地质学家对油气地质储量经过计算之后，对油气田的大小、储层好坏、储量丰富程度等情况已经有了基本认识。但油气地质储量不是都可以采出来的。在现有工业技术条件下能够经济合理地开采出来的油气量的总和，称为油气可采储量。油气田最终的可采储量与原始地质储量的比值称为采收率。如果只考虑到现有工业技术条件下能采出的油气总量，只能称为技术可采储量，按照美国石油工程师协会

（SPE）及世界石油大会标准，特别是按照美国证券交易委员会（SEC）标准，更强调可采储量的经济性。

$$最终采收率=\frac{可采储量}{地质储量}\times 100\%$$

根据油藏采收率经验类比法，国内外不同驱动类型油藏采收率的经验值一般为：水压驱动 30%~50%；气顶驱动 20%~40%；溶解气驱动 10%~20%。

根据气藏采收率经验类比法，国内外不同驱动类型气藏采收率的经验值一般为：定容消耗式气藏 80%~90%；致密层 30%~50%；水驱气藏 45~60%；消耗式开采凝析气藏 40% 左右；注气循环开采凝析气藏 65%~85%。

## 一、影响采收率的因素

影响采收率的因素很多，主要分为两种：一是内因，凡属于受油气藏固有的地质特性所影响的因素都是内因；二是外因，凡属于受人对油气藏所采取的开发策略和工艺措施所影响的因素都是外因。内因起主导作用，好油藏总比差油藏采收率高；外因起辅助作用，在开发过程中人对油气藏采用的合适部署与有效的工艺措施也会使油气藏固有的地质特性得到改造，从而使油气藏的采收率得到提高。

1. 油藏地质因素

油藏地质因素即客观因素，是影响采收率的内因，受油气藏固有的地质特性所影响。

（1）油气藏的类型，如构造、断块、岩性和裂缝性油气藏。

（2）储层的孔隙结构，如润湿性、连通性、孔隙度、渗透率及饱和度大小等。

（3）油藏天然能力，如油藏压力水平，有无气顶，边、底水天然能量的活跃程度。

（4）油气性质，如油气密度、原油黏度、气油比、气田的天然气组分和凝析油含量。

2. 油田开发和采油技术因素

油田开发和采油技术因素即主观因素，是影响采收率的外因，受人对油气藏所采取的开发策略和工艺措施所影响。

（1）开发方式的选择，如油田选择消耗方式还是注水或注气方式开采，凝析气藏选择消耗方式还是干气回注方式开采。

（2）井网合理密度及层系合理划分。

（3）钻采工艺技术水平以及合适而有效的增产措施，如钻水平井、复杂结构井、酸化、压裂等。

（4）为提高油田采收率所进行的三次采油技术，如注聚合物驱、化学驱、热驱等。

（5）经济合理性，涉及经济模式、油价、投资成本、操作成本、开采期限、产量经济极限等。

## 二、提高采收率的方法

在石油工业中，通常把仅仅依靠岩石膨胀、边水驱动、重力、天然气膨胀等天然能量来采油的方法称为一次采油；把通过注气或注水，提高油层压力的采油方法称为二次采油；把通过注入其他流体采用物理、化学、热量、生物等方法，改变原油黏度或改变原油与地层中的其他介质界面张力，用这种物理、化学方法来驱替油层中不连续与难采出原油的方法称为三次采油（图 10–31）。一般来说，一次采油的采收率低于 15%，二次采油的采收率可达 45%，三次采油后采收率可达 50%~90%。

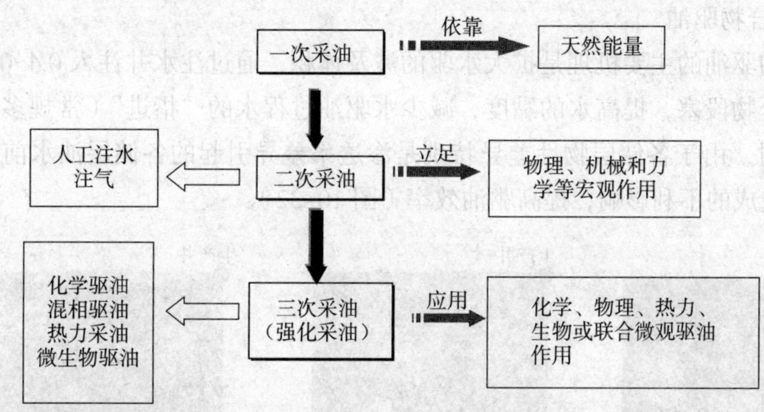


图 10–31 油藏开发的三个阶段

在一次采油阶段，由于开采初期地下地层流体压力高，油气可以依靠天然能量通过油井直接流到地面。这种能量来源于覆盖在它们之上岩石对其所处地层和地层当中流体所施加重压后集聚的大量弹性能。但随着原油及天然气的不断产出，油层岩石及地层中流体的体积逐渐扩展，弹性能量也逐渐释放，当弹性能量不足以把流体举升上来时，地层中新的压力平衡慢慢建立起来，流体也不再流动，大量的石油就会被滞留在地下。

在二次采油阶段，人们通过向油层中注气或注水，可以提高油层压力，为地层中的岩石和流体补充弹性能量，使地层中岩石和流体新的压力平衡无法建立，地层流体可以始终流向油井，从而能够采出仅靠天然能量不能采出的石油。但由于地层的非均质性，注入流体总是沿着阻力最小的途径流向油井，处于阻力相对较大的区域中的石油将不能被驱替出来。即便是被注入流体驱替过的区域，也还有一定数量的石油由于岩石对石油的吸附作用而无法采出。此外，有的稠油在地下就像沥青一样根本无法在油层这种多孔介质中流动。因此，二次采油方法提高原油采收率的能力是有限的。

在三次采油阶段，人们通过采用各种物理、化学方法改变原油的黏度及其对岩石的吸附性，可以增加原油的流动能力，进一步提高原油采收率。三次采油的主要方法有化学驱油法、混相驱油法、热力采油法、微生物驱油法等。

1. 化学驱油法

化学驱油法主要是通过注入一些化学剂增加地层水的黏度，改变原油和地层水的黏度比，减小地层中水的流动能力与油的流动能力之间的差距，同时降低原油对岩石的吸附性，从而扩大增黏水驱油面积，提高驱油效率。我国大庆油田采用以聚丙烯酰胺为主体的注聚合物三次采油试验，明显地提高了原油采收率，取得了十分可观的经济效益。化学驱油法中包括有碱驱、表面活性剂驱、聚合物驱、复合物驱等。

1）聚合物驱油

聚合物驱油的主要机理是扩大水驱的波及体积，通过注水井注入 0.4~0.6 倍孔隙体积的聚合物段塞，提高水的黏度，减少水驱油过程水的“指进”（常规多层油藏在注水开发时，由于各储层物性差异特别是渗透率差异引起的各储层油水前缘不一致的现象）造成的不利影响，提高驱油效率（图 10–32）。

（a）聚丙烯酰胺

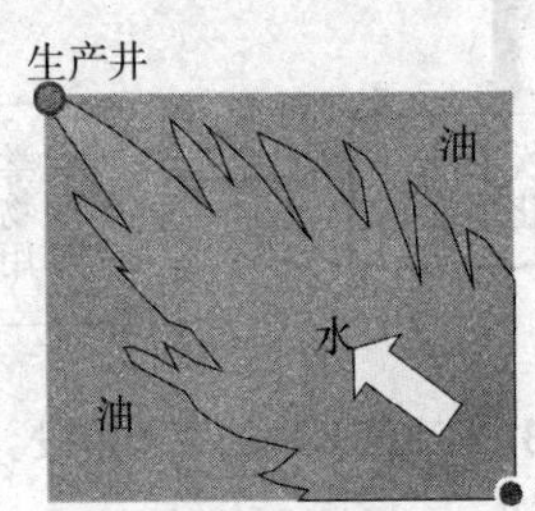


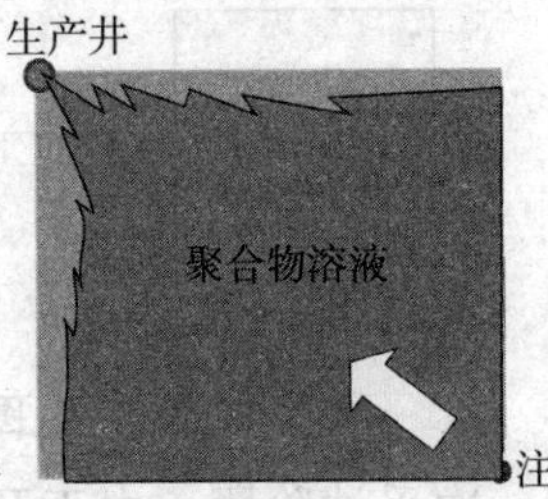


（b）水驱油与聚合物驱油波及程度对比

**图 10–32　聚合物驱油剂及其作用方式**

大庆油田已经成为我国最大的实施聚合物驱油基地，1996 年开始了聚合物驱大面积推广应用，喇嘛甸、萨尔图、杏树岗三个老油区聚合物驱产油 $820 \times 10^4$t，占年总产油量的 17.05%；水驱采油量 $3990 \times 10^4$t，占年总产油量的 82.95%。根据萨尔图的中区西部注聚合物现场试验（图 10–33），聚合物驱比水驱采收率提高 7.5%~12%，平均每吨聚合物增产油 209t。

2）复合物驱油

复合物驱油是设想研究一种能比聚合物驱油更大幅度地提高采收率，又比表面活性剂驱成本低的物质驱油，使它成为具有工业化应用前景的高效驱油技术。它的主要机理是形成超低的油水界面张力，提高洗油能力，同时发挥聚合物扩大水驱的波及体积的作用，起到多种化学剂间存在的协同效应。

在日常生活中，碱容易去油污，如果再加点活性剂，去油污的能力就会更强。复合物驱油原理类似，主要是降低油水界面张力并改变油对岩石表面的亲和能力。

对油藏提高采收率而言，碱加聚合物或活性剂加聚合物驱称为二元复合物驱油，碱加活性剂加聚合物驱称为三元复合物驱油。复合物与岩石表面作用，使岩石表面润湿性由亲油变为亲水，使油膜变得不稳定，甚至破坏油膜，从而使残余油能流动起来并被聚合物驱赶出去，提高剩余油采收率。目前，这方面的研究和试验已经取得很大的进展，展示出良好前景。

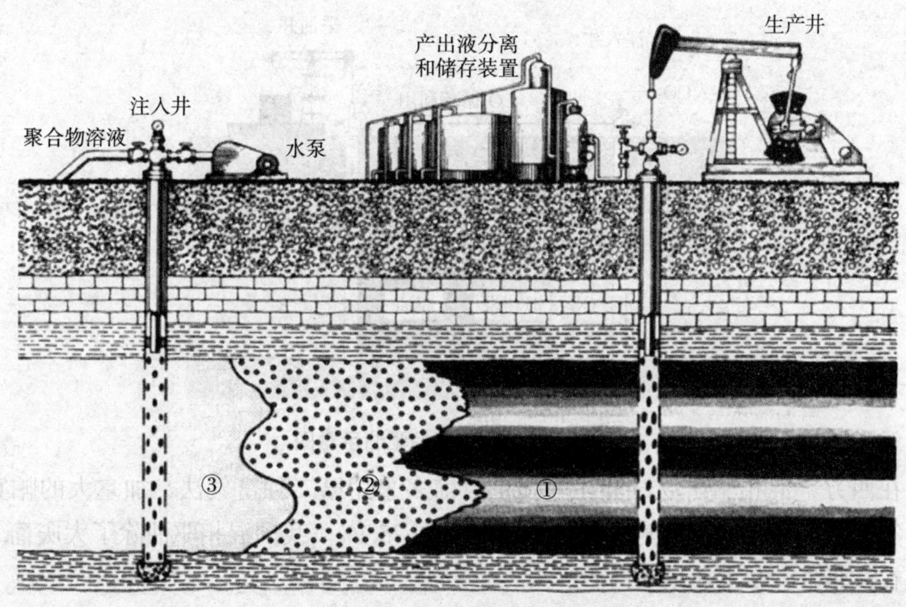


图 10–33 聚合物驱油示意图

①油带；②聚合物溶液；③驱替水

2. 混相驱油法

混相驱油法是指向油藏中注入一种能与原油在地层条件下完全或部分混相的流体驱替原油的开发方法。混相驱油机理是希望驱替流体和被驱替流体（油）两者达到完全相互溶解，两相之间的界面张力等于零，这样采收率肯定最高。

各种液态碳氢化合物如煤油、汽油、酒精及液化石油气在与地层原油接触时，都能与原油直接形成混相，称为烃类相驱。这种方法成本非常高。现有 3 种不同烃类混相驱方法：一是混相段塞法，即向油层内注入约 5% 孔隙体积的液态碳氢化合物，然后再用天然气、干气或水推动混相段塞驱油；二是富气法，也称为凝析气混相驱法，它是首先向油层内注入一个已富化的天然气（$C_2$~$C_6$）段塞，然后再用天然气、干气或水推动混相段塞驱油，$C_2$~$C_6$ 组分由段塞转到原油中去；三是高压干气法，也称为蒸发混相驱法，它是在高压干气驱过程中引起原油的反蒸发，$C_2$~$C_6$ 组分由原油转到气相中去。

此外，也可以使用 $CO_2$ 为混相注入剂，称为非烃类混相驱。在相同条件下，$CO_2$ 驱的混相压力低，有更小的两相区（图 10–34），且 $CO_2$ 在水中的溶解度高，更容易通过水相扩散到油相，达到混相的目的。$CO_2$溶于油后，可以：降低原油界面张力；使重质稠油黏度降低，提高油的流度；使原油体积膨胀；溶于水后生成的碳酸可提高地层渗透率，扩大驱油介质的波及体积；在驱油过程中随着压力降低，$CO_2$气体析出后可产生气体驱动，这些都有利于驱油介质从孔隙介质中将油驱出，提高原油采收率。

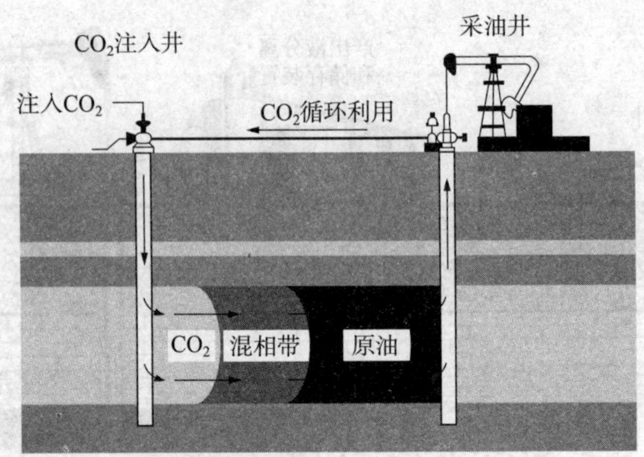


图 10-34　$CO_2$混相驱油示意图

在西方，混相驱矿场试验比较多，目前多采用第二种富气法，加拿大的帕宾那油田实验区混相驱结束后的采收率达到 67.2%~75.7%。我国混相驱油除了大庆葡北油田正在试验外，基本还是空白。

3. 热力采油法

热力采油法是向油层注入热流体或使油层就地发生燃烧后形成移动热流，主要依靠热能降低原油的黏度，以增加原油流动能力的采油方法。热力采油技术主要是针对稠油油藏提高采收率的开采技术，它包括注热水驱、蒸汽吞吐、蒸汽驱、火烧油藏等技术（图 10-35）。

图 10-35　蒸汽生产现场

这些技术在我国稠油油藏开发中都进行了大量研究，通过实践的检验，取得了很好的效果。稠油的黏度高，采收率低，对于特稠油通常的注水方法也难以开采。但稠油对温度却极为敏感，每加热增温 10℃，黏度即下降一半。对一般的普通稠油油藏，注热水驱就会较大地提高采收率，对不能开采的特稠油油藏通过蒸汽吞吐或蒸汽驱、火烧油藏可以进行开采。我国这方面技术发展很快，辽河油田 1995 年热采油量就达到 $674\times10^4$t，占全国热采油量的 61.5%。

4. 微生物驱油法

微生物驱油技术最早出现在 1926 年，由美国学者 Bachioan 提出将细菌注入地层来提高原油采收率；20 世纪 40 年代 Zobell 报道了加拿大艾伯塔省的阿萨巴斯卡焦油砂中用细菌释放出油，引起了人们很大的兴趣。经过 70 多年研究，许多国家研究微生物驱油已经从实验室走向现场试验。

研究发现，微生物能有效降解原油中的蜡、胶质、沥青质等重质组分，产生大量有利于驱油的代谢产物，从图 10–36 中可以明显看到 PBST 菌种效果特别明显，低碳数正构烷烃含量增加（向左偏移），高碳数正构烷烃含量降低。微生物作用还能大幅度降低原油黏度，产生一定量的生物表面活性物质和有机溶剂，降低界面张力，有利于提高原油采收率。同时，微生物作用可以将原油乳化成水包油或油包水乳状液，对原油产生良好的乳化分散能力，改善了油对水的流动度。另外，微生物在油藏中繁衍生殖，由于发酵作用会产生许多如 $CO_2$、$CH_4$、$H_2$ 等有利气体，使原油膨胀，恢复油层压力，油层中的碳酸盐胶结物被 $CO_2$ 溶解有利于提高储层的孔隙度和渗透率。通过有选择地向油层中注入微生物基液和营养液，使得微生物就地繁殖生长，其代谢产物与原油产生物化作用后，能够形成低黏度的流体而被开采出来，提高了原油的采收率。

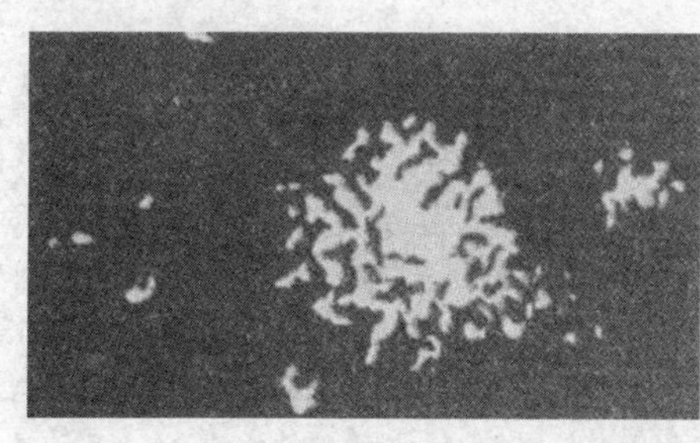

（a）微生物降解蜡

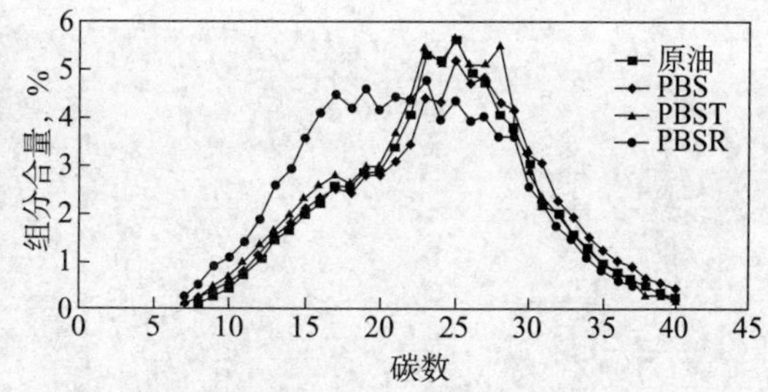


（b）PBS、PBST、PBSR菌色谱图

图 10–36 微生物降解原油效果

我国许多油田如吉林、大庆、中原、华北、青海和辽河等都进行过微生物驱油现场试验，均见到了明显效果。大庆油田试验的几个菌株的降黏率达到 28%~34%，室内实验采收率可以达 8%~11.57%。辽河油田对在齐 108 断块中质稠油油藏中分离出的多种微生物进行驯化培养和生理活性研究，筛选出适合的菌种，试验效果良好，

投入产出比大于 1 ：3。

当前微生物驱油方法的主要问题还是要进一步加强基础研究，筛选出适合不同油藏的菌种；掌握注入油藏中菌种的生存能力、菌种和其代谢物对油的作用；掌握微生物的分布、迁移和控制；高度重视环境保护和安全。这就需要油藏工程师、微生物学家、遗传学家、化学工程师、环境工程师、经济工程师多方合作，对微生物驱油提高采收率作出定量和经济最优化的设计。

# 第十一章　油气集输

## 第一节　油气集输概述

### 一、油气集输任务

油气集输是指油田矿场原油和天然气的收集、处理和运输。其主要任务是通过一定的工艺过程，把分散在油田各油井产出的油、气、水等混合物集中起来，经过必要的处理，使之成为符合国家或行业质量标准的原油、天然气、轻烃等产品以及符合地层回注水质量标准或外排水质量标准的含油污水，并将原油和天然气分别输往长距离输油管道的首站（或矿场油库）与输气管道的首站，将污水送往油田注水站或外排。

概括地说，油气集输是以油田油井为起点，矿场原油库或长距离输油、输气管道首站以及油田注水站为终点之间所有矿场业务。它主要包括气液分离、原油脱水、原油稳定、天然气净化、轻烃回收、污水处理以及油、气、水的矿场输送等环节。油气集输工作流程如图 11–1 所示。

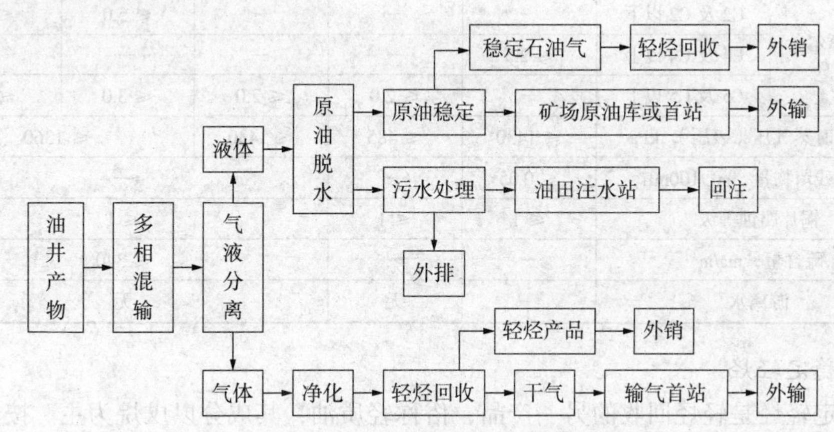


图 11–1　油田油气集输工作流程框图

油气集输的工艺过程是：油井产出的多相混合物经单井管线（或经分队计量后的混输管线）混输至集中处理站（集中处理站也称为油气集输联合站），在联合站内首先进行气液分离，然后对分离后得到的液相进一步进行油水分离，通常称原油脱水；脱水后的原油在站内再进行稳定处理，稳定后的原油输至矿场油库暂时储存或直接输至长输管道的首站；在稳定过程中得到的石油气送至轻烃回收装置进一步处理；从油水混合物中脱出的含油污水及泥砂等进入联合站内的污水处理站进行除油、除杂质、脱氧、防腐等一系列处理，使之达到油田地层回注或环境保护要求的质量标准，再根据需要，回注地层或外排；对从气液分离过程中得到的天然气（通常称为油田伴生气或油田气）进行干燥、脱硫等净化处理后，再进行轻烃回收处理，将其分割为甲烷含量 90% 以上的干气和液化石油气、轻质油等轻烃产品，其中干气输至输气管道的首站，液化石油气和轻质油等轻烃产品可直接外销。

## 二、油气集输产品

在油气集输工艺过程中，可得到的产品有原油、天然气、液化石油气与稳定轻烃等。

1. 液化石油气

液化石油气是轻烃回收的产品之一，其主要成分是丙烷和丁烷。根据组成的不同，液化石油气可分为商品丙烷、商品丁烷以及商品丙烷、丁烷混合物 3 类，其中商品丙烷、丁烷混合物又可分通用、冬用、夏用 3 种。按照现行国家标准的规定，液化石油气的质量技术要求见表 11–1。

**表 11–1　液化石油气的质量技术指标**

| 项 目 | | 质量技术指标 | | | | |
|---|---|---|---|---|---|---|
| | | 商品丙烷 | 商品丁烷 | 商品丙烷、丁烷混合物 | | |
| | | | | 通用 | 冬用 | 夏用 |
| 组分（摩尔分数），% | C2 及 C2 以下 | — | — | — | ≤ 5.0 | ≤ 3.0 |
| | C4 及 C4 以上 | ≤ 2.5 | — | — | — | — |
| | C5 及 C5 以上 | — | ≤ 2.0 | ≤ 2.0 | ≤ 3.0 | ≤ 5.0 |
| 37.8℃时蒸气压（表压），kPa | | ≤ 1430 | ≤ 485 | ≤ 1430 | ≤ 1360 | |
| 最大残留物量，mL/100mL | | ≤ 0.05 | — | — | | |
| 铜片腐蚀等级 | | ≤ 1 | ≤ 1 | ≤ 1 | | |
| 硫含量，mg/m$^3$ | | — | — | ≤ 340 | | |
| 游离水 | | — | 无 | 无 | | |

2. 稳定轻烃

稳定轻烃是轻烃回收的另一产品，俗称轻质油，其成分以戊烷为主。按蒸气压的不同，稳定轻烃可分为 1 号和 2 号两种牌号。1 号产品主要用作石油化工原料，2 号产品可作车用汽油调和原料或石油化工原料，其质量技术要求见表 11–2。

**表 11-2　稳定轻烃质量技术指标**

| 项目 | | 质量技术指标 | |
|---|---|---|---|
| | | 1 号 | 2 号 |
| 饱和蒸气压，kPa | | 74~200 | 夏＜ 74，冬＜ 88 |
| 馏程 | 10% 蒸发温度，℃ | — | ≥ 35 |
| | 90% 蒸发温度，℃ | ≤ 135 | ≤ 150 |
| | 终馏点，℃ | ≤ 190 | ≤ 190 |
| | 60℃蒸发率，% | 实测 | — |
| 铜片腐蚀等级 | | ≤ 1 | ≤ 1 |
| 硫含量，% | | ≤ 0.05 | ≤ 0.10 |
| 颜色，塞波特比色号 | | ≥ 25 | — |
| 机械杂质及水分 | | 无 | 无 |

## 三、油气集输流程

油气集输流程是完成油气集输任务的工艺过程，根据油田的开采方式和油气的性质不同，采用的流程也不同，常用的流程形式如下所述。

1. 油气集输流程的分类

1）按布站级数划分

（1）一级布站集输流程。

一级布站集输流程如图 11-2 所示，油井产物经单井管线直接混输至集中处理站进行分离、计量等处理。该流程适用于离集中处理站较近的油井。

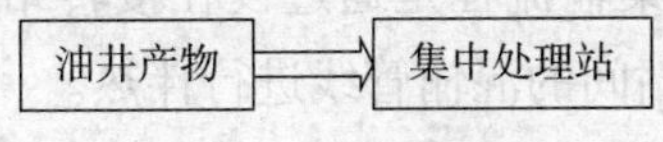


**图 11-2　一级布站集输流程**

（2）二级布站集输流程。

二级布站集输流程如图 11-3 所示，油井产物先经单井管线混输至计量站，在计量站分井计量后，再分站（队）混输至集中处理站进行处理。该流程减少了去集中处理站的管线，适用于油井相对集中、离集中处理站不太远、靠油井压力能将油井产物混输至集中处理站的油区，通常是按采油队布置计量站。

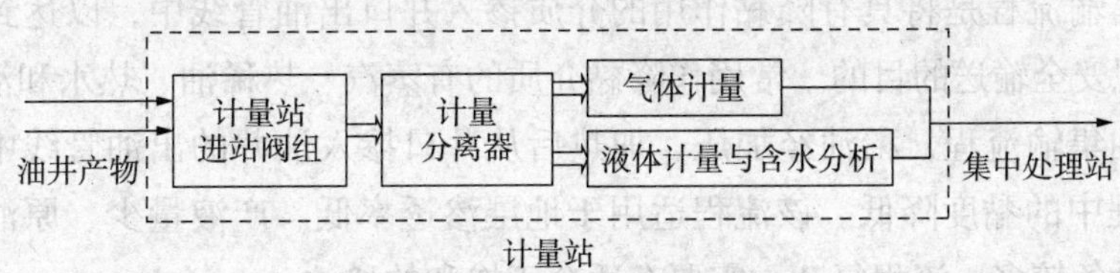


**图 11-3　二级布站集输流程**

（3）三级布站集输流程。

三级布站集输流程如图 11–4 所示，油井产物在计量站分井计量后，先分站（队）混输至接转站，在接转站进行气液分离，其中液相经加压后输至集中处理站进行后续处理，气相由油井压力输至集中处理站或天然气处理厂进行处理。该流程适用于离集中处理站较远，靠油井压力不能将油井产物混输至集中处理站的油区。

总体上看，二级布站集输流程密闭程度较高，油气损耗较少，能量利用合理，便于集中管理，是较合理的布站方式。但在实际应用中如何布站，要根据具体情况具体分析确定。

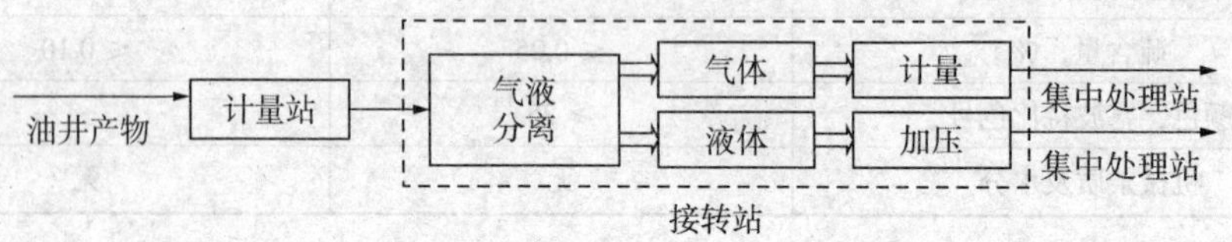


图 11–4　三级布站集输流程

2）按降黏方式划分

（1）加热集输流程。

油井产物经井口加热炉加热后，进计量站分离计量，再经计量站加热炉加热后，混输至接转站或集中处理站。加热集输流程是目前我国油田应用较普遍的一种集输流程。

（2）伴热集输流程。

伴热集输流程是一种用热介质对集输管线进行伴热的集输流程。常用的伴热介质有蒸汽和热水。蒸汽伴热集输流程是通过设在接转站内的蒸汽锅炉产生蒸汽，用一条蒸汽管线对井口与计量站间的混输管线进行伴热。

热水伴热集输流程是通过设在接转站内的加热炉对循环水进行加热。去油井的热水管线单独保温，对井口装置进行伴热；回水管线与油井的出油管线共同保温在一起，对油管线进行伴热。

伴热集输流程比较简单，适用于低压、低产、原油流动性差的油区集输，但需有蒸汽产生设备或循环水加热炉，一次性投资大，运行中热损失大，热效率较低。

（3）掺和集输流程。

掺和集输流程是将具有降黏作用的介质掺入井口出油管线中，以达到降低油品黏度、实现安全输送的目的。常用作降黏介质的有蒸汽、热稀油、热水和活性水等。

掺稀油集输流程，稀油经加压、加热后从井口掺入油井的出油管线中，使原油在集输过程中的黏度降低。该流程适用于地层渗透率低、产液量少、原油黏度高的油井，但设备较多，流程复杂，需要有适合于掺和的稀油。

掺活性水集输流程，通过一条专用管线将热活性水从井口掺入油井的出油管线中，使原油形成水包油型的乳状液，这样原来油与油、油与管壁间的摩擦变为水与水、水与管壁间的摩擦，以达到降低油品黏度的目的。该流程适用于高黏度原油的集输，但流程复杂，管线、设备易结垢，后端需要有增加破乳、脱水等设施。

(4) 井口不加热集输流程。

井口不加热集输流程，是随着油田开采进入中、后期，油井产液中含水量的不断增加而采用的一种集输方法。由于油井产液中含水量的增加，一方面使采出液的温度有所提高，另一方面使采出液可能形成水包油型乳状液，从而使得输送阻力大为减小，为井口不加热、油井产物在井口温度和压力下直接混输至计量站创造了条件。

3) 按布管形式划分

(1) 单管集输流程。

单管集输流程是指井口与计量站之间只有一条油井产物混输管线，如加热集输流程。

(2) 双管集输流程。

双管集输流程是指井口与计量站之间有两条管线，一条输送油井产物，另一条输送热介质，实现降黏输送，如掺活性水集输流程。

(3) 三管集输流程。

三管集输流程是指井口与计量站之间有三条管线，一条输送油井产物，另外两条实现热介质在计量站与井口之间的循环，如热水伴热集输流程。

(4) 环形管网集输流程。

环形管网集输流程，是用一条通往接转站或集中处理站的环形管道将油区各油井串联起来，实现二级或一级布站。该流程多用于油田外围油区的集输。

4) 按集输系统的密闭程度划分

(1) 开式集输流程。

开式集输流程是指油井产物从井口到外输之间的所有工艺环节当中至少有一处与大气相通。这种流程运行管理的自动化水平要求不高，参数易调节，但油气蒸发损耗大，能耗大。

(2) 密闭集输流程。

密闭集输流程是指油井产物从井口到外输之间的所有工艺环节都是密闭的。这种流程减少了油气蒸发损耗，降低了能耗，但由于整个系统是密闭的，若局部出现参数波动，将会影响到整个系统，因而要求运行管理的自动化水平较高。

2. 油气集输流程的选用

选用油气集输流程时，应以油田开发总体方案为依据，综合考虑采油工艺、油气性质、油区所处的地理环境以及现有的技术水平等诸多因素，遵循“适用、合理、可靠、经济、节能、高效、环保”的基本原则。

1）油田中心、集中油区的集输流程

油田中心、集中油区是油田的主要产油区，油井数量多，也比较集中，产液量高，油井产物剩余能量一般较大。为了充分利用地层的剩余能量，简化流程，可采用相对集中计量、集中处理的流程，如一级布站、二级布站等。

2）油田外围、分散油区的集输流程

油田外围、分散油区的产液量与油层能量一般都较低，油井数量少，且比较分散，多采用分片接转、环形管网等流程。

3）海上油田集输流程

根据海上油气田开发的特点，目前海上油气生产和集输系统主要有半海半陆式和全海式两种流程。

（1）半海半陆式集输流程。

半海半陆式油气生产与集输系统由海上平台、海底管线和陆上终端等部分组成。海上平台包括井口平台和生产平台。油井产物在井口平台上进行油气测试计量后，通过海底集输管线输往生产平台进行分离、计量、脱水、净化等处理；达到出矿质量标准的原油，经海底输油管线送往陆上终端储罐暂时储存或直接在码头装船外销；符合油层回注或环境保护质量标准的含油污水回注油层或排入海水中。净化处理后的天然气，在满足海上平台的发电、油气处理过程的加热以及生产人员的生活用气后，若剩余量较大，可回注油层或输往陆上终端进行轻烃回收等进一步处理；若剩余量较小，在经济上不值得回注或外输时，可在平台上建火炬，燃烧后排放至大气。

（2）全海式集输流程。

全海式集输流程中油气的生产、集输、处理、储存等环节均是在海上进行，处理后的原油也在海上直接装船外运。这种流程可以避免建设投资和维护费用都较高的海底管线，并可省去陆上终端，可较大幅度地降低开发建设成本，提高经济效益。该流程适用于离海岸较远的中小型海上油田。

4）稠油集输流程

我国生产的原油中稠油占一定的比例，如辽河油田、胜利油田、中原油田和新疆油田等都含有一定数量的稠油区块。由于稠油的密度大、黏度高、流动性能差，其集输方法较多，如掺活性水集输、掺稀油集输、掺蒸汽集输、高温集输、裂化降黏集输等，其中，稠油掺活性水和掺稀油集输流程前面已做介绍，下面介绍后 3 种稠油集输流程。

（1）稠油掺蒸汽集输流程。

这是目前国内常用的稠油热采工艺流程，每个采油周期可分为 4 个阶段：

①注蒸汽阶段。将一定量的高温、高压（350℃，17.5MPa）蒸汽通过热注管线从井口注入油层中，并关井一定时间进行热交换，使地层稠油加热降黏。

② 高温生产阶段。注蒸汽后的开井生产初期，油井产出物的温度一般可达

150~180℃，需进行降温后才能进入正常的集输系统。

③ 正常生产期。油井产物降至 90℃左右时，进入正常的集输系统进行处理。

④ 低温生产期。随着开采与集输过程的进行，温度逐渐降低，当进口温度降到无法维持正常集输过程时，再通过注汽管线掺蒸汽生产。为了解决井口与计量站间的管线集输问题，可在井口掺蒸汽；为了解决稠油脱水问题，可在进站时掺蒸汽；为了改善井筒的油流状况，可向井下掺蒸汽。

这种流程比较适合于油层较浅、中高黏度的稠油开采与集输。

（2）稠油高温集输流程。

稠油高温集输流程省去了掺蒸汽集输流程中的降温和掺蒸汽环节，注蒸汽开井后的高温油井产物利用自身的压力和温度直接混输至计量接转站进行分离、计量、初步处理，并将分离与初步处理后的油、水、气分别输送至原油集中处理站、污水集中处理站和集气系统。

这种流程比较简单，且具有集输温度高，稠油黏度低，热能利用率高，动力消耗少的优点，但要求集输设备、管线、仪表等具有耐高温的性能。

（3）稠油裂化降黏集输流程。

稠油裂化降黏集输流程适用于稠油密度大（$\rho_{20} \geqslant 990\ \mathrm{kg/m^3}$）、黏度高（$\mu_{50} \geqslant 3400\ \mathrm{mPa \cdot s}$）且不具备掺和输送条件的场合。由于裂化降黏的同时解决了开采与集输过程中的诸多难题，所以这种流程也称为稠油裂化降黏采、集、输一体化工艺技术。在采用这种工艺之前，应先进行小型试验，求得合理的裂化工艺参数，进行技术经济综合评价，再建设完善配套的采、集、输一体化工程。

5）气田集输流程

根据集气管网的配管形式，目前常用的集气流程有枝状管网、环状管网和放射状管网 3 种类型。

根据集气压力的不同，集气管网又可分为高压（大于 10 MPa）、中压（1.6~10 MPa）和低压（小于 1.6 MPa）3 种类型。

气体流至地面后，在井场一般需经两级节流降压，第一级用以控制气井压力，第二级使气体压力满足采气管线起点压力的要求。

采气站收集来自各气井的气体，进行气液分离、计量、调压后，将气、液分别输至集中处理站，进行加工处理，从而得到相应的气田产品。

## 四、油气初加工处理

在石油的开采过程中，伴随着原油的采出，同时也采出一定量的伴生气、水、泥砂等。在实际生产过程中，需对油井采出液进行必要的初加工处理，从而得到合格的原油和天然气。

1. 油气分离

油气分离是油田油气处理的首要环节，它是借助于油气分离器来实现油、气、水、砂等的分离。

油气分离器是油气田用得最多、最重要的设备之一，其类型很多，分类方法众多。在生产实际过程中，应用较多的是卧式两相油气分离器与卧式三相油气水分离器等。

2. 原油脱水

石油的开采伴随着产生大量的水。原油中所含的水大都以游离水和乳化水两种形态存在，它们给油气集输、储运乃至石油加工都带来了许多危害，因此必须对原油进行脱水。

原油脱水的方法很多，主要有热沉降脱水、热化学脱水、离心法脱水、粗粒化脱水、电脱水等。实际脱水过程中，最常用的是热化学破乳脱水法和电脱水法。

1）热化学破乳脱水

热化学破乳脱水就是将含水原油加热到一定的温度，并向原油中加入少量的化学破乳剂，从而破坏油水乳状液的稳定性，促使水滴碰撞、聚结、沉降，以达到油水分离的目的。

2）原油电脱水

原油电脱水方法适用于处理含水量在30%左右的油包水型原油乳状液。它是将原油乳状液置于高压直流或交流电场中，在电场力的作用下，促使水滴合并、聚结形成较大粒径的水滴，实现油水的分离。

原油电脱水过程中，水滴在电场中是以电泳聚结、偶极聚结、振荡聚结3种方式进行聚结合并的。其中，在交流电场中，水滴以偶极聚结、振荡聚结方式为主；在直流电场中，水滴以电泳聚结方式为主，偶极聚结方式为辅。

3. 原油稳定及轻烃生产

1）原油稳定

原油是多组分碳氢化合物的混合物。在原油集输过程中，由于操作条件的变化，会使原油中的部分轻组分挥发，造成原油的蒸发损耗。为了降低原油的蒸发损耗，充分利用油气资源，保护环境，提高原油储运过程中的安全性，要采用一系列的工艺措施，将原油中挥发性强的轻组分（主要是$C_1$~$C_4$）脱出，降低原油的挥发性与饱和蒸气压，使原油保持稳定，这一工艺过程称为原油稳定。

原油稳定的方法很多，主要有闪蒸稳定法、分馏稳定法、大罐抽气法等。

闪蒸稳定法是将未稳定的原油加热到一定温度，然后减压闪蒸分离得到相应的气相和液相产物。这是目前应用较广的方法。

分馏稳定法是根据原油中各组分挥发度不同的特点，利用精馏的原理将原油中的$C_1$~$C_4$组分脱出，达到稳定的目的。分馏稳定法的主要设备是稳定塔，稳定塔是一个完全的精馏塔，塔的上部为精馏段，下部为提馏段，塔顶有回流，塔底有再沸系统。这种方法设备多，流程较复杂，但稳定原油的质量好。

大罐抽气法是利用原油处理站内的沉降脱水油罐，在罐顶安装抽气管线，利用压缩机自罐中抽出油蒸气，经增压、冷却、计量后输送至轻烃回收装置进行回收。

2）轻烃回收

轻烃是指天然气中所含的 $C_3$ 以上的烃类混合物。它们在天然气中以气态的形式存在，通过不同的工艺方法将它们以液态的形式回收称为轻烃回收。

轻烃回收的方法较多，常用的有固体吸附法、液体吸收法及低温分离法等。

固体吸附法是利用固体吸附剂（如活性炭、活性氧化铝等）对各种烃类的吸附容量不同而使天然气中的各组分得以分离的方法。

液体吸收法是利用天然气中各组分在液体吸收油（如石脑油、煤油等）中的溶解度不同而使天然气中的各组分得以分离的方法。

这两种方法是早期轻烃回收较常用的方法，由于其投资高，能耗大，收率低，现已逐步为低温分离法所替代。

低温分离法是利用天然气各组分冷凝温度不同的特点，在降温过程中使各组分得以分离的方法。这种方法的特点是使气体获得低温。通常获得低温的方法主要有制冷剂制冷、膨胀机膨胀制冷及两者混合使用的制冷方法等。

4. 油田气净化

油田气含有多种杂质，如砂粒、岩屑等固体杂质，水、凝析油等液体杂质，水蒸气、硫化氢、二氧化碳等气体杂质。固体杂质的存在将导致管道、设备、仪表等的磨损，严重时会堵塞管道，降低输量，影响生产安全；水蒸气的存在，不仅减少了管线的输送能力和气体热值，而且当输送压力和环境条件变化时，还可能引起水蒸气从天然气流中析出，形成液态水、冰或天然气的固体水合物，从而增加管路压降，严重时堵塞管道；酸性气体 $H_2S$ 或 $CO_2$ 的存在，会加剧管线、设备的腐蚀，影响化工产品的质量。由此可见，气体净化是油田气长距离输送或进行轻烃回收前必不可少的环节。气体净化主要采用以下 4 种方法。

1）吸附法

吸附法是利用油田气中的不同组分在固体吸附剂表面上积聚特性不同的原理，使某些组分吸附在固体吸附剂表面而进行脱除的方法。

2）吸收法

吸收法是用适当的液体吸附剂处理气体混合物以除去其中的一种或多种组分的操作方法。例如，用液态烃吸收气态烃，用水吸收 $CO_2$，用甘醇脱水或用多乙二醇甲醚脱硫，用碱液吸收 $CO_2$。在操作过程中，对吸收后的溶液可进行再生，使溶剂得到循环使用。

3）冷分离法

由于多组分混合气体中各组分的冷凝温度不同，在冷凝过程中高沸点组分先凝结出来，这样就可以使组分得到一定程度的分离。冷却温度越低，分离程度越高。例如，低温分离法脱水、膨胀机制冷脱水等都是冷分离方法。该方法流程简单，成本低廉，特别适用于高压气体。

4）直接转化法

直接转化法是通过适当的化学反应，使杂质转化成无害的化合物留在气体内，或者转化成比原杂质易于除去的化合物，达到净化目的。

## 五、油气计量

油气计量是指对石油和天然气流量的测定。在油气田生产过程中，从井口到外输间主要分为油气井产量计量、外输流量计量与交接数量计量 3 种。

### 1. 油气井产量计量

油气井产量计量是指对生产井所生产的油量和气量的测定，它是进行油气井管理、掌握油气层动态的关键资料数据。油气井产量计量又可分为单井计量和多井计量。

单井计量是指每口井单独设置一套计量装置，用于产量高的油气井的计量。多井计量适用于产量低的油气井的计量，通常 8~12 口油井共用一套计量装置，对每口油井生产的油、气、水日产量要定期、定时、轮换进行计量。

油气井产量计量通常采用分离计量法与多相流量计法。前者是利用油气分离器将油井产物分离成气相和液相，或者气相、油和水，然后分别计量各相的流量；后者是自动分析检测油井产物的组成或流量，进而测定油井的产油量、产气量和产液量。

分离计量法的特点是计量精度受到分离质量的影响，由于油气难以完全分离，因此计量精度差，而且附属设备多，占地面积大。多相流量计法实际上是将分离、计量合成一体完成，具有体积小、精度高、操作方便等特点，是计量发展的方向。

### 2. 外输流量计量

外输流量计量是对石油和天然气输送流量的测定，它是输出方与接收方进行油气交接经营管理的基本依据。计量要求有连续性，仪表精度高。外输原油一般采用高精度的流量仪表连续计量出体积流量，再乘以密度，减去含水量，求出质量流量，综合计量误差一般要求在 ±0.35% 以内。这就要求原油流量仪表要有较高的精度，同时也应定期进行标定。

### 3. 交接数量计量

交接数量计量是指油田内部各采油单元之间进行的油品输送流量的计量。它是衡量各采油单元完成生产指标情况，进而进行经济核算的依据。从计量方法上看，交接数量计量与外输流量计量基本相似，但由于这种计量是发生在油田内部各采油单元之间的，因此其计量精度不如外输流量计量高。

## 六、油田污水处理

目前，我国多数油田已进入开发晚期，大多采用注水方式开发，从而导致油井采出液含水量升高，有些油田的综合含水率已达 90%。油井采出液在初加工处理过程中将脱出大量的含油污水。如果含油污水处理不合理而回注和排放，不仅使油田地面设施不能正常运作，还会因地层堵塞带来危害，影响油田安全生产，同时也会造成环境污染，因此必须合理地处理、利用含油污水。

1. 含油污水的特点

1）污水含油

污水含油量一般为 1000mg/L 左右，少部分油田污水含油量高达 3000~5000mg/L，而且同一污水站瞬时污水的含油量也具有一定的波动性。一般来讲，污水中的含油是以浮油（油珠直径大于 100μm）、分散油（油珠直径为 10~100μm）、乳化油（油珠直径为 0.1~10μm）与溶解油（油珠直径小于 0.1μm）4 种形态分布于水中的。

2）污水中含有多种离子

含油污水中含有多种阳离子和阴离子，主要包括 $Ca^{2+}$、$Mg^{2+}$、$K^{+}$、$Na^{+}$、$Fe^{2+}$ 等阳离子以及 $Cl^{-}$、$HCO_3^{-}$、$CO_3^{2-}$、$SO_4^{2-}$ 等阴离子。在一定的条件下，这些离子之间相互结合，生成沉淀，如 $CaCO_3$、$MgCO_3$ 沉淀等。这些沉淀悬浮在水中，会使水浑浊；沉积在管壁上，引起管壁结垢。

3）污水中含有 $O_2$、$H_2S$、$CO_2$ 等多种气体

污水中溶解有 $O_2$、$H_2S$、$CO_2$ 等多种有害气体。其中 $O_2$ 是很强的去极化剂，它能使阳极的铁离子失去电子，生成 $Fe^{2+}$ 或 $Fe^{3+}$，进一步生成 $Fe(OH)_3$ 沉淀；同样，$H_2S$、$CO_2$ 等酸性气体也能与铁离子结合生成 $Fe(OH)_3$ 垢或 FeS 沉淀，这都会大大加剧金属设备的腐蚀。

4）污水中含有悬浮固体

污水中的悬浮固体是指污水中所含的固体悬浮物，颗粒直径在 1~100μm 之间，主要包括泥沙、各种腐蚀产物及垢、细菌、胶质、沥青质等。这些悬浮固体悬浮在水中，使水浑浊；附着在管壁上，形成沉淀，引起管壁腐蚀；回注于储油层，会使孔隙堵塞，影响油井产量。

综上所述，污水中的成分复杂，其显著特点是腐蚀性强、结垢快。生产实际中，应重点针对这类问题加以分析，采取有效措施加以处理。

2. 含油污水处理流程

含油污水处理工艺流程因污水水质的差异、净化处理要求不同而异。按照主要处理工艺过程，大致可划分为自然除油—混凝沉降—压力过滤流程，压力式聚结沉降分离—过滤流程，浮选式流程及开式生化处理流程等。

1）自然除油—混凝沉降—压力过滤流程

从脱水转油站送来的含油污水经自然除油初步沉降后，投加混凝剂进入混凝沉

降罐进行混凝沉降，然后进入缓冲罐，经提升泵加压后进入压力滤罐进行压力过滤。滤后水再加杀菌剂，得到合格的净化水，外输用于回注；自然沉降罐和混凝沉降罐回收的原油进入污油罐，经油泵加压输送至油站；对压力滤罐进行反冲洗时，反洗水泵从反洗水罐提水，反冲洗排水进入回收水罐，经回收水泵均匀地加入自然除油罐中再进行处理。

该流程处理效果良好，对污水含油量、水量变化波动适应性强。但当处理规模较大时，压力滤罐数量较多、操作量大，处理工艺自动化程度稍低。

2）压力式聚结沉降分离—过滤流程

它加强了流程前段除油和后段过滤净化。脱水站送来的污水若压力较高，可进旋流除油器；若压力适中，可进接收罐除油。为了提高沉降净化效果，在压力沉降之前增加一级聚结（亦称粗粒化）除油，使油珠粒径变大，易于沉降分离。也可采用旋流除油后直接进入压力沉降。根据对净化水质的要求，也可设置一级过滤和二级过滤净化。

压力式聚结沉降分离—过滤流程处理净化效率较高，效果良好，污水在处理流程内停留时间较短，系统机械化、自动化水平稍高，但适应水质、水量波动能力稍低。

3）浮选式流程

该流程首端大都采用溶气气浮，再用诱导气浮或射流气浮取代混凝沉降设施，后端根据净化水回注要求可设一级过滤和精细过滤装置。

浮选流程处理效率高，系统自动化程度高，现场预制工作量小，因此广泛用于海上采油平台污水系统；在陆上，广泛用于稠油污水处理。但该流程动力消耗大，维护工作量稍大。

4）开式生化处理流程

它是针对部分油田污水采出量较大，不能完全回注，需要部分处理达标排放的实际设计的。含油污水经过平流隔油池除油沉降，再经过溶气气浮池净化，然后进入曝气池和一级、二级生物降解池与沉降池，最后经提升泵提升至滤池进行砂滤或吸附过滤达标外排。

上述几种流程是目前含油污水较常用的流程。当然，由于各油田污水的具体情况不同，上述流程也并非是绝对的，实际应用中应根据具体情况选择合适的流程。

## 第二节　油气管道输送

油气管道输送是伴随着石油工业的发展而产生的。早在1865年10月，美国修建了世界上的第一条输油管道。该管道直径为50mm，长约10km。1886年美国又建成了世界上第一条长距离输气管道。该管道从宾夕法尼亚州的凯恩到纽约州的布法罗，全长 140 km，管径为 200 mm。

1958 年我国建设了第一条从新疆克拉玛依油田到独山子炼油厂原油输送管道。该管道全长 147 km ，管径为 150mm。1963 年又建设了第一条天然气输送管道。该管道从重庆巴县石油沟气田至重庆孙家湾，简称巴渝线。此后，随着大庆、胜利、华北、中原、四川等油气田的开发，兴建了贯穿东北、华北、华东地区的原油管道网，川渝天然气环网，忠武、陕京、涩宁兰等天然气管道以及西气东输天然气管道系统等。到 2003 年底，我国已建成的油气管道总长度 45865km，其中，陆上原油输送管道 15915km，天然气输送管道 21299km，成品油输送管道 6525km，海底管 2126 km。

## 一、油气输送管道组成

1. 长距离输油管道组成

长距离输油管道由输油站、线路以及辅助配套设施等部分构成（图 11–5）。

输油站的主要功能就是给油品加压、加热，按所处的位置不同，可分为首站、中间站和末站。管道起点的输油站称为首站，其任务是接收油田集输联合站、炼油厂生产车间或港口油轮等处的来油，经计量、加压、加热（对于加热输送管道）后输入下一站。首站一般具有较多的储油设备与加压、加热设备以及完善的计量设施。

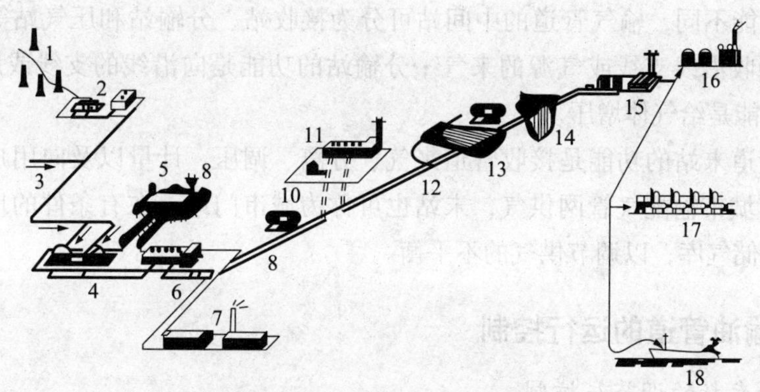


**图 11–5 长距离输油管道构成**

1—井场；2—转油站；3—来自井场的输油管；4—首站主要设施；5—调度中心；6—清管器发放区；7—首站锅炉房等辅助设施；8—微波通信塔；9—线路阀室；10—宿舍；11—中间站；12，13，14—穿越铁路、河流工程；15—末站；16—炼厂；17—装卸栈桥；18—装卸港口

油品在沿管道的输送过程中，其压力和温度都会不断下降。为了使油品继续向前输送，就必须设置中间输油站，给油品增压、升温。单独增压的输油站称为中间泵站，单独升温的输油站称为中间加热站。泵站与加热站设在一起的称为热泵站。末站是设在管道终点的输油站，其作用是接收管道来油，向油品用户转运。末站一

般设有较多的储油设备、较准确的计量系统以及一定的输油设施。

长距离输油管道的线路部分包括管道本身、沿线阀室以及通过河流、山谷等障碍物的穿（跨）越构筑物等，辅助设施包括通信、监控、阴极保护、清管器收发及沿线工作人员生活设施等。

2. 长距离输气管道构成

长距离输气管道的构成与长距离输油管道类似，也包括首站、中间站、末站、干线管道以及辅助设施等部分，如图 11–6 所示。

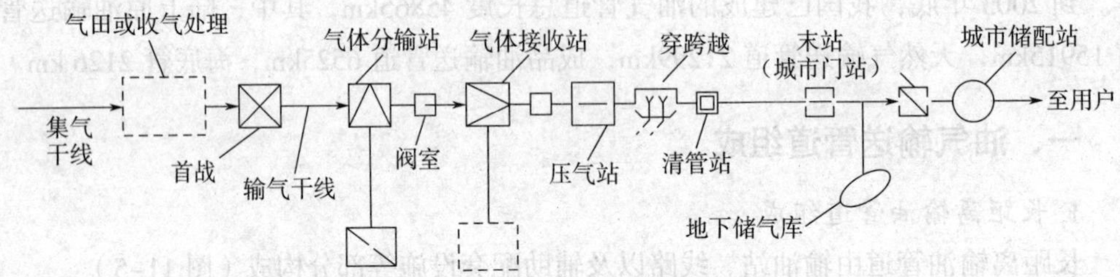


图 11–6　长距离输气管道的构成

输气管道首站的主要功能是对进入管线的天然气进行分离、调压和计量。与输油不同的是，输气管道的首站可能不需增压（可依靠气井压力输至下一站），如陕京线的第一个增压站就设在离管线起点 100km 处。

根据功能不同，输气管道的中间站可分为接收站、分输站和压气站等。接收站的功能是接收沿线支线或气源的来气；分输站的功能是向沿线的支线或用户供气；压气站的功能是给气体增压。

输气管道末站的功能是接收管道来气、分离、调压、计量以及向用户转输。若末站直接向城市输配气管网供气，末站也可称为城市门站。在有条件的地区，末站应建设地下储气库，以调节供气的不平衡。

## 二、输油管道的运行控制

1. 运行参数的调节与控制

在输油管道的运行过程中，由于受到诸多因素的影响，其运行工况将发生一定程度的变化。因此，在管道的实际运行过程中，有时需要对参数进行调节和控制。

调节一般以输送量作为对象，控制一般以泵站的进出站压力作为对象。输送量调节的方法很多，常用的有改变输油泵的转速调节、车削输油泵叶轮调节、拆卸多级离心泵叶轮级数调节、出口节流调节等。

压力调节的目的是保证管道运行过程中的稳定性，调节的对象是输油站的进出站压力。压力调节的常用措施是改变输油泵机组的转速、节流调节与回流调节。

2. 输油管道中的水击及其控制

输油管道系统正常运行过程中，其流态是稳定的，但在实际生产过程中，需要进行泵的启停、阀门的启闭、流程的切换等操作，这些操作都将会使管道中流体的流速发生突变，从而引起管内压力的突变，这种现象称为水击。

水击危害主要体现在两个方面：一是超压危害，可能是管道系统的压力超过管道的承压能力造成管道的破坏；二是减压损坏，可能是管道系统的压力低于正常工作压力，致使管道失稳变形。与此同时，水击产生的压力波也可能会向上游或下游传播，对上游或下游的泵站特性产生一定影响。

因此，应采取有效措施对水击危害加以控制。常用的方法主要有泄压保护、调节阀自动调节、泵机组自动停运等保护措施。

泄压保护是在管道可能出现超压的位置安装专用的泄压阀门。在出现水击超压时，打开泄压阀门从管道中泄放一定数量的液体，从而使管道内压力下降，避免水击危害。

调节阀自动调节保护是根据管道运行压力的变化自动对阀门的开启度进行调节，以满足保护管道系统的要求。调节阀自动调节保护大都与其他保护措施配合使用。

泵机组自动停运就是在泵站的吸入压力过低，出站压力过高时，通过自动控制系统停运一台或多台输油泵，以降低泵站的能量输出，减小泵站的输送量，使出站压力下降，进站压力升高。这种方法主要用于串联泵机组泵站的保护。

## 三、油品的顺序输送

油品顺序输送是指在一条管道内，按照一定的批量和次序，连续地输送不同种类的油品。油品顺序输送的主要特点是由于经常性地变换输油品种，所以在两种油品交替时，在接触界面处将产生一段混油。混油产生的因素有两个：一是由于在管道横截面上液流沿径向流速分布不均匀，使后边的油品呈楔形进入前面的油品中；二是由于管道内液体的紊流扩散作用。

1. 混油的检测

为了指导顺序输送管道的运行管理，需要对两种油品交替过程中的混油情况进行检测。目前常用的混油浓度检测方法有密度检测法、超声波检测法、记号检测法等。

密度检测法是利用混合油品的密度与各组分油品的密度、浓度之间存在线性叠加关系的原理进行的。此法是在管道沿线安装能自动连续测量油品密度的检测仪表，通过连续检测混油密度的变化来检测混油浓度的变化。

在常温条件下，油品的密度越大，声波在油品中的传播速度就越快。混油浓度的超声波检测法就是根据这一原理，在管道沿线安装超声波检测仪表，通过连续测量声波通过管道的时间确定管内油流的密度，从而检测混油的浓度。

记号检测法是先将荧光材料、化学惰性气体等具有标识功能的物质溶解在与输送油品性质相近的有机溶剂中，制成标识溶液。使用时，在管道起点两种油品的初始接触区加入少量的标识溶液，该标识溶液随油流一起流动，并沿轴向扩散，在管道沿线检测油流中标识物质的浓度分布，即可确定混油段和混油界面。

2. 减少混油量的措施

在油品的顺序输送中，总是希望尽量减少混油量。控制混油量的措施有很多，可以采用先进、合理的技术工艺措施来减少混油量，例如，简化流程，加大交替油品的输量，采用密闭输送流程等；也可以采取一些专门的措施来减少混油量，如机械隔离法和液体隔离法等。

机械隔离法是将一定的机械设施投放于两种油品中间，将两种油品隔离，以减少油品的混合。常用的隔离设施有橡胶隔离球和皮碗形隔离器等。

液体隔离法是在两种交替的油品之间注入隔离液，以减小混油量。常用作隔离液的物质有与两种油品性质接近的第三种油品、两种油品的混合油、水或油的凝胶体、其他化合物的凝胶体等，其中，凝胶体隔离液具有较好的应用特性。

3. 混油的处理方法

处理混油量的方法主要有两种：一是在保证油品质量标准要求的前提下，分批将混油掺入纯净油中销售或降级使用。如在顺序输送汽油和柴油时，可把汽油浓度高的混油段接收在汽油混油储罐中，柴油浓度高的混油段接收在柴油混油储罐中，将两种混油分别小批量地掺入汽油和柴油的纯净油中销售。这种方法适用于混油程度较轻，且终点两种油品的销售量都较大的情况下。二是将混油就近输至炼油厂加工处理。这种方法适用于混油程度较重，或终点混合油品的纯净油销售量较小的情况下。

4. 天然气管道与城市燃气输配

天然气管道是陆上输送大量天然气的唯一手段。海上运输天然气的方法之一是将天然气先降到 –160℃成为液化天然气，然后装船运输；运到目的地以后加温又由液态转为气态，恢复天然气的性能。海上另一种天然气输送方法仍然是敷设海下输气管道。大西洋中的北海油田所产的天然气就是利用海下管道将天然气输到英国和欧洲大陆的。

天然气的主要成分是甲烷、乙烷、丙烷、丁烷和其他烃类，还有少量硫化氢、二氧化碳和水蒸气，有时气井中还带有冷凝液和水等液体，在进入管道前必须在处理场除去硫化氢和二氧化碳等。

天然气管道有以下几个特点：一是输气管道是一个自始至终连续密闭带压的输送系统，不像输油系统有时油品进入常压油罐；二是天然气管道更直接为用户服务，直接供给家庭或工厂；三是天然气密度小，静压头影响小于油品管道，设计时高差小于 200m 静压头可忽略不计，输气管道几乎不受坡度影响；四是天然气是可压缩的，因此不存在突然停输产生的水击问题；五是天然气管道比输油管道更要重视安全；六是天然气管道与城市煤气管道不同，天然气来自气井起输的压力比城市煤气高，天然气管道进入城市总站以后要减压到城市管网压力才能向城市供气。

一个完整的城市配气系统主要由以下几部分组成。

1）配气站

配气站是城市配气系统的起点和总枢纽，其任务是接受干线输气管的来气，然后对其进行必要的除尘、加臭等处理，根据用户的需求，经计量、调压后输入配气管网，供用户使用。

2）储气站

储气站的任务是储存天然气，用来平衡城市用气的不均衡。其站内的主要设备是各种不同种类的储气罐。实际中，配气站和储气站通常合并建设，合称储配站。

3）调压站

调压站设于城市配气管网系统不同压力级制的管道之间，或设于某些专门的用户之间，有地上式和地下式之分。站内的主要设备是调压器，其任务是按照用户的要求对管网中的天然气进行调压，以满足用户的需求。

4）配气管网

配气管网是输送和分配天然气到用户的管道系统，按形状可分为树枝状配气管网和环状配气管网。树枝状配气管网适用于小型城市或企业内部供气，其特点是每个用气点的气体只可能来自一个方向；环状配气管网可由多个方向供气，局部故障时不会造成全部供气中断，可靠性高，但投资较大。

## 第三节　油气的储存

### 一、油库

用于接收、储存、中转和发放原油或石油产品的企业和生产管理单位就是油库。它是维系原油及其产品生产、加工、销售间的纽带，是调节油品供求平衡的杠杆，又是国家石油及其产品供应与储备的基地，对于保障国家能源安全、保障人民生活、促进国民经济发展起着非常重要的作用。

1. 油库的分类及作用

1）油库的分类

（1）按管理体制和业务性质不同，可将油库分为独立油库和企业附属油库两类，如图 11–7 所示。独立油库是专门从事接收、储存和发放油品作业独立自主经营核算的企业和生产管理单位；企业附属油库是各企业为了满足本部门生产、经营需要而设置的油库，如油田的原油库（首站）等。

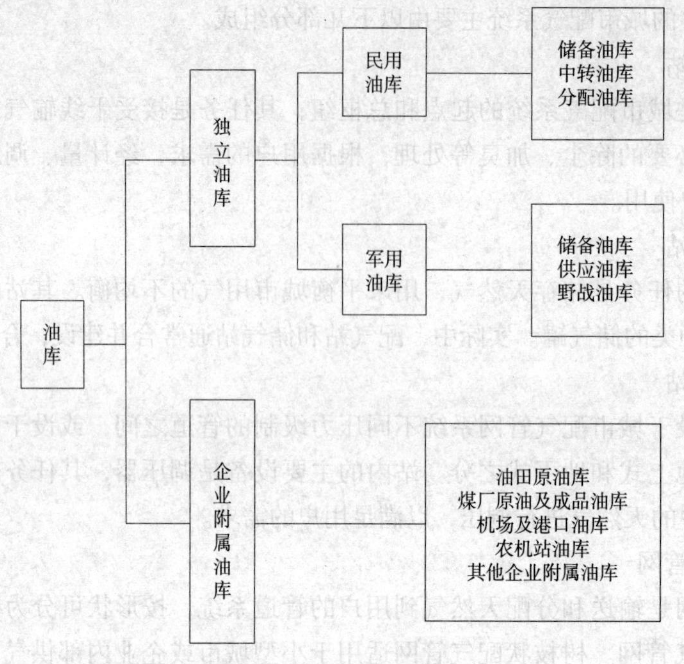


图 11–7　油库类型

（2）根据油库的储油能力不同，可将油库分为一级、二级、三级、四级和五级油库等，其划分标准见表 11–3。

表 11–3　油库的等级划分

| 等级 | 一级油库 | 二级油库 | 三级油库 | 四级油库 | 五级油库 |
|---|---|---|---|---|---|
| 总容量，$m^3$ | ≥ 100 000 | 30 000~100 000 | 10 000~30 000 | 1000~10 000 | <1000 |

除以上分类外，还可按主要的建库形式将油库分为地面油库、地下油库、半地下油库、山洞油库、水封石洞油库和海上油库；按运输方式将油库分为水运油库、陆运油库和水陆联运油库等；按照储存油品的种类将油库分为原油库、成品油库、润滑油库等。

2）储油库的作用

油库的性质不同，其作用也不同，大体包括以下 4 个方面：

（1）作为原油生产基地，用于集积和中转油品。矿场原油库、海上油库是一种集积和中转性质的油库，其业务特点是储存品种单一，收发量大，周转频繁。

（2）作为油品供应基地，用于协调消费流通领域的平衡。销售企业的分配油库和部队的供应油库都是直接面向油品消费单位的流通部门，其业务特点是油品周转频繁，经营品种较多，每次数量相对较少，一般是铁路或油轮（水运油库）来油，桶装、汽车罐车或油驳向外发油。

（3）作为企业附属部门，用于保证生产。炼油厂的原油库、成品油库以及机场、港口等油库是企业附属油库，其主要任务是保证生产的正常进行。

（4）作为石油战略储备基地，保证国家非常时期的需要。石油战略储备油库的主要任务是为国家储存一定数量的战略油料，以保证市场稳定和紧急情况下的用油。因储备库大多具有重要的战略意义，对油库本身的防护能力和隐蔽要求都较高，因此储备库大都建成地下库或山洞库。

2. 储罐的分类、结构和用途

1）储罐的分类

储罐是目前应用最普遍的一种油气储存设备，其种类繁杂。

（1）按照储罐的建筑特点，可分为地上储罐、地下储罐、半地下储罐和山洞罐。

（2）按照储罐的材质，可分为金属储罐和非金属储罐两类。金属储罐是用钢板焊成的储存设备，具有施工方便，安全可靠、耐用，适宜储存各类油品等优点。非金属储罐类型很多，如砖砌储罐、石砌储罐、钢筋混凝土储罐等，主要用于储存原油和重质油料，其特点是节省钢材，抗腐蚀性好，但施工周期长。

（3）根据储罐的形状，可分为立式圆柱形、卧式圆柱形和球形 3 类。立式圆柱形储罐按罐顶的结构又可分为固定顶储罐和活动顶储罐两类。固定顶储罐主要有锥顶罐和拱顶罐。活动顶储罐又可分为外浮顶和内浮顶两类。

（4）按储罐的设计压力，可分为常压储罐（最高设计压力为 6kPa）、低压储罐（最高设计压力为 103.4 kPa）与压力储罐（设计压力大于 103.4 kPa）。常压储罐主要用于储存原油、汽油、柴油等液体油料；压力储罐主要用于储存液化石油气、液化天然气等气体燃料；低压储罐用来储存常温下饱和蒸气压较高的轻石脑油等。

2）几种常用储罐的结构和用途

（1）立式圆柱形钢油罐。

立式圆柱形钢油罐由底板、壁板、顶板及一些油罐附件组成。按照罐顶的结构形式，立式圆柱形钢油罐又分成很多种，其中目前应用最广泛的是拱顶罐与内、外浮顶油罐。

拱顶罐结构如图 11–8 所示。其罐顶为球缺形，球缺半径一般为油罐直径的 0.8~1.2 倍。罐底由厚度为 5~12mm 的钢板焊接而成，直接铺在基础上。罐壁由若干层圈板焊接而成。拱顶罐主要用于储存低蒸气压油料。为了保证储油安全、方便操作，拱顶罐还需设置许多附件，如呼吸阀、通气管、测量仪表、量油孔、人孔、投光孔、阻火器、空气泡沫产生器等。

浮顶罐的罐壁、罐底与拱顶罐相同，其罐顶浮在液面上，消除了油品上部的气体空间，减少了油品的蒸发损耗。内浮顶罐是在拱顶罐内加装内浮顶构成的，内浮顶罐的油罐附件比外浮顶罐少得多。由于有固定顶盖的遮挡，浮盘上不会聚积雨水，而且还可以避免风砂、尘土对油品的污染，因而不必设置排水折管、紧急排水口等。

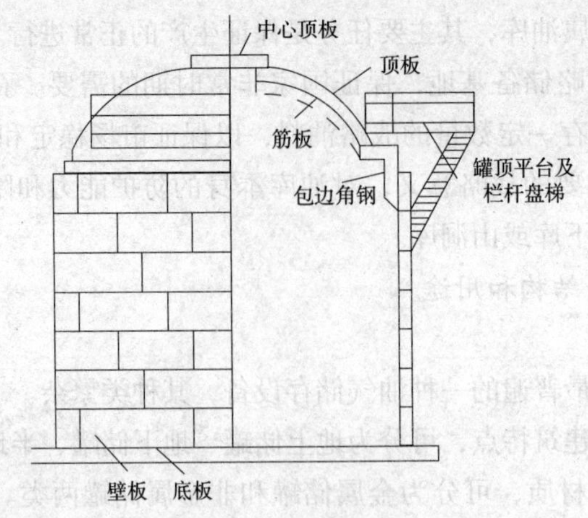

图 11–8　拱顶罐结构示意图

（2）卧式圆柱形钢储罐。

卧式圆柱形钢储罐主要由筒体和封盖组成，如图 11–9 所示。其特点是能承受较高的正压和负压，有利于减少油品蒸发损耗；可在工厂成批制造，然后直接运往工地安装；便于搬运和拆迁，机动性较大。这种储罐在油田常用作脱水器、分离器、分离缓冲罐、放空罐等。

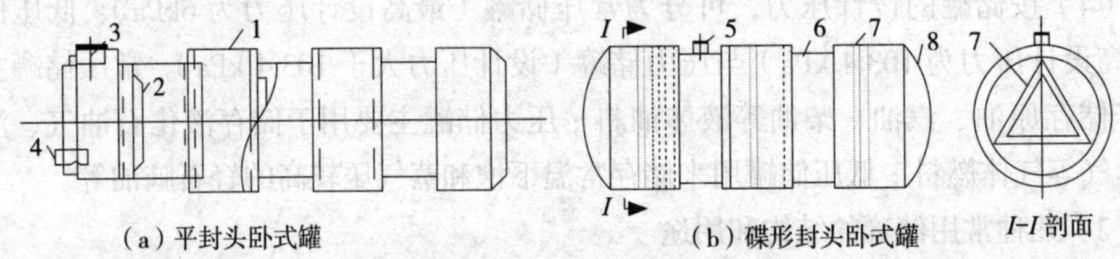

（a）平封头卧式罐　　（b）碟形封头卧式罐

图 11–9　卧式圆柱形钢储罐示意图

1—筒体圈板；2—加强圈；3—人孔；4—进出油管；5—人孔；6—筒体圈板；7—三角支撑；8—碟形封头

（3）球罐。

球罐主要由球壳、支柱及附件组成，主要用于储存液化石油气、丙烷等石油化工原料。其特点是承压能力强，节省钢材，占地面积少，密封性能好，所储油料的蒸发损耗少。

（4）常压低温储罐。

常压低温储罐主要用来储存液化石油气和液化天然气。目前应用较多的是双金属式低温罐与预应力混凝土低温罐两种类型。

3. 油品的装卸作业

1）铁路装卸作业

（1）铁路装卸系统。

铁路装卸油方式是目前我国成品油装卸的主要形式，有轻油装卸系统与黏油装卸系统。

轻油装卸系统主要用于装卸各种型号的汽油、煤油等密度较小的油品。它主要由装卸油鹤管、抽真空设备、放空扫线设施以及集、输油管道等组成，如图 11–10 所示。

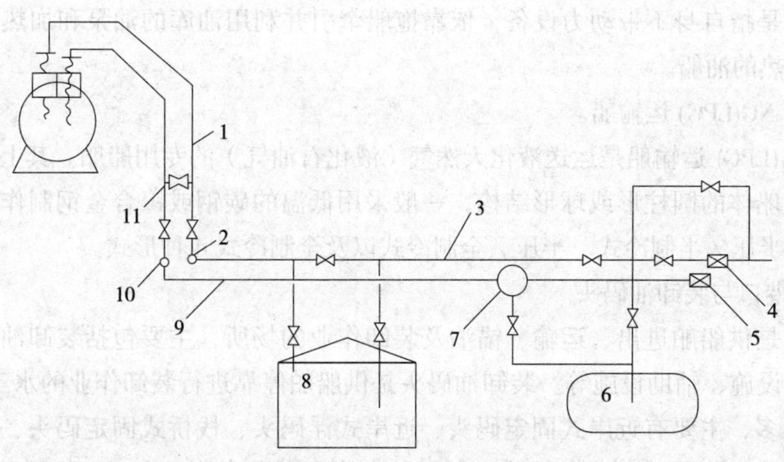


**图 11–10 轻油装卸系统**

1—装卸油鹤管；2—集油管；3—输油管；4—输油泵；5—真空泵；6—放空罐；7—真空罐；8—零位油罐；9—真空管；10—扫舱总管；11—扫舱短管

黏油装卸系统主要用于装卸各种型号的润滑油、燃料油等黏度较大的油品。该系统多采用下部装卸。

（2）铁路装卸油设施。

铁路油罐车是散装油品铁路运输的专用车辆，按其装载油品的性质，可分为轻油罐车、黏油罐车、液化气罐车 3 种类型。轻油罐车是运输汽油、煤油、柴油等油品的专用车，罐体外一般涂成银白色。黏油罐车用于运送原油、润滑油等黏度较大的油料。大多数黏油罐车设有加热装置和排油装置。一般运输原油的罐车外表涂成黑色，运送成品黏油的罐车外表涂成黄色。液化气罐车用于运送常温下加压液化的石油烃类产品，如丙烷、丙烯等。

栈桥是铁路油罐车装卸油品作业的操作平台，桥面一般高于轨面 3.5m，宽 1.5~2m，上部设置安全护栏，两端和沿栈桥每隔 60~80m 处设置上、下栈桥的梯子。栈桥有单侧操作和双侧操作两种。

鹤管是铁路油罐车上部装卸油品的专用设备。目前常用的有固定式万向鹤管、Dg100–Ⅰ型轻油装卸鹤管、气动鹤管、卸油臂等。鹤管一般布置在栈桥两侧，鹤管间距一般为 6m 或 12m。

2）水路装卸作业

油品水路运输有载运量大、能耗少、成本低、投资少的特点。以下是几种常用水路装卸油设施。

（1）油船。

油船是油料水上运输的主要工具。根据油船有无自航能力，可将其分为油轮和油驳。油轮带有动力设备，可以自航，一般还设有输油、扫舱、加热以及消防等设施。油驳是指自身不带动力设备，依靠拖船牵引并利用油库的油泵和加热设备进行装卸和加热的油船。

（2）LNG(LPG) 运输船。

LNG(LPG) 运输船是运送液化天然气（液化石油气）的专用船舶。其上的液货舱是独立于船体的圆柱形或球形结构，一般采用低温的碳钢或镍合金钢制作，通常有全压式、半压 / 半制冷式、半压 / 全制冷式以及全制冷式 4 种形式。

（3）港口与装卸油码头。

港口是供船舶进出、运输、锚泊及装卸作业的场所，主要包括装卸油码头、泊位、装卸设施、辅助设施等。装卸油码头是供船舶停靠进行装卸作业的水工建筑物。其类型很多，主要有近岸式固定码头、近岸式浮码头、栈桥式固定码头、外海油轮系泊码头等。近岸式固定码头多利用天然海湾顺海岸建筑而成，这种码头具有整体性好、结构坚固耐久、施工作业比较简单等特点。近岸式浮码头由趸船、趸船的锚系和支撑设施、引桥、护岸等部分组成，建在水位经常变动的港口，船舶可随水位涨落而升降。栈桥式固定码头主要由引桥、工作平台和靠船墩等部分组成。这种码头借助引桥将泊位引向深水处，它停靠的船只多、吨位大，但修建困难。

近年来，油轮的吨位不断增加，十几万吨乃至几十万吨级的油轮已经普遍使用。随着油轮吨位的增加，船型尺寸和吃水也相应加大，近岸式码头已不能适应巨型油轮的需要，油码头开始向外海发展。目前，外海油轮系泊码头主要有浮筒式单点系泊设施、浮筒式多点系泊设施以及岛式系泊设施 3 种。

3）公路装卸作业

油料的公路运输也是我国油料输送系统的一个有效补充，可分为散装运输和整装运输等。公路装卸作业的主要设施有汽车油罐车、装油台和装卸油鹤管。

汽车油罐车是散装油品公路运输的工具，其载油部分主要由罐体、量油孔、装油口、人孔、安全阀、排水阀、排油阀等部件组成，可用于装载各种油料与液化石油气等，载重量为 3~20t 不等。

装油台是为汽车油罐车灌装的工作平台，主要有通过式、倒车式和圆亭式等结构形式。装油台一般设有加油栓和流量表。向汽车油罐车装汽油、煤油和轻柴油时，应采用能插到油罐车底部的灌油鹤管，这样既可减少油品的蒸发损耗，又可减少静电积聚。

汽车油罐车装卸油鹤管与铁路罐车的基本类似，在此不做过多介绍。

4. 储油库安全技术

1）储油库的“五防”

储油库的“五防”主要是指防火、防爆、防雷电、防静电和防毒等。

油气是易燃易爆物质，在储运过程中要特别注意防火、防爆。防火、防爆历来是储油库防控的重点，其措施很多，主要有制定防火安全规章制度，加强防范意识，加强火种管理，规范操作程序，完善消防设施等。

雷击也是危及油气站库安全的一大隐患。雷击不仅会造成建筑物及各种设施的损坏，还可能引起火灾、爆炸事故，造成人员伤亡等，后果是严重的。其危害可分为直接雷击、间接雷击和雷电波侵入等。目前，常用的防雷装置有避雷针、避雷线、避雷网、避雷带、避雷器等，其中，在储油罐上广泛应用的是避雷针。避雷针的保护范围与避雷针的高度、数目、相对位置、雷云高度以及雷云对避雷针的位置等因素有关。

在油气储运过程中，介质的流动、搅拌、沉降、过滤、冲刷、喷射、灌注、飞溅、剧烈晃动以及发泡等相对运动都会引起静电的产生。若静电荷不能有效释放，就会积聚放电，引起可燃气体的燃烧或爆炸。其中，危害较大的有接地容器内部的静电引爆、喷射含微粒气体时的静电引爆、灌装绝缘容器时的静电引爆3种情况。防静电危害的措施主要有控制介质流速，采用合适的加油方式，保证良好的接地，添加抗静电剂，加速静电的泄流等。

油品及其蒸气都具有一定的毒性，特别是含硫油品及添加四乙基铅的汽油，毒性更大，可造成呼吸系统的损害、视觉系统的损伤、局部皮肤的损伤等。因此，工作中应做好防毒工作，措施主要有加强油品的管理，减少油蒸气的挥发，加大检查、监督的力度，及时进行设备的维修和保养，改进和加强工作区域的通风，降低油蒸气浓度等。

2）储油库消防技术

储油库储存大量的油品，库容一般较大，一旦发生火灾，情况复杂，危害较大。同时油罐火灾也不同于其他火灾，有其自身的特点，如火灾的突发性、高辐射性、燃烧和爆炸交替进行等，因此应高度重视储油库消防技术。下面重点介绍几种常用的油罐灭火系统。

（1）泡沫灭火系统。

泡沫灭火系统是利用泡沫灭火剂来扑灭油罐火灾的方法，目前常用的是空气泡沫灭火系统；按灭火设备的布置情况，可分为固定式空气泡沫灭火系统、半固定式空气泡沫灭火系统、移动式空气泡沫灭火系统等。

固定式空气泡沫灭火系统主要由泡沫液泵、泡沫液储罐、泡沫液比例混合器、泡沫产生器及泡沫管道等部分组成，各部分设备都是相对固定的，如图11-11所示。此系统灭火时不需铺设管线与安装设备，操作简单，启动迅速，出泡沫快；但一次性投资大，且当油罐塌陷或爆炸，安装在油罐上泡沫发生器遭到破坏时，整个系统将失效。

半固定式空气泡沫灭火系统在油罐上设有固定的泡沫产生器及部分附属管道，其他设施是可移动的。使用时，将装有泡沫液的消防车开赴现场，自蓄水池或消防栓取水，临时铺设水龙带向固定在油罐上的泡沫产生器供应泡沫混合液，实施灭火。

移动式空气泡沫灭火系统是由泡沫枪、泡沫炮或泡沫钩管、泡沫管架等设备代替固定在油罐上的泡沫产生器，使用灵活、投资少，但操作复杂，灭火的准备时间长。

（2）烟雾自动灭火。

烟雾自动灭火是将烟雾剂装在漂浮于油面上的发烟容器内，当油罐着火时，通过自动控制系统使烟雾剂进行燃烧反应，同时产生大量云雾状惰性气体喷射在油面上，从而切断油蒸气向燃烧区扩散，阻止氧气向燃烧区补充，以达到窒息灭火。

烟雾自动灭火装置主要由发烟器和浮漂两部分组成，如图 11–12 所示。发烟器主要由头盖、筒体和烟雾剂盘 3 部分组成。头盖上装有探头、喷孔、密封薄膜、导火索和导流板。探头内装有导火索，用探头帽罩住，再用低熔点合金封闭。当油罐起火后，罐内温度达到 110℃左右，探头帽自行脱落，导火索即将烟雾灭火剂引燃。

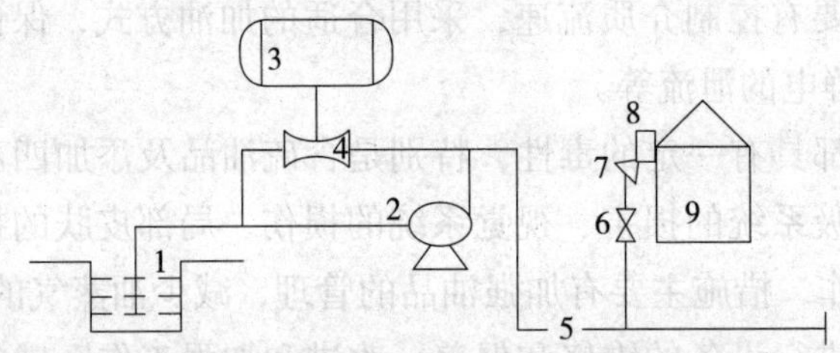


**图 11–11　固定式空气泡沫灭火系统示意图**

1—蓄水池；2—泡沫液泵；3—泡沫液储罐；4—比例混合器；5—泡沫混合液管道；6—阀门；7—空气吸入口；8—泡沫产生器；9—油罐

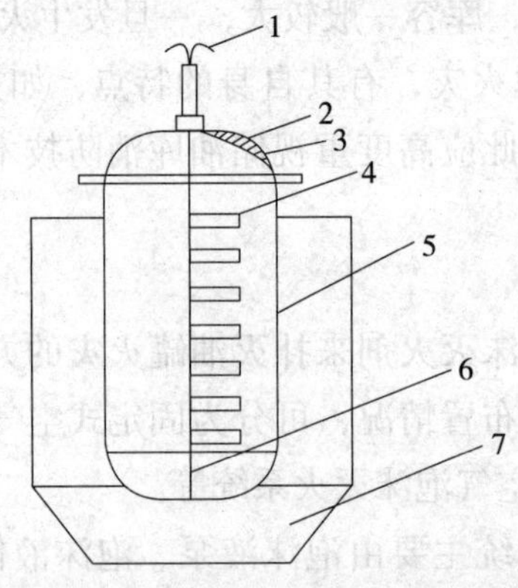


**图 11–12　烟雾自动灭火装置构造示意图**

1—探头；2—发烟器头盖；3—喷孔；4—烟雾剂盘；5—发烟器筒体；6—导火索；7—浮漂

3）储油库的消防冷却系统

消防冷却系统的作用一是冷却着火罐，使其温度降低，火势减弱，确保罐壁不因钢板软化而坍塌；二是冷却着火罐的邻近罐，确保其不因热辐射而着火或爆炸。消防冷却系统主要由消防栓、水龙带、消防泵和水枪等设备组成。

## 二、天然气的储存

天然气储存，是调节天然气生产、运输、销售及应用等各环节之间不平衡的必要手段。

1. 储气罐储气

储气罐储气是利用储罐等设施来储存天然气的，主要用于加气站、配气站等，调节短期内民用气量的不平衡。常用的储气罐按储气压力可分为低压储气罐与高压储气罐两种。

低压储气罐的特点是其容积随储气量的变化而变化，储气压力不变。按密封方式不同，低压储气罐可分为湿式储气罐与干式储气罐两种。高压储气罐的储气容积不变，储气压力随储气量的变化而变化，按其形状可分为立式圆柱形、卧式圆柱形和球形 3 种。这种储气罐没有活动部件，结构比较简单。

2. 地下储气库储气

由储气罐构成的储气站，其储气量小，调节能力差，一般只能调节用气量在一天中不同时间内的不均衡。对于用气量在一年中不同季节内的用气量不均衡，可通过改变油（气）田的产气量、建造大型储气库来解决。

1）地下储气库的类型

地下储气库的类型很多，根据其作用的不同，可将地下储气库分为现场储气库和市场储气库两类。其中，现场储气库多建于产气区或接近输气干线的首站，主要起补充气源，使管道在平稳量下运行的作用；市场储气库，通常建在天然气消费城市附近，用于城市季节用气不平衡的调峰。

按照建库的地质条件或地层特点的不同，可将地下储气库分为多孔介质储气库和洞穴储气库两类。多孔介质储气库是利用砂岩晶体及多孔碳酸盐之间的天然孔隙储存天然气，如建在枯竭的油田、气田、凝析气田和含水层的储气库。洞穴储气库是利用地下盐层等建造的储气库。

2）地下储气库的构成

地下储气库主要由地下储气层、与地面集输管线系统相连的注采井、压缩机站和脱水站、与上游气源和下游城市用气相连接的输气干线、观察井、分离器、加臭设施、压力调节及计量设施等部分构成。

地下储气库内的气体主要由气垫气、工作气、未动用气 3 部分组成。气垫气也称基本气、垫底气或缓冲气，其作用是使储气库保持一定的压力，保证调峰季节储气层能够提供所需的供气量，同时也可减缓库内水的推进，提高产量，降低压缩机站的功率。工作气也称顶部气、循环气或有效气，是随着采注季节的交替而不断注入或采出的气体。多数储气库并不总是在满负荷下运行，根据当地条件和运行压力可以储存额外的天然气，这部分气体即为未动用气。

CHAPTER 4

# 第四篇 石油炼制与化工

# 第十二章　石油炼制

石油不能直接作为产品使用，必须经过各种加工过程，炼制成在质量上符合使用要求的多种石油产品。

从地下开采出来的石油中提取各种燃料油、润滑油、石蜡、沥青等产品的生产过程，称为石油炼制（俗称“炼油”）。通常把原油加工成各种产品的方法称为炼油工艺。炼油工艺有数十种，但普遍采用的有常减压蒸馏、催化裂化、催化重整、催化加氢、焦化等。石油炼制工业是提供能源、有机化工原料和润滑剂的最重要的工业。组成石油的烃类及非烃类化合物的相对分子质量从几十到几千，相应的沸点从常温到500℃以上，其分子结构也是多种多样。

## 第一节　石油产品的分类与质量要求

### 一、石油产品的分类

通常石油产品并不包括以石油为原料合成的各种石油化工产品。我国现将石油产品分为6大类。

（1）燃料：包括汽油、柴油、喷气燃料（航空煤油）、灯用煤油、燃料油等。我国的石油产品中燃料约占80%，而其中约60%用于各种发动机燃料。

（2）润滑剂：包括润滑油和润滑脂，产量约占石油产品总量的2%，主要用于减少接触机件之间的摩擦并防止磨损，以降低能耗，延长设备寿命。

（3）石油沥青：用于道路、建筑及防水等，其产量约占石油产品总量3%。

（4）石油蜡：石油蜡是石油中的固态烃类，其产量约占石油产品总量的1%，作为轻工、化工和食品等工业部门的原料。

（5）石油焦：其产量约为石油产品总量的2%，石油焦可用以制作炼铝和炼钢用的电极等。

（6）溶剂和化工原料：大约有10%的石油产品用作石油化工原料和溶剂，其中包括制取乙烯的原料（轻油）以及石油芳香烃和各种溶剂油。

## 二、石油产品的质量要求

1. 汽油

汽油可用作点燃式发动机的燃料。对汽油的主要使用要求有：具有足够的蒸发性以形成可燃混合气；燃烧要平稳，不产生爆震现象；储存安定性要好，生成胶质的倾向小；对发动机无腐蚀作用，排出的污染物少。

1）汽油的蒸发性

当汽油具有良好的蒸发性时，在发动机气缸内它就能迅速汽化并与空气形成均匀的可燃混合气，进入气缸后燃烧较完全，使发动机能正常运转。如果汽油的蒸发性太差，就不能在气缸中完全汽化，使汽油机功率降低，还会造成启动和加速的困难；反之，如果汽油的蒸发性太强，则汽油在导油管中就已汽化而形成气阻现象，最终造成供油不足，尤其在夏季更容易发生。

2）汽油的抗爆性

汽油在发动机中燃烧异常时，会出现机体强烈震动，并发出很响的金属敲击声，导致发动机功率下降，排气管冒黑烟，严重时导致机件的损坏，这种现象称为爆震。爆震对汽油机的危害较大。爆震现象除与发动机的结构和工作条件有关外，主要取决于所用燃料的质量。

衡量燃料是否易于发生爆震的性质称为抗爆性。汽油的抗爆性取决于其化学组成。目前我国车用汽油的主要组分是催化裂化汽油，因其含有较多的芳香烃、异构烷烃和烯烃，所以抗爆性较好。

3）汽油的安定性

汽油的安定性是指汽油抗氧化的能力。安定性不好的汽油，在储存和输送过程中易发生氧化，生成胶质，使汽油的颜色变深，甚至会产生一些胶状物、沉淀物。汽油的安定性差会严重影响发动机的正常工作。例如，在油箱、滤网、汽化器中形成黏稠的胶状物，严重时会影响供油；沉积在进气、排气阀门上会结焦，导致阀门关闭不严等。

影响汽油安定性的最根本原因是它的化学组成。汽油中的烷烃、环烷烃和芳香烃在常温下都不易发生氧化反应，而其所含的各种不饱和烃则易发生氧化和叠合等反应，从而生成胶质。因此，汽油中所含有的不饱和烃是导致其安定性差的主要原因。

除不饱和烃外，汽油中的硫酚和硫醇等含硫化合物、含氮化合物也能促进胶质的生成，使汽油在与空气接触中颜色变深，甚至生成胶状物。

直馏汽油馏分不含不饱和烃，所以它的安定性很好；而二次加工得到的汽油馏分（如催化裂化汽油等）由于含有大量不饱和烃以及其他非烃类化合物，其安定性较差。

汽油的变质除与其化学组成相关外，还与许多外界条件相关，如温度、金属表面的作用、与空气接触面积的大小等。温度升高，汽油的氧化速度加快，生成胶质的倾向增大；汽油在金属表面的作用下，不仅颜色易变深，而且生成胶质的速度也加快；燃料与空气的接触面积越大，氧化的倾向自然也越大。

鉴于温度、光照以及与空气的接触状况均对汽油的安定性有明显的影响，因此，在储存汽油时，应采取避光、降温以及减小与空气的接触面积等措施。

4）汽油的腐蚀性

汽油中会对金属产生腐蚀的物质主要有硫及含硫化合物、有机酸和水溶性酸或碱等。为此，在使用和储运汽油过程中，要控制汽油及其燃烧产物对其接触金属的腐蚀性。

5）汽油的品种和牌号

汽油按其用途分为车用汽油和航空汽油，各种汽油均按辛烷值划分牌号。

我国车用汽油分为含铅汽油及无铅汽油两大类。按其辛烷值，含铅车用汽油分为 90 号、93 号及 97 号 3 个牌号，无铅车用汽油分为 90 号、93 号及 95 号 3 个牌号，它们分别适用于压缩比不同的各型汽油机。为了保护环境，保障人体健康，近年来各国都严格限制汽油中的含铅量，逐步禁止使用含铅汽油，推广使用无铅汽油。2006 年 5 月，大庆炼化公司成功调制出 98 号车用清洁汽油，具有抗爆性好、减少污染、降低油耗等优点，符合欧亚标准要求。

2. 柴油

我国的柴油产品分为轻柴油和重柴油。轻柴油适用于高速柴油机，重柴油适用于中、低速柴油机。本节主要介绍轻柴油，其使用要求主要有：具有良好的雾化性、蒸发性和燃烧性；具有良好的流动性，保证燃料供给系统在低温下能正常供油；具有良好的储存安定性和热安定性；对机件无腐蚀和磨损作用，不含机械杂质。

1）柴油的燃烧性、蒸发性

柴油的燃烧性好是指喷入燃烧室内与高温空气形成均匀的可燃混合气之后，能在较短的时间内发火自燃并正常地完全燃烧。衡量柴油发火性能的指标采用十六烷值表示。我国石油产品标准中规定轻柴油的十六烷值一般不低于 45；对于由中间基原油生产或混入催化裂化轻柴油，则其十六烷值允许不低于 40。

柴油在柴油机气缸中发火和燃烧都是在气态下进行的，因此必须先汽化并与空气形成可燃混合气后，柴油机才能启动和正常工作。所以柴油的滞燃期不单是取决于其十六烷值，同时还受其蒸发性的影响。柴油蒸发速度的快慢由燃烧室内空气温度的高低与柴油馏分的组成所决定，温度越高，轻馏分越多，则蒸发速度越快。柴油机的转速越快，它的每一工作循环的时间越短，要求柴油的蒸发速度越快，所用的馏分也就应越轻。如柴油的馏分过重，则蒸发速度太慢，从而使燃烧不完全，导致功率下降、油耗增大以及润滑油被稀释而加重磨损；若柴油的馏分过轻，则由于蒸发速度太快而使发动机气缸压力急剧上升，从而导致柴油机的工作波动很大。

2）柴油的流动性

柴油的黏度过小时，易从高压油泵的柱塞与泵筒之间的间隙中漏出，因而会使喷入汽缸的燃料减少，造成发动机功率下降。同时，柴油的黏度越小，雾化后液滴直径就越小，喷出油流的射程也越短，不能与气缸中全部空气均匀混合，因而会造成燃烧不完全。柴油的黏度过大，易造成供油困难，同时，喷出的油滴直径过大，油流射程过长，使油滴的有效蒸发面积减小，蒸发速度减慢，这样也会使混合气组成不均匀、燃烧不完全。

柴油的低温流动性不仅关系到柴油机燃料供给系统在低温下能否正常供油，还与柴油在低温下的储存、运输等作业能否正常进行有密切联系。柴油的低温流动性与其化学组成有关，其中正构烷烃的含量越高，则低温流动性越差。我国评定柴油低温流动性能的指标为凝点（或倾点）和冷滤点。

3）柴油的安定性、腐蚀性和洁净度

柴油的安定性一般是用总不溶物与10%蒸余物残炭来评定的。安定性差的柴油在储存中颜色易变深，甚至产生沉淀，严重时会造成喷油嘴和滤清器堵塞等，并导致气缸中沉积物增加、磨损加重。柴油的安定性取决于其化学组成。二烯烃、多环芳香烃和含硫化合物、含氮化合物都是不安定组分，能使发动机中沉积物显著增加。因此，必须通过各种精制方法除去这些有害化合物。

柴油中含硫化合物对发动机的工作寿命影响很大，其中活性含硫化合物（如硫醇等）对金属有腐蚀作用。含硫化合物在气缸内燃烧后生成的$SO_2$和$SO_3$不仅会严重腐蚀高温区的零部件，而且还会与气缸壁上的润滑油起反应，加速形成漆膜和积炭。同时，柴油机排出尾气中的氧化硫还会污染环境。因此，为了保护环境并降低发动机腐蚀，轻柴油的质量标准中规定了优等品的含硫量不大于0.2%，一等品的含硫量不大于0.5%。此外对优等品和一等品还规定了硫醇硫的含量不大于0.01%。随着环保意识的加强，柴油的含硫量指标还会进一步降低。

为防止腐蚀，在质量标准中还要求柴油中不含有水溶性酸或碱，并对其酸度进行限定。

精制柴油在储存、运输等过程中有可能混入水分和机械杂质。柴油中如有较多的水分，在燃烧时将会降低柴油的发热值，在低温下会结冰，使柴油机的燃料供给系统堵塞。而机械杂质的存在除了会引起油路堵塞外，还可能加剧喷油泵和喷油器中精密零件的磨损。因此，在轻柴油的质量标准中规定水分含量不大于痕迹，并不允许存在机械杂质。

4）柴油的品种和牌号

轻柴油按凝点可划分为10号、0号、-10号、-20号、-35号和-50号6个牌号；

重柴油则按其50℃运动黏度可划分为10号 、20号、30号3个牌号。不同凝点的轻柴油适用于不同的地区和季节，不同黏度的重柴油适用于不同类型和转速的柴油机。

3. 润滑油

用于机械设备的润滑材料很多，但应用较广的是从石油得到的润滑油和润滑脂，其中以润滑油用量最大。

润滑油的主要作用是：减少机械设备在运转时的摩擦阻力；带走摩擦时所产生的热量，冲洗设备磨损的金属碎屑；隔绝腐蚀性的物质，保护设备金属表面。

润滑油对不同机械设备有不同的质量要求，品种多种多样，如汽油机油、柴油机油、压缩机油、冷冻机油、气缸油、齿轮油、液压油、机械油、电器用油等。用户应根据实际需要选择合适的润滑油。

虽然各种润滑油的性能要求因使用条件不同而异，但它们有着共同点：

（1）合适的黏度，良好的黏温性质。黏温性质是指油黏度随温度变化的性质。随温度变化越小，黏温性质越好。例如，汽油机油，低温时油品若变得太稠，发动机难以启动；高温时油品若太稀，则不能形成油膜，难以起到润滑与密封作用。因此，要求润滑油在低温时不变稠，高温时不变稀。

（2）高的抗氧化安定性。润滑油若使用时间过长，各种金属的催化作用会加速润滑油氧化，产生酸性物质和沉积物，从而加速机件或轴承的腐蚀，使发动机的活塞环黏结，堵塞滤清器或油管。绝缘油氧化后，其导电性增大。

（3）低的凝点和残炭。凝点高的润滑油在低温下会有结晶析出，影响油品的流动性。残炭是指一定量润滑油在隔绝空气的情况下，加热到高温进行蒸发和分解，生成焦炭的质量百分比。残炭与油品中的胶质、沥青质含量有关。残炭值高，表明润滑油在高温下使用易生成胶膜或炭渣，造成设备磨损，密封性变差。

润滑油的性质与其组成有关。少环长侧链烃类化合物组成的润滑油具有较高的黏度与良好的黏温性质，同时还有较高的抗氧化性；反之，多环短侧链组分润滑油黏温性差。若润滑油中含蜡量高，凝点就高，低温流动性差；若胶质、沥青质高，残炭值高；含硫化物和酸性组分时，腐蚀性强。在润滑油生产时，应去除掉这些有害组分。

## 第二节 原油蒸馏

### 一、原油蒸馏原理

1. 精馏

蒸馏是按石油中所含组分的沸点不同，加热原油使其汽化冷凝，将其分割为几个不同的沸点范围（即馏分）的方法。由于原油中成分十分复杂，沸点相近，采用一次汽化和一次冷凝的蒸馏方法分离效果差，因此在炼油厂采用多次汽化、多次冷凝的复杂蒸馏过程，称为精馏。精馏按操作方式分为连续式和间歇式两种。

间歇式精馏装置类似于蒸馏水装置。蒸气不断被引出并经冷凝冷却后收集起来，可以分出汽油、煤油、柴油、润滑油和重油。但这种装置分离效果差，生产效率低，仅适用于小规模生产和实验室。

连续式精馏采用连续式精馏塔（图 12-1）。精馏塔内装有提供气相、液相接触的塔板（或填料），塔板上有许多塔帽，塔板（或填料）是进行精馏的主要场所。

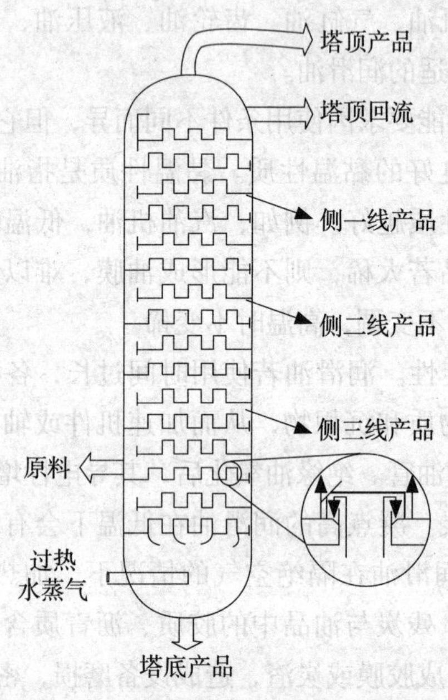


图 12-1　连续式精馏塔结构示意图

按照塔内各部分作用不同，全塔分为两段：进料段以上是精馏段，进料段以下是提馏段。原油经加热炉加热到 370℃左右，此时原油中低沸点组分（如汽油、柴油等）已经汽化，其余的高沸点组分（如裂化原料、润滑油原料等）不能汽化，仍呈现液态。这种油气和未汽化的油混合物一起经转油线进入精馏塔的进料段后，气、液两相迅速分开，油气通过塔帽上升到精馏段，未汽化的油经塔板孔下降到提馏段。这样的一次汽化分离效果差。一方面，油气中夹着一些高沸点组分，而未汽化的油中也夹带一些低沸点的轻组分；另一方面，油气和未汽化的油沸点范围很宽，需切割为几个馏分来利用。因此，为了达到精确分离，将塔顶蒸出的油气（轻组分）经冷凝后，一部分作为塔顶产品，另一部分作为塔顶回流。由于原油蒸馏的常压塔不设再沸器，是一个不完全塔，故进料段以下并非是严格的提馏段。塔底通入过热水蒸气，使塔底油中夹带的轻组分汽化，上升到精馏段。在这种情况下，塔顶流下来的塔顶回流冷液体沿塔板下流，塔底上升的油气进入塔板，热油气和冷液体在塔板相遇，发生传质传热，油气温度下降，油气中夹带的一部分高沸点组分沿塔板下流；而冷液体由于温度上升，其组成也发生变化，其中一部分低沸点组分汽化后，沿塔板继续上升。因此，整个精馏段建立了两个梯度：温度梯度，即从进料段到塔顶温度逐级降低；浓度梯度，即从进料段到塔顶，气相、液相物流的轻组分浓度逐级增大。塔顶温度最低，经引出冷凝后，是最轻的汽油馏分或者重整原料，在精馏塔塔侧适当位置上抽出几个侧线产品（煤油、轻柴油、重柴油等）。

石油精馏塔除采用塔顶回流外，还采用中段循环回流。这种方法是在精馏塔塔侧中部引出一部分热油或侧线部分，经冷却后返回到塔内，其抽出口在入塔口之下。这种方法的优点在于将塔内多余的热量从塔中部取走一部分，从而减少塔顶取走的热量，使塔顶回流量减少，减少塔顶第一块、第二块塔板之间的气相、液相负荷，提高原油处理量。目前，国内外大、中型石油精馏塔几乎都采用中段循环回流。

2. 常减压蒸馏

精馏按操作压力大小分为常压精馏、加压精馏和减压精馏。常压精馏，是指精馏塔内压力为常压（或稍高于常压）进行的精馏；对于常压下为气态的混合物分离，需采用塔内加压，提高沸点进行精馏，即加压精馏；但对于沸点较高且又是热敏性的混合物分离，需采用塔内减压，降低沸点即减压精馏。

原油在常压塔里进行精馏时，从塔顶馏出汽油馏分或重整原料油，从塔侧引出煤油、轻柴油和重柴油等侧线部分，这些馏分沸点低于 350℃，常压下即可蒸出。但塔底产物（常称“常压重油”）是沸点高于 350℃的重组分，其中含有润滑油原料和催化裂化原料，在常温下分离它们必须继续加热。但高温会使重油中胶质、沥青质等不稳定组分发生严重降解、缩合等化学反应，使馏出的油品变质，同时也会加剧设备内结焦而缩短生产周期。因此，石油工业常采用常减压蒸馏，即常压塔内限制温度在 360℃左右，精馏出原油中低沸点馏分；再将沸点高、在高温下易变质的重油在减压塔内进行减压蒸馏。减压时，是采用蒸汽喷射泵抽真空，使塔内残压力保持在 8.0kPa 左右或更低，温度限制在 420℃以下。减压蒸馏时，塔顶逸出的主要是裂化气、水蒸气及少量的油气，从减压塔侧抽出几个侧线原料（减压一线、减压二线、减压三线），可作为润滑油原料或裂化原料；减压塔底是沸点很高（>500℃）的减压渣油，它主要由胶质、沥青质组成，用作锅炉燃料、焦化原料，也可进一步加工成高黏度润滑油、沥青或催化裂化原料。

3. 水蒸气汽提

水蒸气汽提，是指在原油常压塔的外侧为侧线产品设汽提塔，在汽提塔底吹入过热水蒸气，从而降低塔内侧线产品的油气分压，使混入产品中的较轻馏分汽化而返回常压塔，因而汽提和减压有同样的作用。汽提设备简单，操作方便，但要耗用大量高温水蒸气，且水蒸气随塔顶油气一起馏出，增加了塔顶冷凝器的负荷。

原油常压塔汽化段中未汽化的油流向塔底，这部分油中含有一部分低于 350℃的轻馏分，常压塔底一般不设再沸器，而是在常压塔底通入过热水蒸气，使其中的轻馏分汽化后返回到精馏段，保证排出的重油不含轻馏分。因此原油常压塔是一个不完全塔，只有精馏段，没有严格的提馏段。侧线产品（煤油、轻柴油、重柴油）中必然含有一定量的轻组分，也会影响质量。因此，在常压塔外侧为 3 个侧线产品设提馏段。3 个提馏段重叠起来，但相互之间又是隔开的，它们都不设再沸器（故经常不称提馏段，而称为汽提段），只需向塔底通入过热水蒸气，使混入侧线产品中的较轻馏分能返回到常压塔的精馏段，如图 12-2 所示。

原油减压塔常采用减压和塔底通入水蒸气汽提“双管齐下”的方法，蒸馏重质油品效果较好。采用塔底汽提，可保证塔底排出的减压渣油不含有轻馏分。

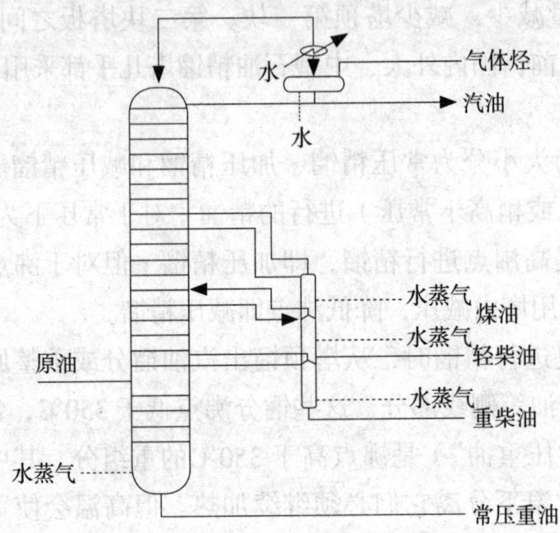


**图 12-2　原油常压塔结构示意图**

## 二、原油蒸馏流程

一个完整的原油蒸馏过程，除了精馏塔外，还配置了加热炉、换热器、冷凝器、冷却器、机泵等设备。这些设备按一定的关系用工艺管线连接起来，同时还配有自动检测和控制仪表，组成了一个有机的整体，这就形成了原油蒸馏装置的工艺流程。

图 12-3 是典型原油常减压蒸馏原理流程图，主要由加热炉、常压塔和减压塔 3 部分组成。其工艺过程为：

（1）原油换热。经脱盐、脱水的原油与各种馏分在换热器内换热，充分回收热量，再经管式加热炉加热到约 370℃进入常压塔。

（2）常压蒸馏。原油经加热送入常压塔后，在塔顶分出汽油馏分或重整原料油，经换热、冷凝、冷却到 30~40℃，一部分作塔顶回流，另一部分作汽油流出装置。常压塔设有三侧线，分别进入三个汽提段构成一个汽提塔，汽提出煤油、轻柴油和重柴油。

（3）减压蒸馏。用热油泵将常压塔底抽出常压重油（约 350℃）通到减压加热炉中加热到约 420℃，进入减压塔，真空泵抽至塔内压力为 8.0kPa 左右或更低。减压塔顶不出产品，塔顶管线是供抽真空设备抽出不凝气之用。从减压塔侧抽出的几个侧线原料（减压一线、减压二线、减压三线）与减压塔底抽出沸点很高（>500℃）的减压渣油可进行二次加工。

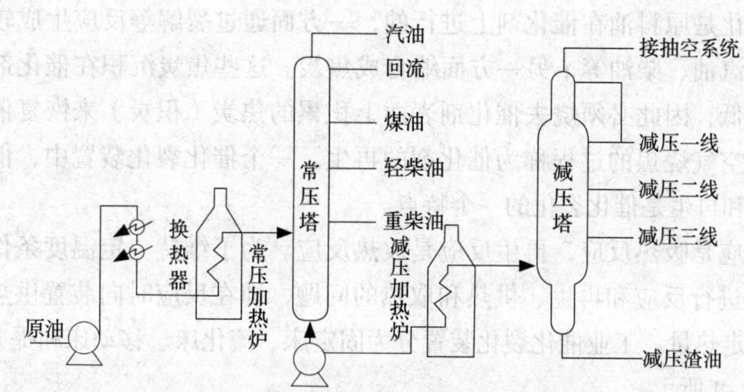


图 12-3　典型原油常减压蒸馏原理流程图

# 第三节　燃料油生产工艺

原油经常减压蒸馏（一次加工）可得到 10%~40% 的轻质油品，其余是重质馏分和渣油。如果不经过二次加工，重质馏分和渣油只能作燃料油和重质燃料油。目前国内原油中直馏轻质燃料油不能满足市场的需求，因此，如何将重质馏分甚至渣油经化学方法转化成轻质燃料是燃料生产的一个重要课题。此外，一次加工（直馏）汽油辛烷值低（一般为 40~60），直接在汽车发动机中使用会出现爆震现象，易损坏汽车发动机的零件，缩短使用寿命，所以直馏汽油也需要二次加工，以提高其质量。

二次加工工艺很多，如催化裂化、催化重整、催化加氢、焦化、减黏裂化烷基化等。这里只介绍目前炼油厂广泛采用的催化裂化和催化重整工艺。

## 一、催化裂化

1. 催化裂化原理

所谓催化裂化，是指在裂解反应时采用了催化剂的裂化工艺。催化裂化一般使用重质燃料油（如减压馏分油、焦化馏分油等）为原料，生产航空汽油时多以柴油馏分为原料。常压塔底重油和减压塔底渣油中含有较多的胶质、沥青质，在催化裂化时易生成焦炭，同时含有 Fe、Ni 等重金属，易使催化剂污染，降低其活性。若作裂化原料，必须解决重金属污染及焦炭生成较多的问题。

催化裂化时，原料油是在500℃左右及0.2~0.4MPa条件下进行的。在催化裂化条件下，烃类进行的反应不只是裂化一种反应，不但有大分子裂化成为小分子，而且还有小分子缩合成大分子的反应（甚至缩合成焦炭）。与此同时，还进行异构化、芳烃化、氢转移等反应。在这些反应中，裂化反应是最主要的反应。

2. 催化裂化的工业型式

催化裂化是原料油在催化剂上进行的，一方面通过裂解等反应生成较小分子的产物气体、汽油、柴油等；另一方面缩合成焦炭。这些焦炭沉积在催化剂表面使催化剂活性降低，因此必须烧去催化剂表面上积累的焦炭（积炭）来恢复催化剂的作用，这个用空气烧焦的过程称为催化剂的再生。一个催化裂化装置中，催化剂不断地进行反应和再生是催化裂化的一个特点。

裂化反应是吸热反应，再生反应是放热反应。为了维持一定温度条件，必须解决周期性地进行反应和再生、供热和取热的问题，即在反应时向装置供热，再生时从装置内取走热量。工业催化裂化装置分为固定床、流化床、移动床和提升管4种型式，如图12–4所示。

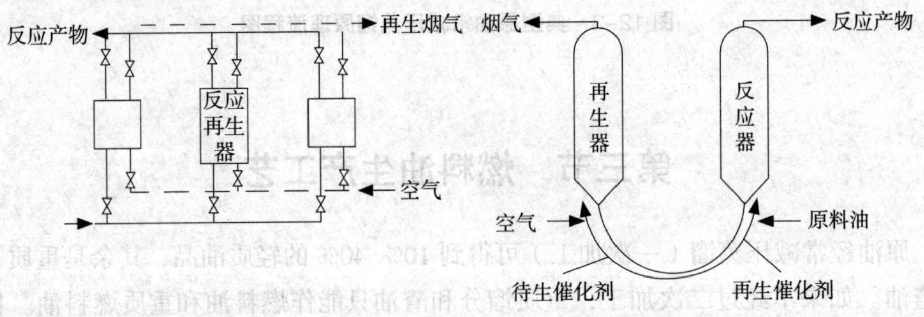


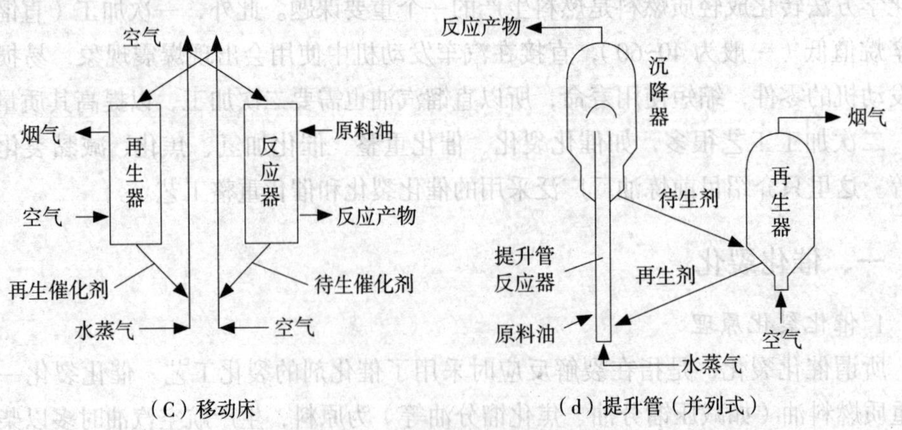


**图12–4 催化裂化的工业型式**

1）固定床

固定床催化裂化装置是最早使用的催化裂化装置。预热后的原料进入反应器内反应，通常只经过几分钟到十几分钟，催化剂的活性就因表面积炭而下降。这时，停止进料，用水蒸气吹扫后，通入空气进行再生。因此，反应和再生是轮流间歇地在同一个反应器内进行。为了使生产连续化，可以将几个反应器组成一组，轮流地进行反应和再生。固定床催化裂化的设备结构复杂，消耗钢材多，生产连续性较差，因此在工业生产中早已被淘汰。

2）移动床

移动床与固定床不同，移动床的裂化反应和再生反应分别在反应器与再生器中进行。反应器靠催化剂循环供给热量，不设加热器；再生器内催化剂循环带走一部分热量，但再生反应器热量大，仍需要安装一些合金钢管，通过高压水来产生高压蒸汽，取走过剩热量。移动床由于设备结构复杂、钢材消耗多的问题，目前应用较少。

3）流化床

流化床催化裂化与移动床类似，反应和再生分别在反应器与再生器中进行，不同的是催化剂做成的微球使催化剂与油气或空气形成与沸腾的液体相似的流化状态。这种流化状态使两器内温度分布均匀，催化剂循环量大，可携带的热量多，不必设置供热或取热设施，因此设备结构简单，操作方便；且原料油气与催化剂充分接触，加速反应的进行，提高了设备的处理能力，适合于连续性生产，目前广泛被采用。

4）提升管

20 世纪 60 年代出现了一种分子筛催化剂，它的催化活性高，裂化反应在很短的时间（几秒）内反应完毕，必须迅速将反应物与催化剂分离，否则会引起二次反应，生成较多的气体和焦炭，降低了轻质油收率。因此，反应器流化床不能充分发挥它的长处，促使了流化床的改进，发展了提升管反应器。

提升管反应器是一根直立圆管（即提升管），原料油与催化剂从底部进入提升管反应器，以高速同时向上流动，经过几秒的反应后，由顶部离开反应器，然后反应产物与催化剂分离。提升管大大减少了二次反应，提高了轻质油收率。

3. 催化裂化工艺流程

图 12–5 是高低并列式提升管催化裂化装置工艺流程。它由 3 部分组成：反应—再生系统、分馏系统与吸收稳定系统。

1）反应—再生系统

新鲜原料油经换热后与回炼油进行混合，经加热炉加热到 200~400℃后至提升管反应器下部的喷嘴。原料油用蒸汽雾化并喷入提升管内，与来自再生器的高温催化剂（600~750℃）接触，油雾迅速汽化并进行反应，反应产物携带着催化剂上升，在反应器内呈流化状态。油气在反应器内停留时间很短（1~4s），减少了二次反应。反应产物油气夹带的催化剂经沉降器后，由于沉降器直径增大，使油气流速下降，其夹带的催化剂散落下来，油气再经旋风分离器分离出夹带的催化剂，离开反应器去分馏塔。

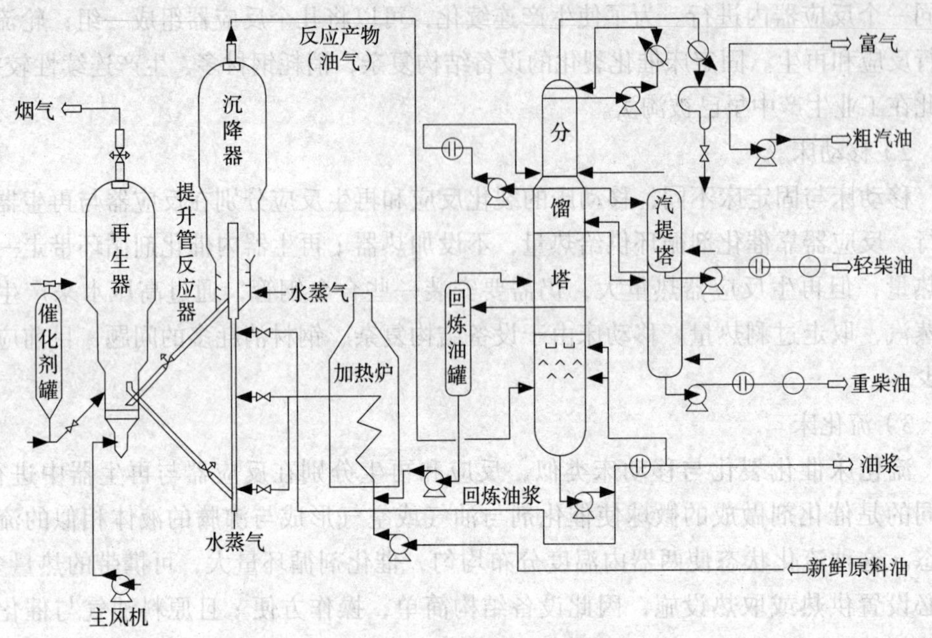


图 12-5　催化裂化工艺流程图

带有积炭的催化剂（待生催化剂）由沉降器落入汽提段。汽提段内装有几层人字形挡板，在其底部能通入过热水蒸气，将待生催化剂上的油气置换而返回上部，催化剂经汽提后由待生斜管进入再生器。

再生器的主要作用是用空气烧去催化剂上的积炭，即恢复其活性。空气由主风机供给。再生过程也是在流化状态下进行，再生后的催化剂（再生催化剂）落入溢流管，再经再生斜管送回反应器循环使用。

再生产生的烟气经旋风分离器分离出夹带的催化剂后，经双动滑阀排向大气，因为再生烟气中含有 5%~10% 的 CO，有时设有 CO 锅炉，利用再生烟气来产生水蒸气以回收能量。

催化剂在生产过程中会有损失或减少，需定期向反应器内补充或置换一定量的催化剂。为此，装置内至少应设 2 个催化剂储罐，供装卸催化剂使用。

2）分馏系统

由反应器来的反应油气进入分馏塔的底部，在分馏塔分馏为几个产品：塔顶为富气（裂解气）及粗汽油，侧线有轻柴油、重柴油和回炼油，塔底产品是油浆。轻柴油与重柴油分别经汽提后，再经换热冷却后出装置。回炼油进入回炼油罐后进入反应器中再次裂化。塔底的油浆有催化剂粉末［>2g/L(油)］，为了减少催化剂损失并提高轻质油收率，将部分油浆送回反应器再次裂化，部分冷却后用于分馏塔下部进行循环，将进入分馏塔过热油气（460℃以上）冷却到饱和状态以避免催化剂粉末堵塞塔盘，便于分馏。裂化富气及粗汽油送往吸收—稳定系统。

典型的催化裂化分馏塔有 4 个循环回流取走塔内剩余热量：1 个顶循环回流，2 个中段循环回流，1 个油浆循环回流。后 3 个回流取热比例大（80%），引起塔的下部负荷大，上部负荷小，因此分馏塔一般缩径。

3）吸收—稳定系统

从分馏塔顶油气分离器分离出的富气中带有汽油组分，而粗汽油中则溶解有气态烃。吸收—稳定系统的作用就是将富气分离为干气（$C_2$ 以下组分）和液化气（$C_3$、$C_4$）以及将粗汽油中混入的少量气体分出，生产蒸气压合格的稳定汽油。

## 二、催化重整

催化重整是以汽油馏分为原料，在催化剂（过去是用铂，20 世纪 60 年代后出现铂铼双金属或其他金属催化剂）作用下，对原料油的分子结构加以重新“调整”的工艺过程。催化重整可以生产高辛烷值的重整汽油，作为优质发动机燃料；还可生产芳香烃（苯、甲苯、二甲苯），作为重要的化工原料；同时副产纯度很高的氢气 (75%~95%)，是炼厂中获得廉价氢气的重要来源。因此，它与催化裂化工艺同样重要。

### 1. 催化重整基本原理

在催化重整过程中，原料发生的化学反应主要有以下 5 种：六元环烷的脱氢反应、五元环烷的异构脱氢反应、烷烃的环化脱氢反应、异构化反应以及加氢裂化反应。重整反应中有大量 $H_2$ 存在，当大分子烃裂解为小分子烯烃时，烯烃加氢变为饱和烃，使产物安定性好。重整也会在催化剂表面生成焦炭，但与催化裂化相比较，重整催化剂促进加氢反应，抑制生焦。一般铂催化剂使用一年再烧焦再生，而铂铼或多金属催化剂可用 2~3a 再烧焦再生。

### 2. 催化重整工艺流程

生产的产品不同时，采用的工艺流程也不尽相同。当以生产高辛烷值汽油为主要生产目的时，其工艺流程主要包括原料预处理与重整反应两大部分。而当以生产轻芳香烃为主要目的时，则工艺流程中还应设有芳香烃分离部分。这部分包括反应产物后加氢以使其中的烯烃饱和、芳香烃溶剂抽提、混合芳香烃精馏分离等几个单元过程。下面介绍以生产高辛烷值汽油为目的的铂铼重整工艺原理流程，如图 12–6 所示。

1）原料预处理部分

原料预处理包括原料的预分馏、预脱砷、预加氢。其目的是得到馏分范围与杂质含量都合乎要求的重整原料。

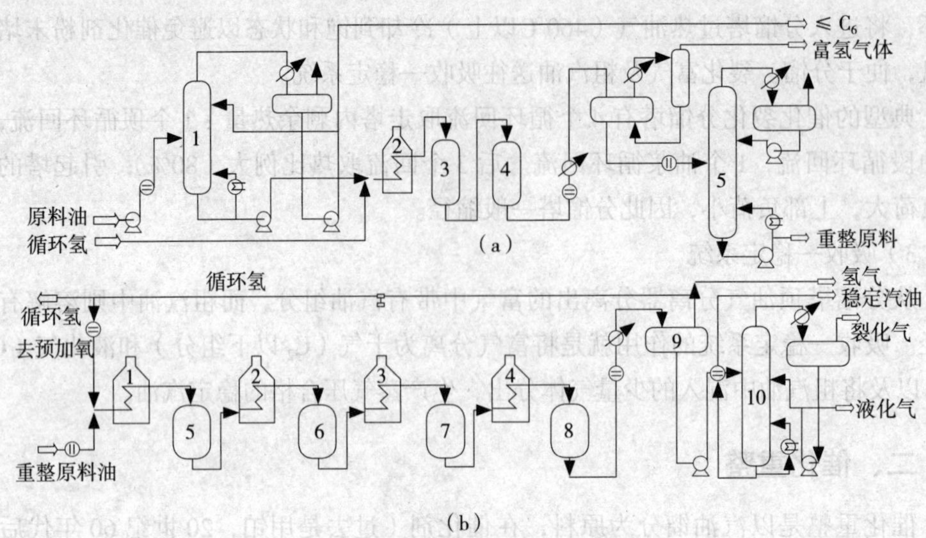


图 12-6 催化重整工艺原理流程图

(a) 原油预处理：1—预分馏塔；2—预加氢加热炉；3，4—预加氢反应器；5—脱水塔
(b) 重整反应及分馏：1，2，3，4—加热炉；5，6，7，8—重整反应器；9—高压分离器；10—稳定塔

(1) 预分馏：直馏汽油馏分（≤ 180℃的馏分）进入预分馏塔，从塔顶切除原料中低于 80℃的馏分（≤ $C_6$，因 $C_6$ 环烷烃转化为苯后，辛烷值反而下降），作汽油调和组分或化工原料。塔底得到 80~180℃馏分可作为重整原料。

(2) 预加氢：预加氢的目的是除去原料中的砷、铅、铜、铁、氧、硫、氮等催化剂“毒物”，使其含量降至允许范围内，同时可以使烯烃饱和，减少催化剂上积炭。预加氢化学反应放出的 $H_2S$、$NH_3$、$H_2O$ 等，以及砷、铅等金属化合物加氢分解放出的金属 As、Pb 等，吸附在加氢催化剂（钼酸镍或钼酸钴）上除去。预加氢反应物经冷却后进入高压分离器，分离出富氢气体后，液体油中溶有少量的 $H_2S$、$NH_3$、$H_2O$ 等需除去，因此将液体油送到脱水塔、脱硫器，经处理后，可作为重整反应部分的进料。

2）重整反应及分馏部分

经预处理的原料油与循环氢混合，经加热炉加热后进入重整反应器。重整反应是吸热反应，反应时温度要下降。为了维持反应器较高的反应温度（480~520℃），工业上重整反应器采用了 3~4 个反应器串联，每个反应器前都设有加热炉，加热至每个反应器所需的温度。

在催化重整反应时，反应器应通入大量氢气进行循环，目的是抑制生焦反应，保护催化剂；同时起到热载体作用，减少反应床层温降，提高反应器内的平均温度；此外，可稀释原料使原料分布更均匀。

由最后一个反应器出来的反应产物经换热、冷却后进入高压分离器，分出气体（含氢 85%~95%），经循环氢压缩机升压后大部分作重整反应器的循环氢使用，少部分去预处理部分，分离出的重整生成油进入稳定塔。稳定塔是一个分馏塔，塔顶分出液态烃，塔底为蒸气压满足要求的稳定汽油。

从原油经减压、催化裂化等加工过程得到的轻质燃料中仍含少量杂质（如含硫、氧、氮等化合物），这些杂质对油品的使用性能有很大影响，会使油品色泽加深、气味加浓，使油品具有腐蚀性，燃烧后放出气体，易于变质等，因此必须将这些杂质除去。可通过燃料产品精制过程将半成品加工成商品，满足产品的规格要求。有时单靠精制仍不能满足产品的某些性能要求，这时可向燃料中加入油品添加剂（如抗爆剂、抗氧化剂、降凝剂等）来改善燃料的质量。油品的调和无一定的规范，由各炼厂实际情况确定。例如，车用汽油的调和，主要组分采用直馏汽油、二次加工所产的汽油，另外加入抗爆剂、抗氧化剂、金属钝化剂等。

## 第四节　润滑油的生产工艺

从石油中生产润滑油的基本原料主要是原油中的重质油。为了生产不同黏度的润滑油，需将重质油在减压下分馏出轻重不同的几个馏分（减一线油、减二线油、减三线油、减四线油）和渣油。前者称馏分润滑油，分别用于制取变压器油、机械油等黏度较低的润滑油；后者称残渣润滑油，用于制取气缸油等高黏度的润滑油。

### 一、生产程度

润滑油的生产工艺有两种类型：传统的“老三套”生产工艺，即溶剂精制、溶剂脱蜡、白土补充精制三种工艺；最近发展的润滑油加氢。下面主要介绍润滑油传统“老三套”生产程序。

1. 溶剂精制

润滑油的精制是指从润滑油中除去大部分多环短侧链芳香烃和胶质、沥青质，提高润滑油质量的工艺方法。常用的精制方法有酸碱精制、溶剂精制、吸附精制、加氢精制等，但我国目前广泛采用的是溶剂精制。

溶剂精制是选用一种溶剂将润滑油中非理想组分溶解、分离，保留理想组分，然后蒸出溶剂循环使用。

1）溶剂选择要求

（1）选择性、溶解能力强。溶剂必须对润滑油原料中非理想组分有较高的溶解度，而对理想组分溶解度要小。当溶剂加入润滑油原料中去后，其中非理想组分迅速溶解在溶剂中，将溶有非理想组分的溶液分出，其余的是润滑油的理想组分。通常前者称提取液（抽出液），后者称提余液（精制液）。因此，精制的过程实质上是溶剂萃取或抽提过程。

（2）密度大。溶剂密度大，从抽提塔上部进入，原料油密度小，从塔下部进入，溶剂和原料油在塔内逆流接触，经过一段时间，溶剂充分溶解了润滑油中非理想组分。由于抽提液比精制液密度大，两相有明显界面，从塔顶抽出精制液（理想组分 + 少量溶剂），从塔底抽出提取液（非理想组分 + 大量溶剂）。

（3）沸点低，易回收。提取液中含有 90% 以上溶剂，精制液也有少量溶剂，必须回收循环使用。因此，要求溶剂沸点低于润滑油沸点。如糠醛的沸点为 161.7℃，低于润滑油沸点，当加热到糠醛沸点时，糠醛迅速蒸发出来。

（4）性质稳定，不易受热变质，不与原料发生化学反应。

（5）无毒、无腐蚀，价格低廉等。

目前国内炼油厂使用最多的精制溶剂是糠醛。

2）溶剂精制工艺流程

图 12–7 为糠醛精制工艺原理流程图。

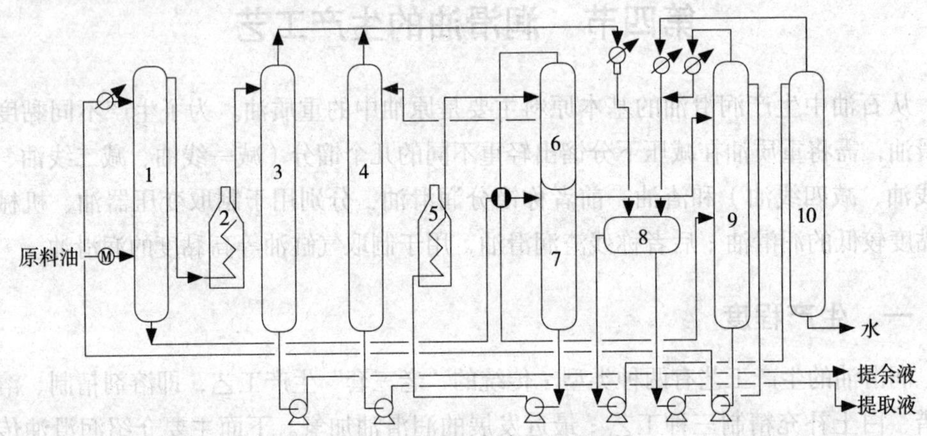


**图 12–7　糠醛精制工艺原理流程图**

1—萃取塔；2，5—加热炉；3—提余液汽提塔；4—提取液汽提塔；6—高压蒸发塔；7—低压蒸发塔；8—糠醛脱水塔；9—糠醛—水分层罐；10—糠醛蒸发塔

（1）糠醛抽提。

原料油经换热器换热后从下部进入抽提塔，糠醛从塔上部进入，二者在塔内进行逆流连续抽提。抽提塔内维持约 0.5MPa 的压力，以便使提余液和提取液自动流入溶剂回收系统，塔顶出提余液，塔底出提取液。

（2）溶剂回收。

①提余液溶剂回收：提余液含溶剂少（约 10%），采用蒸馏方法即可。提余液经加热炉加热到约 220℃进入提余液汽提塔，从塔底抽出脱除溶剂的精制油（提余油）送出装置。塔顶分出的含水糠醛蒸气经冷凝器冷却后进入糠醛—水分层罐。

②提取液溶剂回收：提取液中含溶剂多（约 90%），先采用蒸发的方法蒸去大部分溶剂，然后再用水蒸气汽提残存在油中的少量溶剂，可节省燃料，溶剂回收较完

全。提取液与高压蒸发塔来的糠醛蒸气换热后，进入低压蒸发塔。提取液经换热后可以蒸出其中 30%~40% 糠醛。塔顶糠醛蒸气经冷凝后进入糠醛脱水塔。其余的提取液从低压蒸发塔底抽出经加热炉加热，进入高压蒸发塔；塔顶蒸出大部分糠醛蒸气与提取液换热后进入糠醛脱水塔；塔底的提取液经蒸发后，进入提取液汽提塔。塔底为脱糠醛的提取油出装置，塔顶为含水糠醛蒸气。低压蒸发塔、高压蒸发塔顶的糠醛蒸气经糠醛脱水塔，脱去含有极少的水分后循环使用。

③含水溶剂回收：糠醛与水能形成共沸物，不能用简单蒸馏分离。汽提塔的含水糠醛蒸气从顶部蒸出，经冷凝器冷却后，冷凝液进入分层罐。在室温下分为两层，上层为含少量糠醛的水，下层为含少量水的糠醛（糠醛密度大）。糠醛层经泵打入糠醛脱水塔脱水，由塔顶蒸出的是共沸物，蒸气冷凝后再回到分层罐，塔底为脱水的糠醛可以循环使用。水层进入糠醛蒸发塔，塔顶为共沸物，塔底排出污水，塔顶共沸物冷凝后又回到分层罐。

2. 溶剂脱蜡

脱蜡的目的是降低润滑油的凝点，同时可以副产石蜡。目前工业上采用的脱蜡方法很多，如冷榨脱蜡、吸附脱蜡、尿素脱蜡、细菌脱蜡、溶剂脱蜡等。其中溶剂脱蜡应用最为广泛，能处理多种馏分润滑油和残渣润滑油。

溶剂脱蜡是在润滑油中加入溶剂稀释，使油的黏度降低，然后冷却至低温，蜡结晶析出，将油与蜡过滤分离。作为溶剂脱蜡的溶剂很多，我国目前广为使用的是酮和苯混合溶剂脱蜡，称为酮苯脱蜡工艺。下面主要介绍酮苯脱蜡工艺。

1）溶剂脱蜡原理

溶剂脱蜡是使油与蜡分开，从而达到除蜡的目的。蜡与油的分开采用过滤方法，类似于用纱布过滤水中的悬浮物。而对过滤操作来说，混合物中固体颗粒越大，液体黏度越小，越易过滤分开，因此采用溶剂的作用是减小油蜡混合物中原料油的黏度，起稀释作用，同时有利于蜡形成大颗粒晶体，这些都有利于油蜡分离。为达到此目的，要求加入的溶剂在脱蜡温度下应具备以下条件：

（1）选择性好。在脱蜡温度下，对油溶解度大，对蜡溶解度小，否则溶在溶剂里的蜡和油会一起进入滤液中。

（2）在脱蜡温度下黏度要低。

（3）沸点低，以便用简单蒸馏的方法回收。

（4）凝点低，在脱蜡温度下不易凝固。

（5）无毒、无腐蚀，与油、蜡不起化学反应，价格低廉等。

目前，酮苯脱蜡工艺中使用较理想的混合溶剂是丙酮—苯—甲苯。丙酮对蜡的溶解能力很小，但对油的溶解能力也低，因此需加入易溶解的苯。苯对蜡的溶解能力较大，但丙酮的存在使苯溶解的蜡变少了。由于苯的熔点高，低温脱蜡时常有苯结晶析出，需加入凝点低的甲苯作为补充，组成一种良好的选择性溶剂，对油的溶解能力强，对蜡的溶解能力低，黏度小，沸点不高，毒性不大，冰点低，但同时闪点低，应注意安全。

2）酮苯脱蜡工艺流程

图 12–8 为酮苯脱蜡工艺原理流程图。它包括 5 部分。

（1）结晶系统：它的作用是将原料油与溶剂混合后的溶液冷却至低温，使蜡从溶液中结晶出来，并充分形成有利于过滤的大颗粒结晶。

（2）冷冻系统：它的作用是制冷，取出结晶时放出的热量。冷冻剂选用液氨，蒸发吸热，使原料油温度下降。蒸发后的气氨经压缩后冷却又变液氨，循环使用。

（3）过滤系统：它的作用是将结晶好的蜡与油分离，将混合物分为两部分，一部分是滤液，含溶剂的脱蜡油；另一部分是蜡膏，含少量油和溶剂的蜡。两部分都要送至溶剂回收系统进行溶剂回收再利用。

（4）溶剂回收系统：它的作用是把蜡膏和滤液中的溶剂蒸出来。采用的方法仍先经蒸发后汽提回收溶剂。

（5）安全气系统：溶剂酮苯挥发，蒸气与空气形成爆炸性混合物，所以使用大量溶剂时，应设置安全气系统。安全气由炼油燃烧产生的混合气体 CO、$CO_2$、$H_2O$、$NO_x$、$O_2$ 等组成，当安全气循环过程中氧含量增加超过 5% 时，排出一部分安全气，重新从安全气发生器补充新鲜安全气。

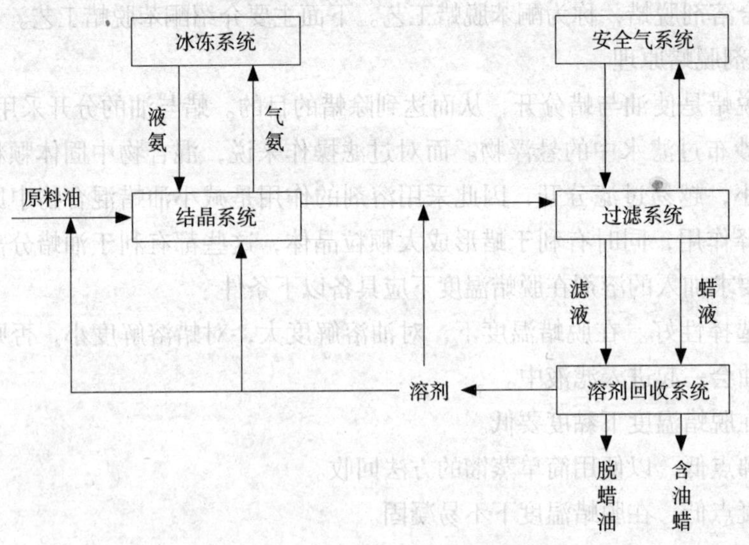


图 12–8　酮苯脱蜡工艺原理流程图

3. 白土补充精制

润滑油经过溶剂精制、溶剂脱蜡等工艺后，得到的油品中仍含有害杂质（如胶质、环烷酸、酸渣、少量残存溶剂），必须将这些杂质去掉，进一步改善润滑油颜色、安定性，降低残炭。白土补充精制就是用活性白土在较高温度下处理润滑油，把这些杂质吸附在白土表面，得到精制油品。

1）白土补充精制基本原理

白土是一种微孔形结构的结晶或无定形物质，具有很大的表面积，吸附能力较强。白土分为天然与活化两种。天然白土是风化的长石。但天然白土孔隙内常含有一些杂质，用8%~15%稀硫酸处理，将杂质去掉，经过处理后的白土称为活化白土，吸附能力大大增强。

在白土补充精制条件下，白土对润滑油中各组分的吸附能力是不同的。白土极易吸附润滑油中的胶质、沥青质、残存溶剂等，而对润滑油的吸附能力较差，因此，利用白土具有选择性吸附的性能，使白土与油混合，然后过滤掉已吸附了杂质的白土，就可以得到精制润滑油。

2）白土补充精制工艺流程

白土补充精制工艺分为固定床渗滤法、连续式渗滤法与接触法3种。前两种生产效率低，已被淘汰，目前广泛采用接触法白土补充精制。图12–9为接触法白土补充精制工艺流程图。

（1）白土与油混合。原料油预热到80~90℃，送入混合器，按需要量加入白土，在混合器内充分搅拌。由于白土密度大，必须充分搅匀，否则沉底起不到作用。油品与白土能否混合均匀，对于整个精制过程影响极大。

（2）加热。油品与白土形成糊状混合物打入加热炉加热，降低原料油的黏度，有利于白土起吸附作用。

（3）接触吸附。加热后的混合物进入接触器或接触塔内停留一段时间后，使白土充分吸附。塔顶有抽真空设备，抽出加热炉加热时裂化产生的轻组分与蒸发的溶剂，然后进入中间罐。罐内安装搅拌器，防止白土沉降。

（4）过滤。从中间罐出来的油与白土混合物，先在史氏过滤器中过滤掉绝大部分白土。这种过滤器较粗，有些细小白土仍能通过，所以再通过板框过滤器再过滤一次，才能保证产品中无固体颗粒白土。得到的精制油出装置，作基础油，废白土排出装置。

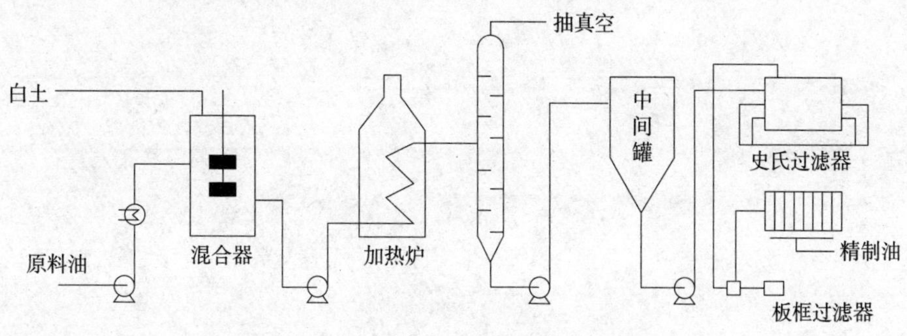


图12–9 接触法白土补充精制工艺流程图

## 二、润滑油调和

润滑油质量的优劣是由润滑油基础油的质量以及润滑油使用的添加剂决定的。少量有效的添加剂可明显改善润滑油的性能，使润滑油质量大增，满足机械工业发展的需要。

调和是润滑油生产过程中最后一个重要工序。将经溶剂精制、脱蜡、白土精制等所得的不同黏度润滑油基础油，按照一定比例，并加入适当添加剂进行混合。采用什么样的调和组分添加剂，由实际情况而定。例如，调和20号机械油，要求低的黏度，常用低黏度润滑油基础油与适当添加剂调和。

# 第十三章　石油化工

从石油或石油气（炼厂气、油田气、天然气）制得基本化工原料是庞大的石油化工工业的基础。这些基本化工原料主要是乙烯、丙烯、丁烯、丁二烯、苯、甲苯、二甲苯等。

## 第一节　烯烃——乙烯、丙烯、丁烯、丁二烯

乙烯、丙烯、丁烯、丁二烯等小分子烯烃具有双键，化学性质活泼，是基本有机化学工业与高分子聚合物的重要原料，用途广泛。在低级不饱和烃中，以烯烃最为重要，产量也最大，其产量常作为衡量一个国家基本有机化学工业发展水平的标志。因此，在石油裂解工业设计中，丙烯、丁烯以及戊烯等往往作为副产品生产。

工业上获取低级烃类的主要方法是将烃类热裂解，即将石油系烃类原料在管式炉中经高温作用，使烃类分子发生多种反应，生成相对分子质量较小的烯烃、烷烃、炔烃、氢气等。烃类热裂解过程是很复杂的，目前已知烃类热裂解的化学反应有脱氢、断链、二烯合成、异构化、脱氢环化、脱烷基、叠合、歧化、聚合、脱氢交联和焦化等一系列反应。为了对这样一个反应系统有一个概括认识，将烃类热裂解过程中的主要产物及其变化关系用图 13–1 来说明。

裂解气是复杂的混合物，要从这样复杂的混合气体中分离出高纯度的乙烯、丙烯等产品，需要一系列的净化与分离过程。国内外大型裂解气分离装置广泛使用深冷分离法，即利用裂解气中各种烃的相对挥发度不同，在低温下将除了氢和甲烷以外的其他烃类都冷凝下来，然后在精馏塔内进行多组分精馏分离，利用不同精馏塔将各个烃逐个分离出来。工业上一般将冷冻温度等于或低于 –100℃的称为深度冷冻（简称深冷）。图 13–2 是深冷分离流程示意图，其分离过程可概括为 3 部分。

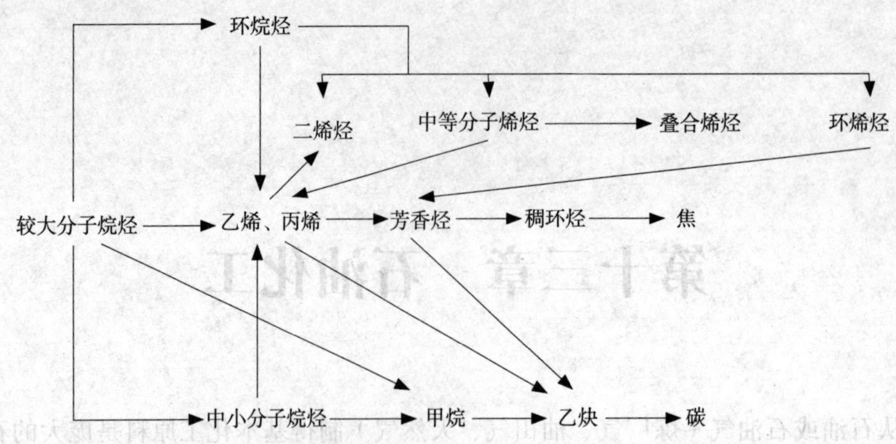


图 13–1 烃类热裂解过程中的一些主要产物及其变化示意图

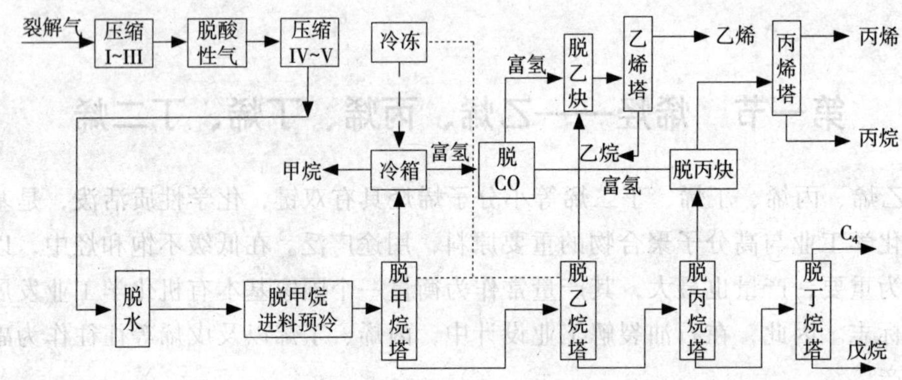


图 13–2 深冷分离流程示意图

（1）气体净化系统：包括脱酸性气体（二氧化碳、硫化氢以及少量有机硫化物等）、脱水、脱炔和脱一氧化碳。

（2）压缩和冷冻系统：使裂解气加压降温，为分离创造条件。

（3）精馏分离系统：包括一系列的精馏塔，以分离甲烷、乙烯、丙烯 、$C_4$ 馏分以及 $C_5$ 馏分。

## 一、由乙烯得到的化工产品

由乙烯得到的产品可分为 3 大类。第一类包括乙烯的聚合与齐聚，大约占乙烯产量的 60%，用于生产聚合物；第二类是乙烯的加成反应产物及其衍生物；第三类产品是乙烯的其他反应如烷基化、氧化、羰基化等反应产物，其生成产品的基本化学过程如图 13–3 所示。

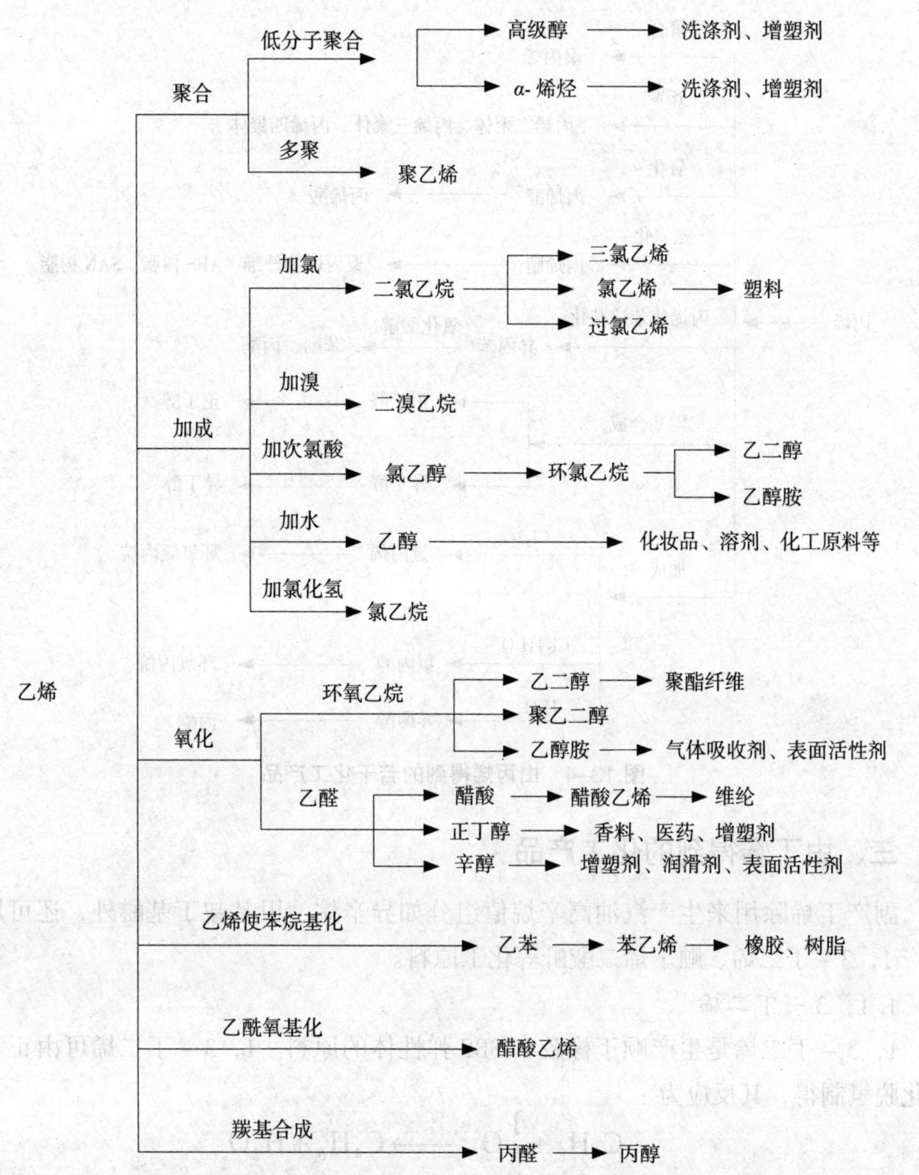


图 13–3 由乙烯得到的若干化工产品

## 二、由丙烯得到的化工产品

丙烯是仅次于乙烯另一类重要的脂肪族原料。它是热裂解生产乙烯得到的副产物，或在炼油厂中是催化裂化装置中副产气体，其收率可达 10%~22%（质量分数），可用于生产聚丙烯、丙烯腈和异丙醇等产品，其中生产聚丙烯是丙烯的主要用途。聚丙烯作为通用热塑性树脂，其特点是机械强度优良，软化温度高，耐低温性、耐氧化性以及电性能均较好。图 13–4 给出由丙烯得到的若干化工产品。

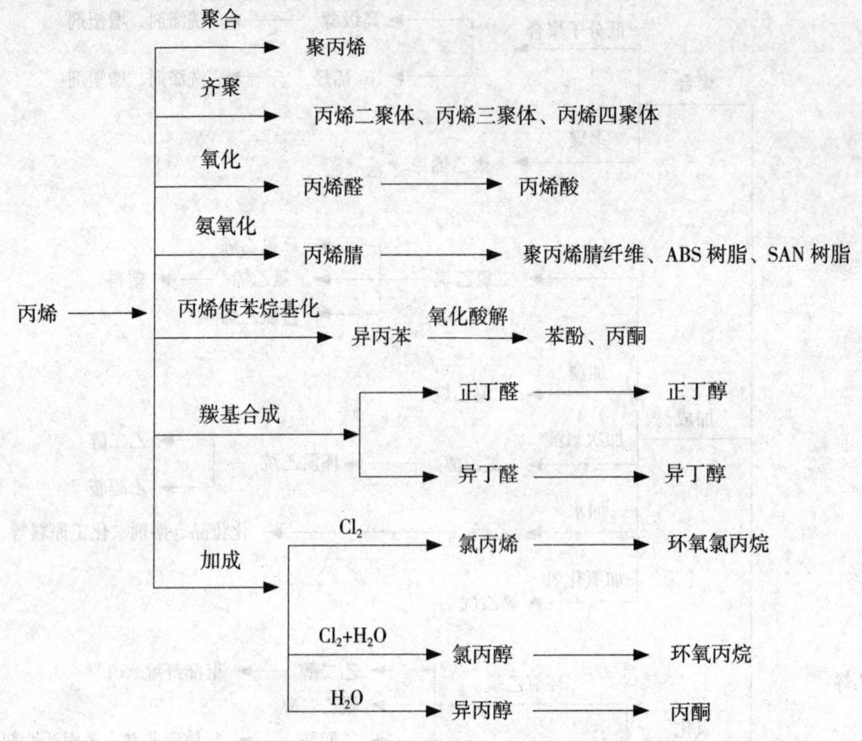


图 13–4　由丙烯得到的若干化工产品

## 三、由丁烯得到的化工产品

副产丁烯除用来生产汽油高辛烷值组分如异辛烷、甲基叔丁基醚外，还可用来生产 1，3 – 丁二烯、顺丁烯二酸酐等化工原料。

1. 1，3 – 丁二烯

1，3 – 丁二烯是生产顺丁橡胶和 SBS 弹性体的原料。1，3 – 丁二烯可由正丁烯氧化脱氢制得，其反应为：

$$C_4H_8+\frac{1}{2}O_2 \longrightarrow C_4H_6+H_2O$$

2. 顺丁烯二酸酐

顺丁烯二酸酐又称马来酸酐，简称顺酐，主要用来生产热固性树脂、不饱和聚酯，还可用于合成增塑剂（顺丁烯二酸二丁酯）、润滑油添加剂（无灰分散剂）、农药等的合成原料。

## 四、由丁二烯得到的化工产品

丁二烯的重要工业用途是合成橡胶，用于顺丁橡胶、丁苯橡胶、丁腈橡胶等的制备。另外，丁二烯与二氧化硫作用，接着加氢制得四亚甲基砜（环丁砜），可用来从石油加工厂的烃馏分中萃取芳香烃化合物。

## 第二节　芳烃——苯、甲苯、二甲苯

由轻石脑油或重石脑油催化重整得到苯、甲苯、二甲苯混合物，用精馏的方法分离，是获得石油苯的重要来源。典型的催化重整得到的苯、甲苯、二甲苯混合物中含甲苯约 50%（质量分数，下同），二甲苯 35%~45%，含苯仅有 10%~15%。然而由于对苯的需求量较大，因而开发了将甲苯转化为苯的氢化脱烷基方法。

### 一、由苯得到的化工产品

苯的最大用途是与乙烯反应制取乙苯，由乙苯、过氧化氢可以制得环氧乙烷和苯乙烯；第二个用途是与丙烯生成异丙苯，然后再将其转化为苯酚和丙酮；第三个用途是制造环己烷，环己烷是生产尼龙的原料。

### 二、由甲苯得到的化工产品

甲苯的主要用途有氢化脱烷基制取苯，通过歧化反应得到苯和二甲苯。经硝化的二硝基甲苯可用作爆炸物组成的胶凝剂和防水剂，进一步硝化则得到三硝基甲苯（TNT），是一种黄色炸药。

### 三、由二甲苯得到的化工产品

二甲苯氧化可制得苯酐或对苯二甲酸。苯酐主要用于增塑剂制备；对苯二甲酸不仅是制造聚酯纤维涤纶的原料，也是制造模制树脂的原料。

# CHAPTER 5

# 第五篇
# 石油工业环境保护和HSE管理

# 第十四章　石油工业环境保护

## 第一节　环境保护原则

石油工业在生产过程中应防止污染大气、水流、海洋、湖泊、土地、森林、草原、野生动植物，保护人们的生活和自然环境，同时要严格执行《中华人民共和国环境保护法》，努力防止污染，积极保护环境，切实做好环境保护工作。

石油工业对环境的污染主要来自钻井、采油(气)、油气集输和石油加工等施工与生产过程，其主要污染源是钻井污水、废弃钻井液、采油污水、落地原油、放空天然气、原油加工污水、工业废渣等。因此，控制环境污染，保护好环境，必须双管齐下，一方面要控制环境污染源，减少污染物的产生和排放；另一方面要采用先进技术和合理的管理制度，对环境污染进行综合治理，使环境污染降到最低限度。

石油工业在勘探、开发、建设的过程中所产生的废液、废气、废渣是大量的。为了减少这些废弃物对环境的污染，出路有两条，一条是回收利用，另一条是处理合格后排放。在现实生产生活中，这两条路都必须走，而回收利用又是主要的方面。回收利用不但可以减少污染，而且还可以合理利用资源，提高企业经济效益，而排放则必须在按规定标准处理合格后才能排放。

石油工业的环境保护与全国其他工业一样，要立足当代，造福千秋。因而环境治理就成为持久作战的神圣职责，不容停留，不容塞责，必须一代接一代，持之以恒地坚持下去。不论从当前还是从长远来看，石油工业的环境保护任务都是繁重的，目标是远大的，技术要求越来越高，管理要求也越来越细越严。这就要从污染治理和综合利用以及防止产生新的污染等方面入手，强化环境管理与监督，依靠科学技术进步，创造出石油工业良好的生产和生活环境，使石油职工和家属在优美环境中不断为石油工业作出新的贡献。

# 第二节 油气田环境污染源

## 一、油气田环境污染源的构成

石油工业是防治工业污染的重要领域，由于原油生产点分散，涉及的污染面积很大，由此造成的治理难度也很大。

不同工艺和不同开发阶段，其排放的污染物及组成不尽相同。油气田环境污染源的构成及污染物排放流程如图 14–1 与图 14–2 所示。

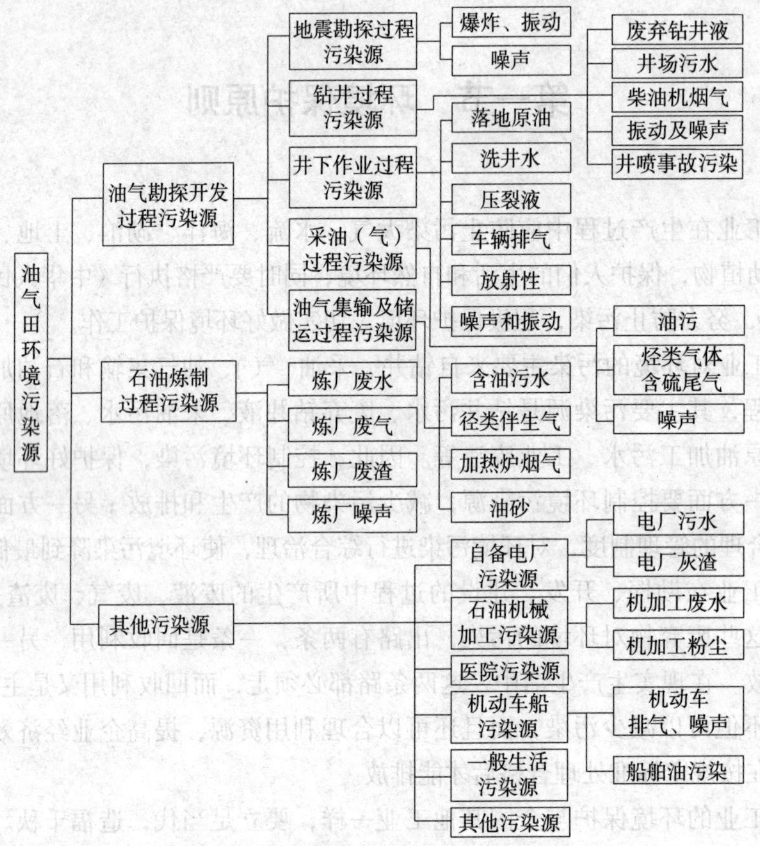

图 14–1 油气田环境污染源的构成

地震勘探阶段的环境污染源主要是放炮震源和噪声源。

钻井阶段的污染源主要来自钻井设备和钻井施工现场。钻井过程不仅会产生废气、废水，还会产生固体废物和噪声。废气主要来自大功率柴油机排出的废气和烟尘；废水主要由柴油机冷却水、钻井废水、洗井水及井场生活污水组成；废渣主要有钻井岩屑、废弃钻井液及钻井废水处理后的污泥。

测井过程中，由于有时使用放射性辐射源和放射性核素，因此其主要污染源是放射性三废物质、挥发进入空气中的放射性气体、被污染的井筒和工具等。

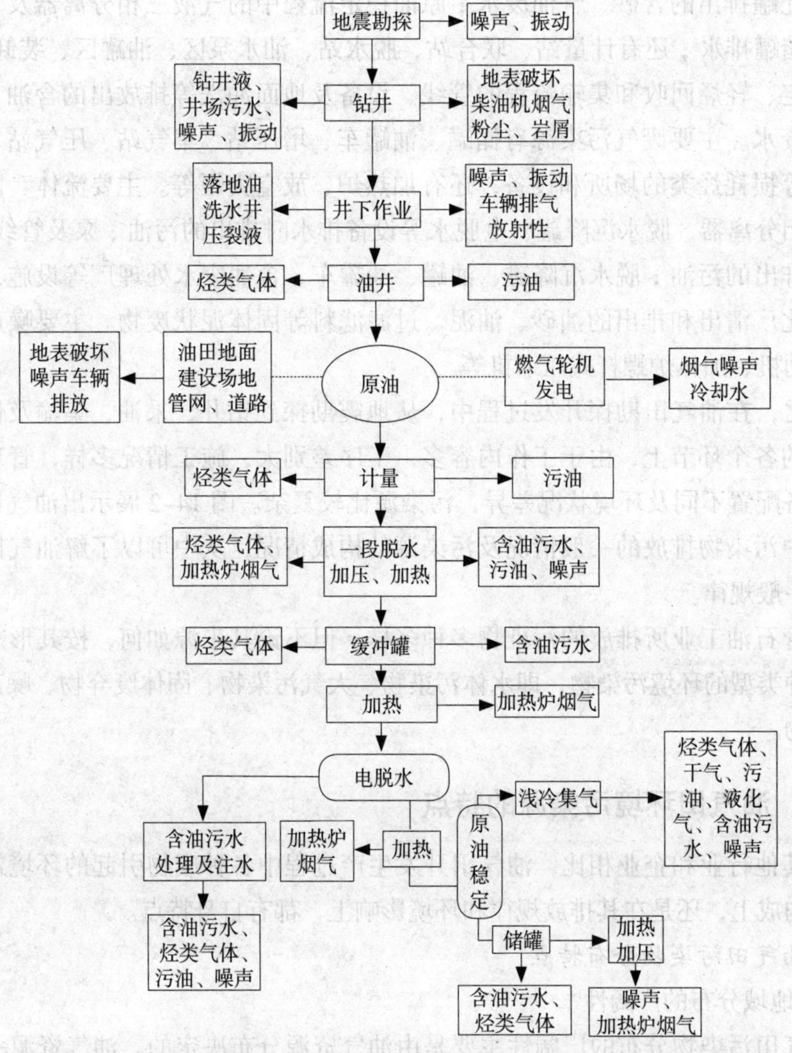


**图 14–2　油气田勘探开发过程中的污染源构成及污染物排放流程示意图**

井下作业过程中，由于其工艺复杂、施工类型多，故形成的污染源也较为复杂。在压裂施工中，会产生大量废弃压裂液；地面高压泵组会产生噪声和振动。在酸化施工中，酸化液与硫化物垢作用后可产生有毒的硫化氢气体，造成大气污染；酸化后洗井排除的污水含有各种酸液或酸液添加剂等。在注水和洗井施工中，会产生洗井废水；注水泵组会产生较强的噪声。

在采油（气）过程中，主要污染源和污染物是采油井与原油一同产出的油田采油污水，另外在气集输过程中还会有一定量的烃类气体释放。特别在稠油开采施工时，如采用蒸汽吞吐热采或蒸汽驱，还有蒸汽发生炉产生烟气污染。

在油气集输和储运过程中，主要废水污染源是原油脱出的含油废水；油气分离器及分配罐排出的含砂、含油废水；原油稳定流程中的气液三相分离器及真空罐和冷凝液储罐排水；还有计量站、联合站、脱水站、油水泵区、油罐区、装卸油站台、原油稳定、轻烃回收和集输流程的管线、设备及地面冲洗等排放出的含油、含有机溶剂的废水。主要废气污染源有储罐、油罐车、增压站、集气站、压气站、天然气净化厂等损耗烃类的场所和设备，还有加热炉、放空火炬等。主要流体、固体废物有从三相分离器、脱水沉降罐、电脱水等设备排水时排出的污油；泵及管线跑、冒、滴、漏排出的污油；脱水沉降罐、油罐、油罐车、含油废水处理厂等设施，以及天然气净化厂清出和排出的油砂、油泥、过滤滤料等固体泥状废物。主要噪声源有机泵、电动机、加热炉螺杆式压缩机等。

总之，在油气田勘探开发过程中，从地震勘探到钻井、采油、集输及储运、石油加工的各个环节上，由于工作内容多，工序差别大，施工情况多样，管理水平不一，设备配置不同及环境状况差异，污染源比较复杂。图 14–2 展示出油气田勘探开发过程中污染物排放的一般情况及污染源的构成情况，从中可以了解油气田污染源形成的一般规律。

尽管石油工业所排放的污染物多种多样，但不论其来源如何，按其形态可大致分为 5 种类型的环境污染物，即水体污染物、大气污染物、固体废弃物、噪声和放射性污染物。

## 二、油气田环境污染源的特点

与其他行业和企业相比，油气田开发生产过程中各种废物引起的环境污染，无论在其构成上，还是在其排放规律和环境影响上，都有自身特点。

1. 油气田污染物分布特点

1）地域分布的广阔性

油气田污染物分布的广阔性主要是由油气资源分布决定的。油气资源一般生成在陆相沉积、海相沉积和海陆过渡相中。从我国目前已开发和正在开发的大庆、胜利、辽河、新疆、长庆、中原、四川、江汉、江苏、滇黔桂等 18 个陆上油气田看，其分布遍及我国东北、西北、华北、中原、西南、华中以及东部沿海各地。开发这些油气田过程中所造成的环境污染，从地域上讲是比较广阔的。

2）点源分布的高度分散性

油气田最基本的污染单元是地震炮孔、探井、注水井和采油井，此外，还有计量站、接转站、联合站、压气站、油库、天然气净化处理站等。它们由油、气、水管网连成一个整体。在油气田开采过程中，我国大多数油田采用行列式内部切割注水和面积注水的方式开采。行列式内部切割注水是按一定的排距和井距，在两排注水井之间布置成排的生产井。面积注水是注水井和生产井按一定几何形状均匀分布，多选用四点法和反九点法开采。这些油田有的为每平方千米几口井，有的则高达每平方千米几十口井，形成高度分散的点污染源。

3）面污染源分布的区域性

一个油气区通常包括许多油气田，大小不一，小的仅几平方千米，大的有几百甚至几千平方千米。这些油气田中连片的比较少，它们由自由众多的点源（采油井、接转站、联合站等）组成，形成没有具体厂界的区域性污染源。

4）与地方工业污染源的交叉性

许多油田的开发建设与原有地方工业及其他行业所属企业相互交叉分布，这种相互交叉的情况随着地方工业及其他行业所属企业的发展而日趋明显。

2. 油气田污染物排放特点

1）点源与面源排放兼有，以点源为主

对一个油气田而言，每口油气井就是一个点源，由众多的油气井组成的油气田则为面污染源，但其污染物排放大多以点源排放为主。

2）无组织排放与有组织排放兼有

仅就油气田废气排放而言，大多以无组织形式排入环境，如大功率柴油机的烃类气体排放、井口伴生气的释放及储罐大小“呼吸”中的烃类损失等，都属难以完全避免的无组织排放源；而加热炉、蒸汽炉则属有组织排放源。

3）正常生产排放和事故排放兼有，以正常生产排放为主

在油气田开发生产过程中，人为因素或自然灾害（地震、暴雨、洪水、雷电等）便可导致油、气、水的泄漏事故，直至火灾、爆炸等。最严重的事故是井喷和油品储存系统的冒罐、火灾、爆炸事故。因事故而造成的污染常常是严重的。近年来由于油气田加强了必要的预防和处理措施，事故发生的概率已很小。

4）连续排放与间歇排放兼有，以间歇排放为主

在油气田开发过程中，排污方式多以间歇为主。例如，钻井污水、洗井污水、井下作业污水及矿区雨水等均属在施工期间的间歇性排放。只有采出水属连续性排放，处理后回注。

5）可控排放与不可控排放兼有，以可控排放为主

油气田环境污染源的可控性是油气田的一大特点，主要体现在油气田采出水的可控性方面。目前，油气田含油污水的处理率已高达 90%，废水回注率已达 80% 以上，有的油田如大庆油田已达 100%。

3. 油气田污染物的污染特点——以石油类污染物为特征污染物

通常油气田水体污染物排在第一位的是石油类，其次是挥发酚、硫化物、悬浮物（SS）等。油气田废气污染物中石油烃类仅次于二氧化硫，位居第二，说明在油气田开发过程（包括炼油装置）中，石油类及其烃类是最主要的环境污染物。

4. 油气田污染物对环境的影响

1）环境影响的时间性

油气田开发过程的环境影响具有一定的时间性。有的属于暂时性的污染，如地震噪声、作业噪声、气体临时排放噪声等，这些噪声在施工和作业时产生，施工停止即消失。有的属一定时期内的污染，如钻井污水、钻井废弃岩屑、落地原油、油砂等是在施工作业中产生的，由于作业的周期有长有短，而在作业后即停止排放，这些污染物能在环境中存在一定时期，它们对环境的影响也在相当长时间内存在。

长期性的污染，如连续排放的采出水（含油污水）、炼化污水、烃类损耗等，在油气田生产过程中随时产生，其影响贯穿于油气田生产的全过程。

2）环境影响的可恢复性与不可恢复性

石油、天然气开发工程属于资源开发型建设项目，油气资源作为一种矿物资源是难以再生的，其对环境的影响除对水体、大气、土壤环境造成污染外，还表现在对地层和地表景观的破坏以及对原自然生态环境的改变。这种对原始自然生态环境的影响有些是不可恢复与难以恢复的。

3）环境影响的全方位性

所谓环境影响的全方位性，是指油气田开发工程对环境的影响不仅表现在对大气环境、水体环境、土壤环境方面，还表现在对生态环境乃至居住环境等诸多方面。

4）环境影响的双重性

油气田开发工程对环境带来的影响并不全是不利影响，同任何事物一样，具有其双重性，即油气田开发对环境还有有利的一面。例如，油气田开发建设在改变原有生态环境的同时，又再造了一个兼原有生态环境与油气田生态环境并存的新的人工生态系统。在这一系统中，由于合理规划和建设，较之原有环境更为适合人们的生产和生活活动，同时对当地及周边地区的社会经济发展起着极大的促进作用，有利于人类生存环境的改善。

# 第十五章　石油工业HSE管理

HSE是英文health、safety、environment的缩写，即健康、安全、环境。HSE管理也就是健康、安全、环境一体化管理。由于安全、环境与健康管理在实际生产活动中有着密不可分的联系，因而把健康、安全、环境整合在一起形成一个管理体系，称为HSE管理体系。健康——是指人身体上没有疾病，在心理上（精神上）保持一种完好的状态；安全——是指消除一切不安全因素，使生产活动在保证劳动者身体健康、企业财产不受损失、人民生命安全得到保障的前提下顺利进行；环境——是指与人类密切相关、影响人类生活和生产活动的各种自然力量或作用的总和。它不仅包括各种自然因素的组合，还包括人类与自然因素相互形成的生态关系的组合。

HSE管理体系是20世纪90年代出现的国际石油天然气工业通行的管理体系。它集各国同行管理经验之大成，体现当今石油天然气企业在大市场环境下的规范运作，是一种新近的体系化、规范化、科学化、制度化管理方法，是突出以人为本、预防为主、领导承诺、全员参与、持续改进先进理念的管理标准体系，是石油天然气工业实现现代化管理、走向国际化的通行证。

## 第一节　HSE管理体系的产生及发展

20世纪后期，国际形势由冷战时期进入到和平发展时期，和平与发展成为国际政治经济生活的主题，世界经济得到快速的发展，经济全球化的格局已经形成。与此同时，经济的发展也带来了一些全球性问题，如各类工业事故居高不下、能源短缺、环境污染加剧等。这些问题迫使各国政府积极地通过法律手段调整经济秩序，以遏制各类工业事故的发生。一些国际性团体也积极呼吁，要求各国政府、企业采取积极的管理手段，以保证劳动者的健康，保护环境，减少事故。如1987年，挪威首相布伦特兰夫人领导的联合国环境与发展委员会在《我们共同的未来》中正式提出了“可持续发展”的概念，1992年召开的联合国环境与发展大会上又将这一概念阐释为“人类应享有以与自然和谐的方式过健康而富有生产成果的生活的权利，并公平地满足今世后代在发展和环境方面的需要，求取发展的权利必须实现”。“可持续发展”成为全世界的共同追求，并成为指导人类社会发展的共同纲领。

在此形势下，企业面临的压力越来越大：一方面是市场竞争的压力，另一方面是政策的压力。作为国际性竞争及高风险行业，石油天然气工业更是如此。全球各石油天然气生产商都积极地通过改善内部管理来提高公司在员工健康保护、事故预防、环境保护方面的业绩，提高公司的社会形象，以赢得社会各界的支持，赢得更多的市场机会。

就安全管理工作来说，经历了以下过程：20世纪60年代以前，主要是从装备上不断改善对人员的保护，如利用劳动保护加强对人员的保护，利用自动化控制手段使工艺的安全性能得到完善；70年代，注重了对人的行为研究，考察人与环境的相互关系，取得了一些成果；80年代以后，逐渐发展形成了一系列安全管理的思路和方法，一系列制度出台。

1987年，国际标准化组织发布了ISO9000族标准，这种通过规范管理方式提高组织质量保证能力的做法获得了巨大成功，“体系管理”的思想被众多组织所接受。

在HSE管理体系产生与发展过程中，众多石油、石化公司，特别是壳牌（SHEIL）公司持续、积极改进管理的推动作用是值得首先肯定的，SHELL无疑是最早推行HSE管理的公司。

另外，石油工业国际勘探开发论坛（即E&P Forum，该组织成立于1974年，有60多个国际成员，1999年9月1日更名为油气生产者国际协会，简称OGP）在HSE管理体系的形成过程中发挥了重要作用，它组织了专题工作组，从事健康、安全与环境管理体系的开发。

其次，20世纪80年代后期，国际上几次重大事故以血的教训推动了HSE管理工作的不断深化与发展，促进了“一体化管理”思想的形成（所谓“一体化管理”，就是将健康、安全与环境这三个要素纳入到一个管理体系实施管理），促进了HSE管理体系的产生。如1988年英国北海油田的帕玻尔·阿尔法（Piper A1pha）平台事故，以及1989年的EXXON公司瓦尔迪兹号油轮触礁溢油事件，引起了国际工业界的普遍关注，大家都深深认识到，必须进一步采取更有效、更完善的管理措施，以避免重大事故的再次发生。

## 第二节　石油化工行业的典型工业事故

### 一、帕玻尔·阿尔法平台火灾事故

1988年7月6日，位于英国大陆架北海海域的帕玻尔·阿尔法石油天然气生产平台发生了严重的火灾爆炸事故，平台上 226 人中 167 人死于这场灾难，这是世界海洋石油工业最悲惨的事故之一。

帕玻尔·阿尔法石油天然气生产平台在最初设计时没有考虑天然气分离和处理设施，这些设施是后来增加的。平台上有两台凝析油注入泵，一台使用，另一台备用。1988 年 7 月 6 日，一台凝析油注入泵(A 泵)停用检修，按计划在下午下班前检修完毕。但下班时，维修工没有将 A 泵检修完毕，于是就填了一张维修单，注明“A 泵没有检修好”，送到平台经理的办公室。但当时由于平台经理非常繁忙，维修工就将维修单放到了平台经理的办公桌上。此时，A 泵仅检修了一部分，泄压管线上的安全阀已经撤掉，在安装安全阀的位置上安装了一个盲板法兰，且该法兰没有上紧。7 月 6 日晚 21 时 45 分 B 泵跳闸，为了不影响生产，平台经理召开会议，讨论决定启动 A 泵。当 A 泵开启后，凝析油立刻从没有上紧的盲板法兰处泄漏出来，顿时着火，当场就有 2 名员工死亡，其余员工乱成一团，纷纷向平台宿舍区奔跑，等待直升飞机来救援。此时，周围几个平台已经发现帕玻尔·阿尔法平台爆炸、失火，但在没有得到岸上总部命令之前，仍然不停地向帕玻尔·阿尔法平台输送凝析油，这样就等于给帕玻尔·阿尔法平台火上加油，导致帕玻尔·阿尔法平台发生接连不断的爆炸。最终导致帕玻尔·阿尔法平台报废，167 人死亡。

事故发生后，工业界和官方都被震惊了。英国能源大臣任命卡伦爵士带队对这次事故进行公开调查。调查团提出了 106 条建议，于 1990 年 11 月向世界公开发表，这就是世界工业界著名的“卡伦报告”。报告不仅对管理体制的基本做法有了重新认识，促进了新的海上安全法规的制定，还启动了以目标管理为目的的法规研究。特别是卡伦爵士调查报告中提出的安全状况报告（Safety Case）、安全管理体系（SMS）、安全立法和强化执法等建议，对现代安全管理产生了革命性的影响。

## 二、瓦尔迪兹号油轮触礁溢油事件

1989 年 3 月 24 日晚上 9 时，EXXON 公司的瓦尔迪兹号超级油轮（载重 $21.5\times10^4$t）从阿拉斯加装满原油驶出威廉太子港，起航后仅 3h，在距离威廉太子港以南 40km 的勃莱岛附近突然发现前方有冰山，为躲避冰山驾驶员匆忙转舵，结果触礁搁浅，油舱有 8 处破裂，$3.6\times10^4$t 原油泄漏到海上。10 多天后，油污面积扩大到 2300km$^2$，对海洋生物造成了极大的危害。据统计，截止到当年 10 月，在阿拉斯加海湾内共有 993 只海獭、3 万多只海鸟死亡；环境污染也破坏了成千上万只候鸟一年两次来阿拉斯加觅食的这块土地，每年的渔业收入估计将损失 1 亿美元……2004 年 1 月 28 日，美国阿拉斯加州联邦法官判决埃克森石油集团要为 1989 年的瓦尔迪兹号油轮泄漏事故交纳共 67.5 亿美元罚款，其中 45 亿美元是对油轮泄漏所造成的各项损失的赔偿，另外 22.5 亿美元则是赔偿费的利息。

上述事故发生后，美国又发生几起重大油污事故，在美国引起了强烈反响。在保护环境的强大压力下，美国众、参两院通过了 OPA-90（Oil Pollution Act90 石油污染法），并于 1990 年 8 月 11 日由布什总统签署成为美国法律。该法律规定：1990 年 6 月 20 日以前建造的现有油轮，按吨位大小、船龄等从 1995 年开始改装为双壳船，最后日期是 2010 年，或淘汰。具有双层底或双层旁板的现有油轮改装为双壳船的最后日期延长至 2015 年；不到美国本土港口而只到离美国海岸 60n mile[1] 以外的海上石油装卸站的现有油轮改装的最后日期也可延长至 2015 年。

1990年11月19日至30日，在美国、日本的倡议和资助下，国际海事组织（IMO）召开了“国际油污防备和反应国际合作会议”，于 1990 年 11 月 30 日形成《1990 年国际油污防备反应和合作公约》，简称 OPRC 公约，并按阿拉伯文、中文等 6 种语言形成版本。同时对《防止船舶污染国际公约》进行了修订，新增“船上油污应急计划修正案”、“（新油轮）防止在碰撞或搁浅事故中油污染”、“防止现有油轮在碰撞或搁浅事故中油污染措施”等内容。

## 三、印度博帕尔市农药厂毒气泄漏事故

印度博帕尔市农药厂发生的“12・3”事故是世界上最大的一次化工毒气泄漏事故。其死伤损失之惨重，震惊全世界，以至今天仍然令人触目惊心。

1984 年 12 月 3 日凌晨，印度的中央联邦首府博帕尔市的某联合碳化物公司农药厂发生毒气泄漏事故，约 45t 剧毒的甲基异氰酸酯（MIC）及其反应物在 2h 内冲向天空，借着每小时 7.4km 的西北风向东南方向飘荡，霎时间毒气迷漫，覆盖了相当一部分市区（约 $64.7km^2$）。高温且密度大于空气的 MIC 蒸气在当时 17℃的大气中迅速凝聚成毒雾，贴近地面层飘移，许多人在睡梦中就离开了人世，而更多人是被毒气熏呛后惊醒，涌上街头，不知所措。博帕尔市顿时变成了一座恐怖之城，一座座房屋完好无损，满街是人、畜和飞鸟的尸体，景象惨不忍睹。

在短短几天内 2500 余人死亡，20 多万人受伤需要治疗，半年后的 1985 年 5 月，还有 10 人因事故受伤而死亡。据统计，此次事故共死亡 3500 多人，5 万多人双目失明。需要治疗的受害者以及流产的孕妇、畸形胎儿、肺功能受损者不计其数。

这次事故经济损失高达近百亿美元，震惊整个世界。各国化工部门纷纷进行安全检查，清除隐患，防止类似事故发生。

从以上事故可以看出，事故的直接原因无非是人的不安全行为与物的不安全状态，只有通过严格的、系统的管理，才能避免事故发生。对于石油、石化这些高风险行业来说，一起事故不只是财产损失，还造成人员伤亡、环境污染。因此，健康、安全与环境的一体化管理非常必要。

[1] 1n mile（海里）=1852m。

## 第三节　国内外大石油公司 HSE 管理介绍

### 一、壳牌公司 HSE 管理

1984 年 1 月，壳牌公司在咨询了当时世界上安全管理技术和表现业绩最佳的杜邦公司后，首次在石油勘探开发领域提出了强化安全管理（Enhance Safety Management）的 11 条原则。

1986 年，在强化安全管理的基础上形成手册，以文件的形式确定下来。

1987 年，壳牌公司发布了环境管理指南（EMG），并于 1992 年修订再版。

1989 年，壳牌公司颁发了职业健康管理导则（OHMG）。

1994 年 7 月，壳牌石油公司为 E&P Forum 制定的"开发和使用健康、安全与环境管理体系导则"正式出版。

1994 年 9 月，壳牌石油公司 HSE 委员会制定的"健康、安全与环境管理体系"经壳牌石油公司领导管理委员会批准正式颁布。

### 二、国内石油公司 HSE 管理

随着石油工业跨国合作机会的增多，原中国石油天然气总公司逐步认识到了开展 HSE 管理的重要性。1994 年，油气勘探开发的健康、安全与环境国际会议在印度尼西亚雅加达召开，中国石油天然气总公司作为会议的发起者和资助者派代表团参加了会议。通过会议，中国石油天然气总公司与国际石油组织、全球各大石油公司和服务商进行交流，建立起良好的沟通渠道，密切关注国际上 HSE 管理体系标准制定的发展动态，并开始在中国石油天然气总公司及其下属企业全面推行 HSE 管理。从 1996 年 9 月开始，中国石油天然气总公司组织人员对 ISO/CD l4690 标准草案进行了等同转化，于 1997 年 6 月 27 日正式颁布了中华人民共和国石油天然气行业标准《石油天然气工业健康、安全与环境管理体系》（SY/T 6276—1997），自 1997 年 9 月 1 日起实施。同期颁布的标准还有《石油物探地震队健康、安全与环境管理规范》（SY 6280—1997）、《石油天然气钻井健康、安全与环境管理体系指南》（SY/T 6283—1997），1997 年 11 月 1 日实施。后经多年的不断完善和发展，目前已形成了新的行业标准：《石油天然气工业—健康、安全与环境管理体系指南》（SY/T 6276—2014）。

1999 年 12 月，中国石油天然气集团公司在经过石油、炼化企业广泛试点的基础上，编写了《中国石油天然气集团公司健康、安全和环境管理体系管理手册》，并于 2000 年 1 月 29 日发布，标志着中国石油天然气集团公司 HSE 管理体系的全面推行。

1. 中国石油天然气集团公司 HSE 管理简介

《石油天然气工业健康、安全与环境管理体系》（SY/T 6276—1997）由 7 个一级要素以及 26 个二级要素构成。要素之间关系可以描述为动态的螺旋桨叶轮片形象。“领导和承诺”是建立和实施 HSE 管理体系的核心，是螺旋桨的轴心，叶轮片为顺序排列的其他关键要素，整个螺旋桨围绕轴心循环上升，表明中国石油天然气集团公司（以下简称中石油）致力于持续改进其 HSE 管理体系的决心（图 15–1）。

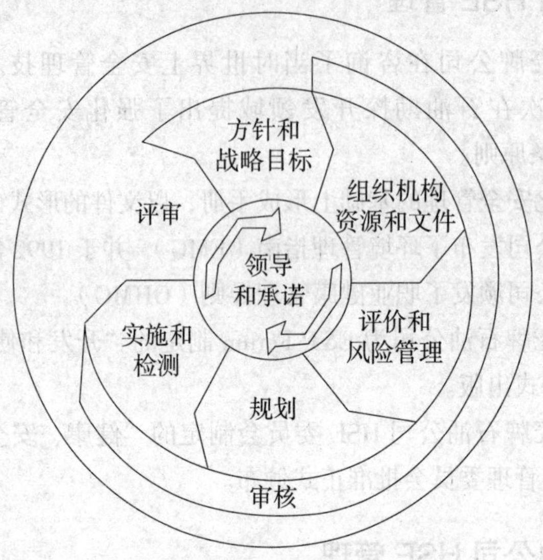


图 15–1　中石油健康、安全与环境管理体系

目前，中石油几乎所有的下属企业都实施了 HSE 管理。随着 HSE 管理在中石油的推广、深入，人们对 HSE 管理有了深入的理解，也出现了一些新问题。经过不断的修改和调整，新标准 GB/T 28001—2001 与 SY/T 6276—2014 出台并使用。新标准采用了 GB/T 24001—2004 的结构，考虑了环境管理体系、职业健康安全管理体系有关要求，具有更强的通用性，标志着中国石油天然气集团公司 HSE 管理进入了新的阶段。管理体系整合的目的是为了避免一个组织内存在多个管理体系带来的不利问题，体系整合还在继续，QHSE 管理体系已经在有些公司建立并运行，这些有益的探索将不断提升中石油的管理水平。

2. 中国石油化工集团公司 HSE 管理简介

中国石油化工集团公司（以下简称中石化）于 2001 年 2 月 8 日正式发布了《中国石油化工集团公司安全、环境与健康（HSE）管理体系》（Q/SHS 0001.1—2001），另外还颁布了 4 个规范和 5 个指南。4 个规范是指《油田企业 HSE 管理规范》、《炼化企业 HSE 管理规范》、《施工企业 HSE 管理规范》、《销售企业 HSE 管理规范》；5 个指南是指《油田企业基层队 HSE 实施程序编制指南》、《炼油化工企业生产车间（装置）HSE 实施程序编制指南》、《销售企业油库、加油站 HSE 实施程序编制指南》、《施工企业工程项目 HSE 实施程序编制指南》以及《职能部门 HSE 职责实施计划编制指南》。《中国石油化工集团公司安全、环境与健康（HSE）管理体系》规定了安全、环境与健康管理体系的基本要求，适用于中国石油化工集团公司及其直属企业的 HSE 管理工作。而 4 个 HSE 管理规范是中石化 HSE 管理体系的支持性文件，是对其直属企业实施 HSE 管理的具体要求和规定，描述了企业的安全、环境与健康管理的承诺、方针和目标以及企业对安全、环境与健康管理的主要控制环节和程序。其中,《油田企业 HSE 管理规范》适用于各勘探局、管理局及所属二级单位；《炼化企业 HSE 管理规范》适用于各炼油、化工企业；《销售企业 HSE 管理规范》适用于销售企业、管输公司及所属二级单位；《施工企业 HSE 管理规范》适用于各施工和油田企业以及炼化企业分离出来的施工单位。

中石化 HSE 管理体系由 10 个要素构成（图 15-2），各要素之间紧密相关，相互渗透，不能随意取舍，以确保体系的系统性、统一性和规范性。

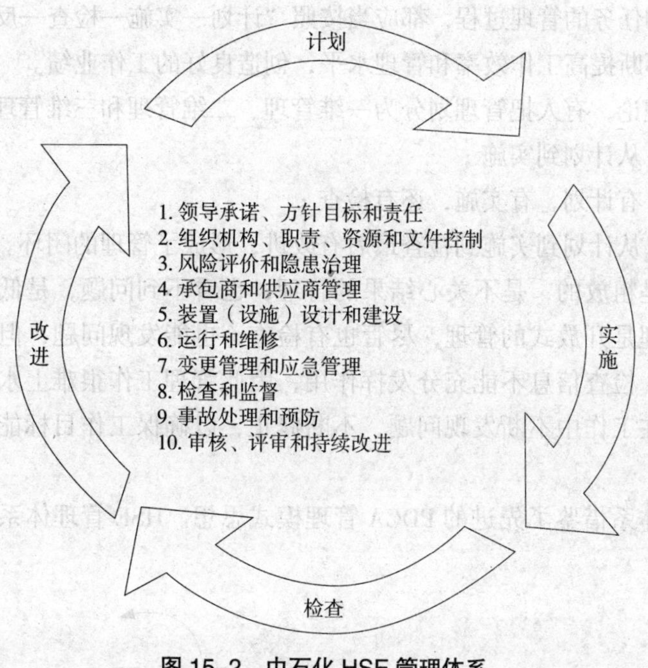


**图 15-2　中石化 HSE 管理体系**

3. 中国海洋石油总公司 HSE 管理简介

中国海洋石油总公司（以下简称中海油）从 20 世纪 90 年代初开始探索、推动在中海油内建立 HSE 体系，并相继出台了 HSE 管理体系文件编制基本要求、安全管理体系技术规范、企业系统安全评价方法等企业标准，期间，各单位分别建立健全了各自的 HSE 管理体系。2003 年，中海油总部编制了持续改进计划，促进各单位的体系执行。

中海油所属单位的体系结合各自的特点，内容覆盖了完整的作业过程，主要包括组织与机构、人员能力及培训、变更管理、作业许可、安全操作规章、职业健康及个人防护、检查及维修、体系审核、信息沟通、承包商管理、作业监督、危险品管理、设施设备完整性、危险辨识及风险评价、事故应急、事故管理等。

## 第四节　HSE 管理体系原则与实施

### 一、HSE 管理体系的思想原则与运行模式

HSE 管理体系的思想原则包括：

（1）遵守法律法规和其他要求的原则；

（2）预防为主、防治结合的原则；

（3）全员参与的原则；

（4）持续改进的原则。

著名的戴明管理模式（又称为 PDCA 管理模式）如图 15-3 所示。它告诉我们，任何一项工作和任务的管理过程，都应当按照“计划—实施—检查—反馈”的管理链来运转，才能不断提高工作效率和管理水平，创造良好的工作业绩。

根据上述理论，有人把管理划分为一维管理、二维管理和三维管理。

一维管理：从计划到实施；

二维管理：有计划，有实施，还有检查；

三维管理：从计划到实施到检查最后有改进，形成了管理的闭环。

一维管理是粗放的，是不关心结果的管理，也看不到问题，是低层次不落实的管理。二维管理是开放式的管理，尽管也有检查，也能发现问题，但由于管理过程没有形成闭环，检查信息不能充分发挥作用，因此管理工作很难上水平。三维管理中，管理者能在工作中不断发现问题，不断修正，以确保工作目标能够实现，因此是高水平管理。

HSE 管理体系借鉴了先进的 PDCA 管理模式思想。HSE 管理体系运行模式如图 15-4 所示。

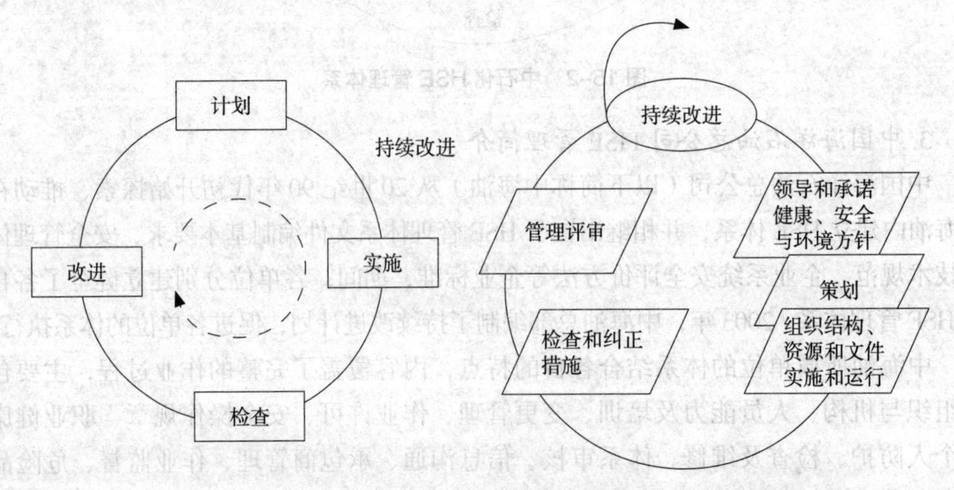


图 15-3　PDCA 管理模式　　图 15-4　HSE 管理体系运行模式

## 二、HSE 管理体系的基本要素和组织结构

1. HSE 管理体系的基本要素

为了确保 HSE 管理取得预期的管理绩效，根据 HSE 管理活动的特点，用若干相对独立的条款将各项管理活动描述清楚，并按照管理学共同遵循的规律将这些条款有机地结合起来构成 HSE 管理体系，这些条款被称为 HSE 管理体系的要素。

中石油的 HSE 管理体系标准（Q/SY 1002.1—2007）较好地符合了 GB/T 24001—2004、GB/T 28001—2001、SY/T 6276—1997、ISO/CD l4690 以及 SHELL 等国际石油公司的 HSE 管理体系等标准、惯例的内容与结构。表 15-1 给出了 Q/SY 1002.1—2007 标准的基本要素。

表 15-1 Q/SY 1002.1—2007 标准的基本要素

| 一级要素 | 二级要素 | 基本内容 |
| --- | --- | --- |
| 领导和承诺 | — | 自上而下承诺，建立和维护 HSE 企业文化 |
| 健康、安全与环境方针 | — | 健康、安全与环境管理的意图，行动的原则，改善 HSE 表现和目标 |
| 策划 | 对危害因素辨识、风险评价和风险控制的策划；法律法规和其他要求；目标和指标；管理方案 | 对活动、产品及服务中健康、安全与环境风险的确定、评价及风险控制的制定。根据法律及其他要求，组织方针确立的目标体系及实现目标的管理方案 |
| 组织结构、资源和文件 | 组织结构和职责；管理者代表；资源；能力、培训和意识；协商和沟通；文件；文件控制 | 人员组织、资源和完善的健康、安全与环境管理体系文件 |
| 实施和运行 | 设施完整性；承包方和（或）供应方；顾客和产品；社区和公共关系；作业许可；运行控制；变更管理；应急准备与响应 | 工作活动的实施计划，包括通过一套控制程序来对与风险相关的活动进行控制，对设施完整性、承包方和供应方、顾客和产品、社区和公共关系、变更管理实施的控制，及制定和更新应急反应措施等 |
| 检查和纠正措施 | 绩效测量和监视；合规性评价；不符合、纠正和预防措施；事故、事件报告、调查和处理；记录控制；内部审核 | 对表现和活动的监测及必要时所采取的纠正措施，对体系整体符合性进行的评价 |
| 管理评审 | — | 对体系执行效果和适应性的定期评价 |

2. HSE 管理体系的组织结构

要实施 HSE 管理，就要设置相应的 HSE 管理组织结构，并规定这些组织结构和人员的职责，并以文件下达。组织结构设置要合理，职责不能重叠也不能出现盲区。HSE 组织结构和生产管理组织结构不同，有 HSE 管理的专职机构，但大部分是兼职机构。

中石油实行的是集团公司最高管理者、HSE 指导委员会主任及其授权的管理代表以及各部门负责人为首的线性组织体系。HSE 指导委员会主任由总经理担任，执

行部门是质量安全环保部。直属企业设 HSE 管理委员会，直属企业下属单位设 HSE 领导小组。

## 三、HSE 管理体系的文件体系和风险管理

1. 文件体系

HSE 文件通常分为以下 3 类：HSE 管理体系手册；HSE 程序文件；HSE 作业文件（包括 HSE 作业指导书，HSE 作业计划书和 HSE 检查表）。

HSE 体系文件之间的关系如下：

管理手册：是对 HSE 管理体系的全面描述，是政策性文件。

程序文件：是对影响 HSE 的活动进行策划和管理的基本文件，是对管理手册的支持文件，主要解决部门之间的业务接口和业务管理。

作业文件：是 HSE 程序文件的支持文件。一个程序文件可分解成几个作业文件，主要解决谁来干、如何干、什么时间干以及干到什么程度等问题。作业文件又具体细化为 HSE 作业指导书、HSE 作业计划书和 HSE 检查表，简称“两书一表”。

HSE 作业指导书重点解决 HSE 管理体系在基层落实的“人、机”管理问题；HSE 作业计划书重点解决 HSE 管理体系在基层落实时的“环”（环境变化）适应问题；HSE 检查表则是根据 HSE 作业指导书、HSE 作业计划书的要求规范现场 HSE 检查，使 HSE 管理体系在基层得到落实。编写 HSE 作业指导书和 HSE 作业计划书是实施 HSE 体系管理的基本要求，是基层组织运行 HSE 体系的具体体现，是预防事故的有效措施。

2. 风险管理

建立和实施 HSE 管理体系的根本目的是控制和削减风险，实现安全生产。

HSE 管理体系是建立在“所有事故都是可以避免的”这一管理理念上的，即：如果我们能够预先知道会发生特定的一种危害，我们就能够通过管理并发挥我们的技能来避免事故发生或是设法使人、环境和财产免受损害，即能够对风险进行控制。

风险评价和风险控制是 HSE 管理中最重要的一环，可分为 4 个阶段：识别、评价、控制和评审。

识别——可能出现什么问题？

评价——问题的性质、后果、风险？

控制——是否有较好的控制方法？该控制方法是否充分？

评审——是否得到实施？是否可控制不良后果？评审是否充分？

这样分为先后 4 个阶段，是为了便于说明整个风险评价和管理过程。但实际上这些阶段的界限并不总是很清楚的，许多情况下要将 4 个阶段作为一个整体来考虑，才能作出最后决策。即在确定和评价风险控制过程后，如果认为控制过程不充分，则应重新考虑判别准则并重新进行风险评价，以确定更进一步的风险控制措施。在更复杂的情况下，可能要反复进行这些过程。但不管何种情况，风险识别和评价的最

后结果都应达到使危害降低到“合理实际并尽可能低”的程度，即将风险降低到“可忍受”的程度。

建立和实施 HSE 管理体系不是目的，仅仅是一种形式，其根本目的在于保护环境、保护人的健康和生命财产安全。建立和实施 HSE 管理体系的意义有以下几方面：

（1）有效地减少事故和职业危害，降低生产作业风险；

（2）可以系统地进行安全管理，以用最少的投资达到最佳的安全效果；

（3）建立优秀的企业文化，树立良好的社会形象，提高企业声誉；

（4）获得在产品促销中的优势，因为消费者和经销商越来越多地从对社会负责的供应商和生产者处购买产品；

（5）可以改善企业与公众、政府及民间组织的关系，从而为企业的可持续发展创造条件；

（6）提高生产率，因为一个具有良好社会形象和工作环境的企业可以有效地吸引人才，并使员工发挥出较高的绩效；

（7）优化与企业客户的关系，创造稳定持久的交易关系；

（8）可提高企业经济效益，增强国际竞争力，促进企业参与国际竞争。

# 参考文献


[1] 王大锐，齐兴宇，傅诚德 . 探索地下石油奥秘：石油地质 . 北京：石油工业出版社，2006.

[2] 尚作源 . 在井下看油气藏：石油地球物理测井 . 北京：石油工业出版社，2006.

[3] 袁秉衡，孙廷举，张淑敏 . 透视地下油藏：石油地球物理勘探 . 北京：石油工业出版社，2006.

[4] 方宏长，沈娟华 . 开采地下石油的谋略：石油开发 . 北京：石油工业出版社，2006.

[5] 马中海，丛祥生，陆永明 . 开凿到达油层的通道：石油钻井 . 北京：石油工业出版社，2006.

[6] National geographic Education Division. Glencoe Science Modules: Earth Science, The Changing Surface of Earth. USA: Glencoe McGraw–Hill, 2004.

[7] John S Bridge, Robert V Demicco. Earth surface processes, landforms and sediment deposits. Cambridge University Press, 2008.

[8] Simon Adams, David Lambert. Earth Science: An illustrated guide to science.Chelsea House, 2006.

[9] Tim Clifford. Rourke Publishing LLC. Geology, 2012.

[10] 柳成志，赵荣，赵利华 . 地球科学概论 . 北京：石油工业出版社，2006.

[11] 汪新文 . 地球科学概论 . 北京：地质出版社，1999.

[12] 夏邦栋 . 普通地质学 . 北京：地质出版社，1995.

[13] 赵澄林，朱筱敏 . 沉积岩石学 . 北京：石油工业出版社，2001.

[14] 朱筱敏 . 沉积岩石学 . 北京：石油工业出版社，2008.

[15] 徐开礼，朱志澄 . 构造地质学 . 北京：地质出版社，1984.

[16] 马双才 . 让地下石油见青天：石油开采 . 北京：石油工业出版社，2006.

[17] 张明学 . 地震勘探原理与解释 . 北京：石油工业出版社，2010.

[18] 宋延杰，陈科贵，王向公 . 地球物理测井 . 北京：石油工业出版社，2011.

[19] 陈鸿璠 . 石油工业概论 . 北京：石油工业出版社，2004.

[20] 吴胜和，蔡正旗，施尚明 . 油矿地质学 . 4 版 . 北京：石油工业出版社，2011.

[21] 梅基席，金兴明，冷云飞，等 . 石油钻探录井工程 . 兰州：兰州大学出版社，2009.

[22] 杨敬红，吴秋云，朱耀强，等 . 海洋多缆地震勘探系统的同步采集方法研究 . 海洋开发与管理，2012，9：16–22.

[23] 黎文清 . 油气田开发地质基础 . 2 版 . 北京：石油工业出版社，1993.

[24] 包茨 . 天然气地质学 . 北京：科学出版社，1988.

[25] 陈荣书 . 石油及天然气地质学 . 武汉：中国地质大学出版社，1994.

[26] 戴金星，裴锡古，戚厚发 . 中国天然气地质学：卷 2. 北京：石油工业出版社，1996.

[27] 卢双舫，付广，王朋岩 . 天然气富集主控因素的定量研究 . 北京：石油工业出版社，2002.

[28] 吕延防 . 断层封闭性研究 . 北京：石油工业出版社，2002.